深智數位
股份有限公司

前言

Preface

創作背景

近幾年，隨著 Kubernetes 和容器技術的崛起，雲端原生已成為當下熱門的技術話題。而 Kubernetes 也毫無疑問地成為容器編排領域的事實標準。容器執行時期作為 Kubernetes 執行容器的關鍵元件，承擔著管理處理程序的使命。起初 Kubernetes 支援的容器執行時期是 Docker，Docker client 透過程式內嵌的方式整合在 kubelet 中。之後 Kubernetes 重新設計了 CRI 標準，使得各種容器執行時期可以透過 CRI 協定連線 Kubernetes。而之前透過超強程式開發形式嵌入 kubelet 中的 Docker client，則逐漸遷移到 CRI 標準下（dockershim），並在 Kubernetes 1.24 版本中被徹底移除。

CRI 支援的容器執行時期有很多，其中 containerd 作為從 Docker 專案中分離出來的專案，由於經歷了 Docker 多年生產環境的磨煉，相比其他 CRI 執行時期更加穩固、成熟。正如 containerd 官網所言，「containerd 是一個工業級標準的容器執行時期，它強調簡單性、穩固性和可攜性」。

Docker 作為老牌的容器執行時期，有很多相關的書籍和資料對其介紹，而 containerd 作為一個新興的容器執行時期，截至筆者著書之日，依然沒有系統介紹它的書籍。作為一名雲端原生以及容器技術的忠實粉絲，筆者很早就接觸到了 containerd 專案，並見證了 containerd 專案的發展，為 containerd 專案取得的成就感到驕傲，也對 containerd 專案充滿了信心。因此，希望透過這本書，更多的人可以了解 containerd，體驗 containerd 帶來的價值。

目標讀者

本書的目標讀者包括：

- 雲端原生架構師。

- 容器技術架構師。

- 研發工程師。

- 運行維護工程師。

- 雲端運算和容器技術的同好。

本書內容

本書作為一本系統介紹雲端原生容器執行時期 containerd 的書，將透過深入淺出的方式一步步介紹 containerd 的發展歷史、依賴的技術背景、技術架構和原理等。

本書內容共分 8 章，每章的基礎知識如下。

- 第 1 章：講解雲端原生與容器執行時期，介紹什麼是雲端原生，雲端原生有什麼價值，雲端原生與容器執行時期有什麼關係，以及 Docker 與 Kubernetes 的發展歷史等，帶讀者了解 containerd 容器技術的發展與歷史。

- 第 2 章：講解容器執行時期的概念，從容器技術及其發展歷史出發，為讀者介紹容器的發展史，容器所依賴的 Linux 基礎，容器執行時期以及當前的容器執行時期規範等。

- 第 3 章：講解如何使用 containerd，內容包括 containerd 的安裝和部署，以及如何透過 ctr 和 nerdctl 兩種 cli 工具操作 containerd。

- 第 4 章：講解 containerd 與 CRI，內容包括 Kubernetes 中的 CRI 機制及其演進、containerd 中的 CRI Plugin 架構和設定，以及 CRI 使用者端工具 crictl 的使用等。

- 第 5 章：講解 containerd 中的容器網路，主要從 CNI 規範、常見的 CNI 網路外掛程式，以及如何在 containerd 中指定容器網路建立容器等方面展開介紹。

- 第 6 章：講解 containerd 和容器儲存，重點介紹 containerd 是如何透過 snapshotter 管理容器鏡像的。

- 第 7 章：講解 containerd 的核心元件，對 containerd 的架構進行剖析，根據 containerd 架構講解組成 containerd 的各個模組，如 API、Core 以及 Backend 層的多個模組。

- 第 8 章：講解 containerd 生產與實踐中的一些操作，如如何設定 containerd 的監控，如何基於 containerd 做延伸開發等。

勘誤和支援

由於筆者水準有限，書中難免會有疏漏和不妥之處，懇請讀者們批評指正。

致謝

本書從構思、形成初稿，直到出版問世，獲得了許多人的幫助。

首先要感謝的是我的妻子對我的支援，使我有足夠的時間投入本書的寫作中，並在寫作的過程中給了我很大的鼓勵和支援。

本書的大量內容來源於我所參與的專案實踐。諸多業務合作夥伴在使用我們的容器平臺的過程中向我們提出了許多富有挑戰的問題，是他們孜孜不倦的追求，深化了我對容器技術、containerd 的理解，進而豐富了本書的內容。對此，向曾經一起合作的團隊成員表示感謝。

最後，衷心感謝清華大學出版社王秋陽老師對本書進行細緻的審閱和策劃，讓本書的架構更加完備，內容更加完整，並最終得以順利出版。

筆者

目 錄

Contents

CHAPTER 3　使用 containerd

CHAPTER 4　containerd 與雲端原生生態

CHAPTER 5　containerd 與容器網路

CHAPTER 6 containerd 與容器儲存

CHAPTER 7 containerd 核心元件解析

CHAPTER 8　containerd 生產與實踐

## 第 1 章

雲端原生與容器執行時期

近幾年，隨著雲端運算的發展，以 Kubernetes 為代表的容器與雲端原生技術成為炙手可熱的話題，各大廠商爭相佈局相關產品。本章將向讀者介紹什麼是雲端原生，雲端原生有什麼價值，雲端原生與容器執行時期有什麼關係，以及 Docker 與 Kubernetes 的發展歷史等，帶讀者了解 containerd 背後容器技術的歷史與發展。

學習摘要：

- 雲端原生概述
- 雲端原生技術堆疊與容器執行時期

- Docker 與 Kubernetes 的發展史

- containerd 概述

▌1.1 雲端原生概述

隨著 Kubernetes 和容器技術的崛起，雲端原生受到越來越多的關注。那麼，到底什麼是雲端原生？本節我們會一起了解雲端原生，以及雲端原生應用相比於傳統應用所帶來的價值。

1.1.1 雲端原生的定義

雲端原生可以被理解為一種方法論：雲端原生是充分利用雲端運算的優勢，從而在雲端運算中建構、部署和管理現代應用程式的軟體方法。

CloudNative = Cloud + Native。其中，Cloud 表示應用程式位於雲端中，而非傳統的資料中心；Native 表示應用程式從設計之初就考慮到雲端的環境，為雲端而生，生於雲端而長於雲端，充分利用和發揮雲端平台的彈性和分散式優勢。

當然，隨著時間的演進，雲端原生的定義其實也在一直變化著。

雲端原生的最初定義可以追溯到 Pivotal 公司（已於 2019 年被 VMware 公司收購，當前負責 VMware Tanzu 產品組合中的一部分）。2015 年，剛推廣雲端原生時，Pivotal 公司的 Matt Stine 在《遷移到雲端原生架構》一書中定義了符合雲端原生架構的幾個特徵：12 因素、微服務、自敏捷架構、基於 API 協作、抗脆弱性。

2017 年，Matt Stine 對雲端原生的定義做了一些修改，將雲端原生架構的特徵歸納為模組化、可觀察、可部署、可測試、可替換、可處理。

當前，Pivotal（VMware Tanzu）已將上述幾個特徵更新為 DevOps、持續交付、微服務、容器技術[1]。

---

[1]　參考 https://tanzu.vmware.com/cloud-native。

- DevOps：Devops 是一個組合詞，即 Dev+Ops，表示開發和運行維護之間的協作。 DevOps 是一種敏捷思維，是一種溝通文化，也是一種組織形式，在這種文化和環境中，建構、測試和發佈軟體可以快速、頻繁且更一致地進行，更進一步地交付高品質軟體。

- 持續交付：持續交付是相比於傳統瀑布式開發模型而言的，其特徵是不停機更新，小步快跑，這要求開發版本和穩定版本並存，其實需要很多流程和工具支撐。持續交付使發佈軟體的行為變得乏味而可靠，因此組織可以更頻繁地交付軟體，風險更低，並可更快地獲得回饋。

- 微服務：幾乎每個雲端原生的定義都包含微服務，跟微服務相對的是單體應用。每個微服務都可以獨立於同一應用程式中的其他服務進行部署、升級、擴充和重新啟動。透過使服務高內聚、低耦合，使得變更更容易，可以在不影響客戶的情況下進行頻繁更新。

- 容器技術：與傳統虛擬機器相比，容器技術可以提供更快的啟動速度和更高的效率。容器技術的低銷耗與單一機器上的高密度部署結合，為微服務化的實施保駕護航，使得容器技術成為部署微服務的理想工具。容器技術可以說是雲端原生的根基，沒有容器技術就沒有雲端原生。

對於雲端原生，除了 Pivotal，還不得不提 CNCF（Cloud Native Computing Foundation，雲端原生計算基金會）——一個為雲端原生的推廣立下汗馬功勞的基金會組織。

2015 年，CNCF 成立之初便對雲端原生的定義進行了闡述，起初的定義包含以下 3 個方面。

（1）應用容器化。

（2）面向微服務架構。

（3）應用支援容器的編排排程。

2018 年，CNCF 對雲端原生進行了重新定義，提供了雲端原生定義 1.0 版本[2]。

---

[2] 參考 https://github.com/cncf/toc/blob/main/DEFINITION.md。

雲端原生技術有利於各組織在公有雲、私有雲和混合雲等新型動態環境中，建構和執行可彈性擴充的應用。

雲端原生的代表技術包括容器、服務網格、微服務、不可變基礎設施和宣告式 API。這些技術能夠建構容錯性佳、易於管理和便於觀察的鬆散耦合系統。結合可靠的自動化手段，雲端原生技術使工程師能夠輕鬆地對系統做出頻繁和可預測的重大變更。

CNCF 致力於培育和維護一個廠商中立的開放原始碼生態系統來推廣雲端原生技術。我們透過將最前端的模式民主化，讓這些創新為大眾所用。

1.1.2　雲端原生應用的價值

雲端原生到底能為企業帶來哪些價值呢？簡單來講，可以帶來以下 3 個方面的價值。

1.提高效率

雲端原生開發帶來了 DevOps 和持續交付等敏捷實踐。開發人員使用自動化工具、雲端服務和現代設計文化來快速建構可擴充的應用程式。原本以月或以周為週期的開發週期縮短為以小時為週期，部分變更甚至縮短為分鐘級。

2.降低成本

雲端原生能帶來彈性伸縮能力，並透過削峰填谷、在離線混部等降低系統整體的資源消耗，使得公司不必投資於昂貴的物理基礎設施的採購和維護，這樣可以節省營運支出。

3.確保可用性

雲端原生技術使公司能夠建構強彈性、高可用的應用程式。軟體升級做到不停機更新，並且可以在流量較大時間區段動態進行橫向擴充，提高使用者體驗。

1.1.3 雲端原生應用與傳統應用對比

由上面的介紹可以得知，傳統應用即使上了雲端也不是雲端原生應用，只有為了更進一步地利用雲端原生平台優勢的改造或完全按雲端原生理念建構的應用才是雲端原生應用。雲端原生應用和傳統應用的對比如表 1.1 所示。

▼ 表 1.1 雲端原生應用和傳統應用的對比

對比維度	雲端原生應用	傳統應用
部署可預測性	可預測	不可預測
抽象性	作業系統抽象	依賴作業系統
彈性能力	彈性排程	資源容錯多，缺乏擴充能力
開發運行維護模式	DevOps	瀑布式開發，部門孤立
服務架構	微服務解耦架構	單體耦合架構
恢復能力	自動化運行維護，快速恢復	手工運行維護，恢復緩慢

▌ 1.2 雲端原生技術堆疊與容器執行時期

本節將介紹雲端原生技術堆疊中的重要一環—容器執行時期，這也是本書的重點內容。

1.2.1 雲端原生技術堆疊

雲端原生技術堆疊是用於建構、管理和執行雲端原生應用程式的雲端原生技術分層。一個典型的雲端原生技術堆疊如圖 1.1 所示。

▲ 圖 1.1　雲端原生技術堆疊

最底層由計算、儲存和網路組成系統整體的物理基礎設施。同時，平臺增加了各種抽象層（容器編排層、容器執行時期層、容器儲存層、容器網路層），便於最佳化利用底層物理基礎設施。

雲端原生技術堆疊中除了容器編排引擎（如 Kubernetes），還需要額外的工具和軟體來部署和管理應用軟體。多個公有雲提供商，如中國的火山引擎（VKE）、阿里雲（ACK）、華為雲（CCE）、騰訊雲（TKE），以及國外的亞馬遜網路服務（EKS）、Google 雲端平台（GKE）和微軟（AKS）提供了基於 Kubernetes 發行版本的託管服務。

整個雲端原生技術堆疊基於 Kubernetes 的容器管理平臺提供了一種新的應用交付模式：容器即服務（CaaS）。與平臺即服務（PaaS）類似，容器管理平臺可以部署在企業資料中心，作為託管雲端服務產品使用。對於要開發更安全且可擴充的容器化應用的開發人員而言，CaaS 尤為重要。使用者只需購買他們想要的資源（排程功能、負載平衡等），從而可以節約成本並提高效率（降本增效）。

接下來將依次介紹雲端原生技術堆疊中的幾個重要組成部分：容器編排引擎、容器執行時期、容器儲存、容器網路。

1·容器編排引擎

容器編排引擎也就是 Kubernetes，向上對接容器管理平臺，提供容器編排介面，向下透過容器執行時期介面、容器儲存介面、容器網路介面打通與物理基礎設施的聯動，作為全域資源的排程指揮官。

2·容器執行時期

容器執行時期是抽象計算層資源的介面與實現，透過 Linux namespace、cgroup 操作計算層資源，為處理程序設定安全、隔離和可計量的執行環境，是應用真正的執行者，是整個雲端原生技術堆疊的基石，可以說脫離了容器執行時期，整個雲端原生技術堆疊也將毫無價值。

3·容器儲存

容器儲存將底層儲存服務暴露給容器和微服務使用，與軟體定義儲存（software defined storage，SDS）類似，透過容器儲存層的抽象來遮罩不同媒體的儲存資源。容器儲存透過提供持久化的儲存卷冊為有狀態的容器應用提供儲存服務。容器執行時期、容器儲存、容器網路共同組成了作業系統之上的抽象層。雲端原生生態系統透過容器儲存介面（CSI）定義儲存規範，鼓勵各個儲存提供商採用標準、可移植的方式為容器工作負載提供儲存服務。

4·容器網路

與容器儲存類似，容器網路將物理網路基礎設施抽象化，暴露給容器一個扁平網路，提供 pod 到 pod 互訪，node 到 node 互訪，pod 到服務互訪，以及 pod 和外部通訊的能力。與容器儲存介面類別似，雲端原生生態系統同樣為容器網路提供了可擴充的通用介面（CNI）。透過 CNI 介面可以遮罩底層網路實現的具體實現，便於連線多種不同的網路方案，如 vxlan、vlan、ipvlan 等。

1.2.2 容器執行時期

　　整個雲端原生技術堆疊的發展史其實就是容器技術的發展史，容器技術是整個雲端原生時代的催化劑。2013 年 Docker 從天而降，並在整個 IT 行業迅速走紅。Docker 獨有的鏡像分發形式相對傳統 PaaS 具有絕對優勢。Docker 的出現重塑了整個雲端運算 PaaS 層。

　　Docker 提供了一種在安全隔離的容器中執行幾乎所有應用的方式，這種隔離性和安全性允許在同一主機上同時執行多個容器。而容器的這種輕量級特性也表示開發人員可以節省更多的系統資源，相比於虛擬機器，不必消耗執行 hypervisor 所需要的額外負載，虛擬機器與容器的對比如圖 1.2 所示。

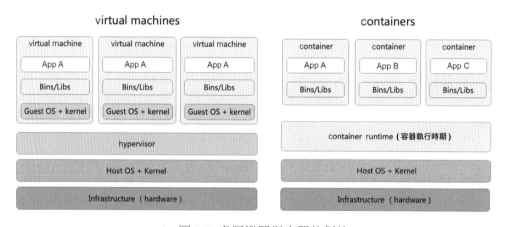

▲ 圖 1.2　虛擬機器與容器的對比

　　如圖 1.2 所示，虛擬機器（virtual machine）共用同一個伺服器的物理資源的作業系統。它是基於硬體的多個客戶作業系統，由虛擬機器監視器（hypervisor）實現。hypervisor 是一種虛擬化伺服器的軟體，為虛擬機器的啟動模擬必備的資源（如 CPU、記憶體、裝置等）。每個虛擬機器有自己完整的作業系統和核心。

　　與虛擬機器的實現不同，容器沒有虛擬化出獨立的作業系統，而是多個容器共用宿主機的核心和作業系統，由容器執行時期層來充當 hypervisor 的角色，模擬共用核心的多個虛擬環境。透過容器執行時期的限制，每個容器中的處理程序依然認為自己是在一個「獨立的作業系統」中。由於沒有 hypervisor、Guest OS、Guest Kernel 層，容器具有輕量的特性：佔用資源少、啟動速度快。容器與虛擬機器的詳細對比如表 1.2 所示。

▼ 表 1.2 容器與虛擬機器的詳細對比

對比項目	虛擬機	容器
封裝	封裝的是整個作業系統、核心以及作業系統內的 Lib 函式庫、應用軟體	封裝的是作業系統之上的 Lib 函式庫、應用軟體
系統性能	由於有一層虛擬化層的銷耗，客戶端設備作業系統內性能有限，往往趕不上宿主機的性能	本機性能，無損耗
介面抽象	虛擬機器監視器（hypervisor）與底層作業系統或硬體進行協調	容器執行時期與底層作業系統進行資源協調
虛擬化層次	硬體級虛擬化，虛擬化底層物理基礎設施，如 CPU、記憶體，物理裝置	作業系統虛擬化，透過 Linux namespace 隔離出沙箱環境
額外銷耗	由於客戶端設備作業系統的存在，會額外佔用大量的記憶體	幾乎無額外銷耗
資源使用率	客戶端設備作業系統的額外銷耗及虛擬化層的性能損耗導致虛擬機器整體資源使用率低	無客戶端設備作業系統的額外銷耗及虛擬化層的性能損耗，資源使用率高
密度	密度較低，單台宿主機 10 ～ 100 個虛擬機器	密度較高，單台宿主機 100 ～ 1000 個容器
輕量	虛擬機器佔用儲存空間大，通常幾個吉位元組（GB）	由於容器沒有作業系統，佔用儲存空間小，通常幾百萬位元組（MB）到幾百百萬位元組
啟動速度	啟動速度較慢，分鐘級	啟動速度較快，秒等級

（續表）

對比項目	虛擬機	容器
安全性	作業系統等級隔離，完全獨佔獨立的作業系統和核心，安全性較高。虛擬機器租戶 root 許可權和宿主機的 root 虛擬機器許可權是分離的，並且虛擬機器利用如 Intel 的 VT-d 和 VT-x 的 ring-1 硬體隔離技術，這種隔離技術可以防止虛擬機器突破和彼此互動	處理程序級隔離，共用核心，安全性較低。所有的容器共用同一個宿主機作業系統和核心，容器中的漏洞利用可能會導致容器逃逸到宿主機上，影響整個宿主機的安全
靈活性	不夠靈活，遷移困難	較靈活，可以在本地環境和以雲端為中心的環境之間快速遷移
應用交付速度	應用交付速度慢；虛擬化建立是分鐘等級的，雖然虛擬機器可以透過鏡像實現環境交付的一致性，但是鏡像分發並無系統化的解決方案	應用交付速度快；容器可基於 OCI 鏡像格式建構，在叢集中實現快速分發和快速部署

　　正是因為容器相比傳統虛擬機器有無可比擬的巨大優勢，以 Docker 為代表的容器執行時期才得以橫掃天下。容器以及容器雲端逐漸成為雲端運算基礎設施的引領者，給雲端運算領域帶來一場新的革命。

　　1.3 節將介紹 Docker 和 Kubernets 的發展史，帶領讀者了解 Docker 是如何使容器流行，又是如何成就容器雲端的。

1.3　Docker 與 Kubernetes 的發展史

1.3.1　Docker 的發展歷史及與容器世界的連結

1 · Docker 誕生（2013 年）

　　在 PaaS 發展初期，應用打包與分發一直沒有形成統一的規範，各個 PaaS 產品（Cloud Foundry、OpenShift、Cloudify）各行其道。

　　2013 年年初，DotCloud 公司發佈的 Docker 為 PaaS 界帶來了創新式的鏡像格式和容器執行時期。Docker 鏡像解決了應用打包與分發這一困擾 PaaS 運行維護人員多年的技術難題。隨著 Docker 的開放原始碼，Docker 技術瞬間風靡全球，2013 年年底，DotCloud 公司改名為 Docker。

2 · CoreOS 與 Docker（2013 年）

　　CoreOS[1] 創立於 2013 年，以提高網際網路的安全性和可靠性為使命。CoreOS 既是公司名稱也是產品名稱，其創始人起初就是為了打造一款只執行容器的作業系統，CoreOS（CoreOS Container Linux）應運而生。

　　CoreOS 的定位是一個為容器而生，並支援平滑升級的輕量級 Linux 發行版本，已經於 2020 年停止維護，之後的接力棒交由 Fedora CoreOS[2]。Fedora CoreOS 是一個專門為安全和大規模執行容器化工作負載而建構的新 Fedora 版本，是 Fedora Atomic Host 和 CoreOS Container Linux 的後續專案。

　　不得不說，CoreOS 真可謂雲端原生發展的幕後英雄。單說 CoreOS 讀者可能不太熟悉，要是提到 CoreOS 後續推出的幾個開放原始碼專案，大家自然就認識了。例如 Kubernetes 預設的 KV 資料庫 Etcd、Kubernetes 經典的網路外掛程式 Flannel、Operator Framework、容器執行時期 Rocket，以及 CNI 容器網路規範。

　　再回到 CoreOS。CoreOS 起初利用自己的 Linux 作業系統 CoreOS Container Linux 和 Docker 提供服務，並為 Docker 的開放原始碼社區以及推廣做出了巨大的貢獻。CoreOS Container Linux 也是當時對 Docker 支援度最好的 Linux 版本。

3 · Rocket 成立（2014 年）

　　Docker 和 CoreOS 的組合最終由於利益而分解，正如 CoreOS 的 CEO Alex Polvi 所說：他們一直認為 Docker 應該成為一個簡單的基礎單元，但不幸的是事情並非如他們期望的那樣，Docker 正在建構一些工具用於發佈雲端服務器、叢集系統以及建構、執行、上傳和下載映射等服務，甚至包括底層網路的功能等，

---

[1]　**CoreOS 已於 2018 年被 Red Hat（紅帽）全資收購。**

[2]　**https://getfedora.org/coreos。**

以打造自己的 Docker 平臺或生態圈。這與他們當初設想的簡單的基礎單元相差甚遠。

Docker 佈局的容器生態已經不僅是一個元件，而是逐漸往平臺的方向發展，包括容器建構、執行、叢集管理等能力，對當時 CoreOS 所提供的叢集管理等功能已經組成了直接競爭，於是 CoreOS 決定推出自己的標準化產品。

2014 年年底，CoreOS 推出了 Rocket（rkt），與 Docker 從最初的合作者變為競爭者，如圖 1.3 所示。與 Docker 不同的是，Rocket 只有底層的容器執行時期功能，沒有叢集管理、容器編排等能力，致力於建構一個更純粹的業界標準。

▲ 圖 1.3　Docker 和 Rocket 的標識

4 · Kubernetes 發佈（2014 年）

隨著 Docker 技術的火熱，基於容器的業務規模逐漸增大，容器越來越多，也帶來了容器管理上的問題：如何管理這麼大規模的應用，如何進行升級導回、監控運行維護等。關鍵是需要一個容器編排層，將許多的容器管理起來，解決 PaaS 平臺的痛點問題。

於是，2014 年 6 月 10 日 Google 正式發佈 Kubernetes 專案並在 Github 上開放原始碼[1]。

Kubernetes 專案是 Google 內部叢集管理系統（Borg）的開放原始碼版本。Borg 系統是一個大規模的 Google 內部叢集管理系統，可同時管理多個叢集，每個叢集中有數萬台機器，可以在叢集中執行數千個不同應用程式的數萬個作業副本，Borg 系統的整體架構如圖 1.4 所示。

---

[1]　參考網址為 https://github.com/Kubernetes/Kubernetes。

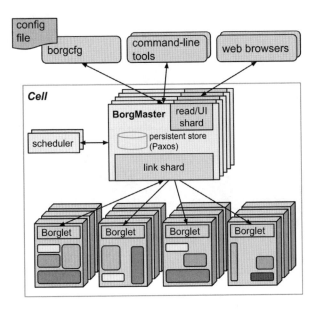

▲ 圖 1.4 Borg 系統的整體架構[2]

由於 Kubernetes 先進的容器編排理念，以及內部大規模系統考驗的成熟度，其剛一推出，便吸引了微軟、Red Hat、IBM、Docker 等巨頭的加入。

事實上，Kubernetes 剛準備推出的時候，其聯合創始人、現任 VMware 公司副總裁 Craig McLuckie 曾提出將 Kubernetes 捐贈給 Docker，但雙方未能達成協議，於是 Google 獨自推出了 Kubernetes。

2014 年，在容器編排領域除了 Kubernetes 外，還有 Docker swarm/machine/compose，以及 Apache Mesos 的 Marathon 面世。此時，容器編排領域已成三足鼎立之勢。

5・Google 投資 CoreOS（2015 年）

Google 於 2015 年 4 月投資了一千兩百萬美金給 CoreOS，CoreOS 也於同年年底發佈 Tectonic，Tectonic 是首個支援企業版 Kubernetes 的平臺。這樣的合

---

[2]　圖片來源：**Google** 上發表的論文 *Large-scale cluster management at Google with Borg*。

作夥伴關係結合 CoreOS 與 Docker 的分解宣告來看，Google/Kubernetes/CoreOS 陣營已經從 Docker 生態中完全脫離出來了。從此容器領域分為 Google 派系和 Docker 派系，如圖 1.5 所示。

▲ 圖 1.5 Google 和 Docker 派系（源自網際網路）

之前，容器技術一直都是 Docker 的天下。隨著 Google、Docker 兩大派系的站隊，容器技術的競爭愈演愈烈，逐漸延伸到業界標準的建立之爭。

6 · OCI 成立（2015 年）

隨著 Docker 的成功，CoreOS、Amazon、Apcera 等紛紛推出了自己的容器產品。然而，這些產品並沒有按照統一的標準發展，很容易導致容器技術領域的分裂。

Google 和 Docker 兩大派系在容器技術的商業與生態競爭之間也在尋找合作的平衡，於是 Docker 帶頭與 Linux 基金會於 2015 年 6 月聯合公佈了開放容器專案（Open Container Project，OCP），旨在圍繞容器格式和執行時期制定一個開放的工業化標準。OCP 後改名為開放容器計畫（Open Container Initiative，OCI）。OCI 成立以後發展迅猛，獲得了許多容器業界領導者的支援和加入，包括 Docker、微軟、Red Hat、IBM、Google 和 Linux 基金會。OCI 解決的是容器的建構、分發和執行問題。

OCI 制定的主要標準有 3 個，分別是 runtime-spec、image-spec 和 distribution-spec。這 3 個標準分別定義了容器執行時期、容器鏡像及分發的規範[1]，2.3 節將展開介紹。

然而，儘管 Docker 是 OCI 組織的創始者和發起者，Docker 在 OCI 的技術推進和標準指定上卻很少扮演關鍵角色，因為 Docker 社區已經足夠龐大，Docker 自身就是容器生態的事實標準。OCI 的提出其實是降低了 Docker 的地位，意在將容器執行時期和鏡像的實現從 Docker 專案中完全剝離出來。Docker 當然沒有動力去推動這些所謂的標準。

7・Docker 貢獻 runc（2015 年）

OCI 啟動後，Docker 公司將 2014 年開放原始碼的 libcontainer 專案移交至 OCI 組織並改名為 runc，成為第一個且目前接受度最廣泛的遵循 OCI 規範的容器執行時期實現。

runc 也是 OCI 規範的基礎，Docker 貢獻出 runc 後，OCI 組織基於 runc 制定和完善了 OCI 規範。

8・CNCF 成立（2015 年）

繼 Docker 帶頭成立 OCI 一個月後，2015 年 7 月，Google 聯合其他 20 家公司宣佈成立 CNCF，該基金會是非營利的 Linux 基金會的一部分，致力於維護一個廠商中立的雲端原生計算組織，目標是讓雲端原生技術更加通用並可持續地發展。不同於 OCI，CNCF 組織解決的是應用管理及容器編排問題。

隨後，Google 將自家開放原始碼的 Kubernetes 捐獻給了 CNCF，作為 CNCF 管理系統的第一個開放原始碼專案。截至 2022 年年底，CNCF 已經有 157 個開放原始碼專案，超過 178 000 貢獻者，涵蓋了 189 個國家[2]。

---

[1]　**OCI** 的規範參考位址：**https://github.com/opencontainers**。

[2]　資料來源：**https://www.cncf.io/reports/cncf-annual-report-2022**。

截至目前，Docker 與 Google 派系依然是競爭中有合作，合作中有競爭，共同制定了一系列的行業事實標準，為雲端原生注入了無限活力，基於介面標準的具體實現不斷湧現，呈現出百花齊放的景象。

CNCF 的成立使得 Google 派系在容器生態大戰中實現了彎道超車，在應用管理及容器編排領域佔據了主導地位。在隨後兩年的發展中，Docker 的地位越來越低，逐漸被其他容器執行時期所替代。

9 · Kubernetes 抽象出 CRI（2016 年）

在 Kubernetes 1.5 版本之前，Kubernetes 內建了兩個容器執行時期，一個是 Docker，另一個是 CoreOS 的 Rocket。這時使用者如果想要支援自訂的執行時期是比較麻煩的，需要修改 kubelet，而且這些修改想要推到上游社區也是非常困難的。雲端廠商的開發者只能維護自己的 fork 倉庫，定期升級社區程式，這給開發者帶來了極大的困難。

隨著 Kubernetes 的特性越來越豐富，Kubernetes 的維護者想要維護 Docker 和 Rocket 兩套分支越來越困難。與此同時，越來越多的使用者希望 Kubernetes 能夠支援自訂的容器執行時期。於是 Google 和 Red Hat 主導了 CRI 標準，從 Kubernetes v1.5 開始便增加了 CRI（container runtime interface，容器執行時期介面），透過 CRI 抽象層消除了這些障礙，使得無須修改 kubelet 就可以支援執行多種容器執行時期。

CRI 的引入讓 Kubernetes 使用者不再受限於 Docker，可以隨時切換到其他的執行時期。CRI 的推出也給容器社區帶來了新的繁榮，各種不同的容器執行時期應運而生。而越來越多容器執行時期的出現也逐漸削弱了 Docker 在容器編排領域的重要性。

Docker 對於 Google 主推的 CRI 規範始終是不支援的，但由於 Docker 此時在容器領域的地位，Kubernetes 不得不長期維護 dockershim 來調配 Docker。

10．Docker 拆分出 containerd（2016 年）

面對 Google 派系的競爭，Docker 在貢獻了 Runc 之後繼續重構，將原有的 Docker Engine 拆分為多個模組，將負責容器生命週期的模組拆分出來，捐獻給了 CNCF 社區，即 containerd。

containerd 被捐獻出來之後，CNCF 社區為 containerd 增加了鏡像管理模組和 CRI 模組，此時 containerd 已經可以直接作為 Kubernetes 的容器執行時期使用。

11．Kubernetes 在容器編排領域勝出（2017 年）

雖然 Docker 容器被稱為容器執行時期的事實標準，但在容器編排上，Kubernetes、Mesos 和來自 Docker 官方的 DockerSwarm 一直以來處於競爭狀態，Kubernetes 以其高效、簡便、高水準的可攜性等優勢佔領了絕大部分市場。

2017 年，Docker 官方宣佈 Docker 平臺內建 Kubernetes。同年，Mesos 也宣佈支援 Kubernetes。至此，持續兩年多的容器編排之戰終於落下序幕，Google 派系的 Kubernetes 勝出。

12．容器編排一家獨大（2018—2019 年）

2018 年 3 月，Kubernetes 正式從 CNCF「畢業」，成為容器編排領域的領頭羊。

2018—2019 年，容器市場基本趨於穩定，一切朝著最佳化改進的方向發展。容器編排領域經過幾輪的激烈競爭，已經是 Google 派系 Kubernetes 一家獨大的場面。

13．Kubernetes 宣佈廢棄 Docker（2020 年）

如前所述，Docker 長期以來一直不支援 CRI，Kubernetes 長期維護著 dockershim 來調配 Docker，但隨著 containerd 等執行時期的發展與成熟，Kubernetes 最終有足夠的理由不再維護 dockershim。

2020 年年底，Kubernetes 官方發佈公告，宣佈自 v1.20 版本起放棄對 Docker 的支援，並在 2022 年的 v1.24 版本中將 dockershim 元件從 kubelet 中刪除。

從 Kubernetes v1.24 版本開始，社區優先推薦使用 containerd 或 cri-o 作為容器執行時期，如果想要繼續使用 Docker 作為容器執行時期，則需要使用 cri-dockerd 來對接 Docker。

1.3.2 Docker 架構的發展

了解了容器世界的發展之後可知，Docker 由最初的容器世界領導者演變為容器執行時期的一員。Docker 雖然在容器編排中落敗於 Kubernetes，但 Docker 主導成立的 OCI 以及 Docker 貢獻的 runc 和 containerd 則促進了雲端原生容器執行時期的發展與繁榮。

下面來看在發展過程中 Docker 的技術架構發生了哪些變化。

1・基於 LXC

起初 Docker 是由單一二進位完成的，Docker Client 和 Docker Daemon 是同一個二進位，基於 LXC 實現容器的 namespace 隔離和 cgroup 限制。LXC 提供了對諸如命名空間（namespace）和控制群組（cgroup）等基礎工具的操作能力，是基於 Linux 核心的容器虛擬化技術的使用者空間介面，如圖 1.6 所示。

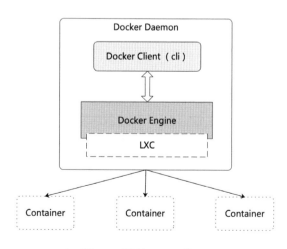

▲ 圖 1.6　基於 LXC 的 Docker

2 · 基於 LibContainer

LXC 是底層 Linux 提供的，對 Docker 跨平臺的目標來說是一個很大的問題。於是 Docker 自研了 LibContainer，替換了 LXC，如圖 1.7 所示。此時的 Docker 分為兩大部分：Docker Client 和 Docker Daemon。

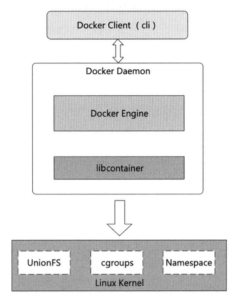

▲ 圖 1.7 基於 libcontainer 的 Docker

1）Docker Client

Docker Client 是 Docker 架構中使用者和 Docker Daemon 建立通訊的使用者端，使用者使用的可執行檔為 Docker，透過 Docker 命令列工具可以發起許多管理 container 的請求。

2）Docker Daemon

Docker Daemon 是 Docker 架構中一個常駐在背景的系統處理程序，功能是接收和處理 Docker Client 發送的請求。該守護處理程序在背景啟動一個 server，server 負載接收 Docker Client 發送的請求；接收請求後，server 透過路由與分發排程，找到相應的 handler 來執行請求。

此時架構最主要的特徵是抽象出 libcontainer，替換了原來的 LXC。libcontainer 是 Docker 架構中一個使用 Go 語言設計實現的函式庫，設計初衷是希望該函式庫可以不依靠任何依賴，直接存取核心中與容器相關的 API。

正是由於 libcontainer 的存在，Docker 可以直接呼叫 libcontainer，而最終操縱容器的 namespace、cgroups、apparmor、網路裝置以及防火牆規則等。libcontainer 提供了一整套標準的介面來滿足上層對容器管理的需求，遮罩了底層的差異，成為一個獨立、穩定且不受制於 Linux 的 Library，使得後續的 Docker 跨平臺成為可能。

libcontainer 架構如圖 1.8 所示。

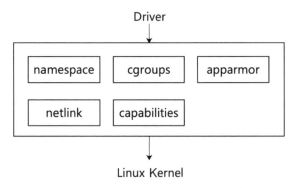

▲ 圖 1.8　Docker libcontainer 架構

3 · 拆分 containerd 和 runc

在 OCI 和 CNCF 成立之後，Docker 將 libcontainer 改名為 runc 貢獻給了 OCI。同時，為了相容 OCI 標準，Docker 將容器執行時期及其管理功能從 Docker Daemon 中剝離出來，貢獻給了 CNCF。此時 Docker 架構如圖 1.9 所示，並一直延續至今。

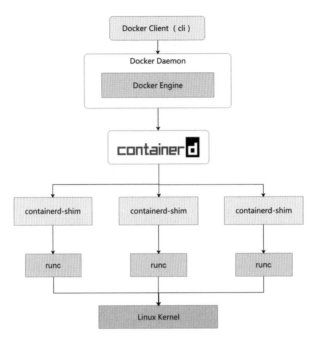

▲ 圖 1.9 Docker 與 containerd、runc

　　在 Docker 架構中，containerd 獨立負責容器執行時期和生命週期（如建立、啟動、停止、中止、訊號處理、刪除等），而鏡像建構、卷冊管理、日誌等由 Docker Daemon 的其他模組處理。

1.4 containerd 概述

　　containerd 是一個工業標準的容器執行時期，強調簡單性、穩固性和可攜性。

　　containerd 在 2019 年 2 月 28 日從 CNCF「畢業」，成為繼 Kubernetes、Prometheus、Envoy 和 CoreDNS 之後，第五個從 CNCF「畢業」的專案。目前，containerd 作為業界標準的容器執行時期已被廣泛採用。

containerd 可以作為 Linux 和 Windows 的守護處理程序，支援的功能如下。

- 管理單一主機系統中容器的完整生命週期，如容器建立、啟動、銷毀等。

- 負責容器鏡像的拉取和準備。

- 負責容器的執行和狀態指標監控。

- 負責容器執行時期的低級儲存：鏡像和容器資料的儲存。

- 管理容器網路介面和網路。

containerd 旨在設計成被嵌入更大的系統中，如 Docker Kubernetes buildkit 等，而非由開發人員直接使用。containerd 的整體架構如圖 1.10 所示。

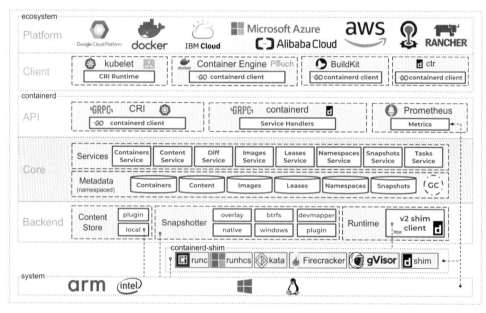

▲ 圖 1.10　containerd 的整體架構 [1]

containerd 整體架構分為 3 層：ecosystem（生態層）、containerd（containerd 內部架構）、system（系統層）。

---

[1]　圖片來源於 containerd 官網：https://containerd.io/。

1 · ecosystem（生態層）

ecosystem 分為 Platform（平臺）和 Client（使用者端）兩層。

（1）Platform：平臺層與 containerd 的設計理念相吻合（即嵌入更大的系統中），作為工業標準的容器執行時期透過遮罩底層差異向上支撐多個平臺，如 GoogleGCP、亞馬遜 Fargate、微軟 Azure、Rancher 等。

（2）Client：使用者端是生態層連接 containerd 的調配層，containerd 技術上還是經典的 CS 架構，containerd 使用者端透過 gRPC 呼叫 containerd 服務端的 API 操作。containerd 暴露的介面有兩類，一類是 CRI，該介面是 Kubernetes 定義的，用於對接不同容器執行時期規範與抽象，contaienrd 透過內建的 CRI Plugin 實現了 CRI，該介面主要是向上對接 Kubernetes 叢集或 crictl；另一類是透過 containerd 提供的 Client SDK 來存取 containerd 自己定義的介面，該介上對接導向的主要是非 Kubernetes 類別的上層 PaaS 或更高級的執行時期，如 Docker、BuildKit、ctr 等。

2 · containerd（containerd 內部架構）

containerd 層主要是 containerd 的 Server 實現層，邏輯上分為 3 層：API 層、Core 層、Backend 層。

（1）API 層：提供北向服務 GRPC 呼叫介面和 Prometheus 資料獲取介面，API 支援 Kuberntes CRI 標準和 containerd client 兩種形式。

（2）Core 層：該層是核心邏輯層，包含服務和中繼資料。

（3）Backend 層：主要是南向對接作業系統容器執行時期，支援透過不同的 plugin 來擴充，這裡比較重要的是 containerd-shim，containerd 透過 shim 對接不同的容器執行時期，如 kata、runc、runhs、gVisor、Firecracker 等。

3 · system（系統層）

system 層主要是 containerd 支援的底層作業系統及架構，當前支援 Windows 和 Linux，架構上支援 x86 和 ARM。

MEMO

第2章

初識容器執行時期

　　自從 2013 年 Docker 開放原始碼之後，其空前的打包方式帶動了容器技術的發展，也加速了容器技術的應用，直到今天容器技術已經成為應用上雲端的新標準，越來越多的組織使用容器化來建立應用。

　　之前提到容器，人們自然就會想到 Docker。確實，在之前的很長一段時間，容器就是 Docker，Docker 就是容器。

其實，Docker 並不是第一個提出容器化技術的產品，早在 Docker 誕生之前，容器技術就已經存在了，最早可以追溯到 1979 年 chroot 系統呼叫的誕生。而且 Docker 依賴的底層核心技術 cgroup、namespace、unionFS 也是早在 Docker 之前就已經出現。Docker 只是基於容器技術實現的軟體，基於上述 3 個關鍵的 Linux 技術對處理程序進行封裝隔離，屬於作業系統層面的封裝隔離。由於隔離的處理程序獨立於宿主機和其他處理程序，因此也稱其為容器。

Docker 最初是基於 LXC（Linux container）實現的，從 0.7 版本之後去除 LXC，轉而使用自己研發的 Libcontainer，從 1.11 版本開始，則進一步演進為使用 runc 和 containerd。而 containerd 由於其簡單與穩固性，逐漸青出於藍而勝於藍，大有取代 Docker 之勢。

本章所要介紹的容器執行時期（container runtime）也稱為容器引擎，是一種可以在主機作業系統上執行容器的軟體元件。在容器化架構中，容器執行時期負責從儲存庫載入容器鏡像、監控本地系統資源、隔離系統資源以供容器使用，以及管理容器生命週期。容器管理軟體的鼻祖 Docker 算是一種容器執行時期。

常見的容器執行時期有 runc、containerd、Docker、cri-o、podman 等。容器執行時期按照其功能範圍又分為低級容器執行時期和高級容器執行時期。

本章將從容器技術及其發展歷史出發，為讀者介紹容器發展史、容器所依賴的 Linux 基礎、容器執行時期以及當前的容器執行時期規範等。

學習摘要：

- 容器技術的發展史
- 容器 Linux 基礎
- 容器執行時期概述

2.1 容器技術的發展史

1 · 容器技術的萌芽時期

容器技術的發展史可以追溯到 1979 年，當時為了能夠隔離出軟體建構和測試環境，Chroot 從天而降，並於 1982 年被增加到 BSD（柏克萊軟體套件，是 UNIX 的衍生系統）。

1979 年，在 UNIX V7 的開發過程中，chroot 系統呼叫被正式引入。chroot 透過將使用者的系統根目錄切換到指定的檔案系統目錄，為應用建構一個獨立的虛擬檔案系統視圖，讓使用者的處理程序只能存取到該目錄。這個被隔離出來的新環境叫作 Chroot Jail。這標誌著處理程序隔離的開始，當然這時候的隔離還很弱，只是隔離處理程序的檔案存取權限，而且不安全，使用者可以逃離指定的 root 目錄而存取到宿主機上的其他目錄。

2 · 容器技術的發展簡史

隨後，容器技術的發展沉寂了 20 多年，隨著雲端運算的發展，直到 2000 年左右，各種容器技術如雨後春筍般湧現。

1）2000 年：FreeBSD Jails

2000 年，FreeBSD 4.0 作業系統正式發佈 FreeBSD Jails 隔離環境（Jails 直譯為「監獄」，監獄是一個一個隔離的房間，引申含義為隔離），以實現其服務與客戶服務之間的明確分離，從而確保安全性和易於管理，此時才算真正意義上實現了處理程序的隔離。FreeBSD Jails 允許管理員將 FreeBSD 電腦系統劃分為幾個獨立的、更小的系統—稱為 Jails—能夠為每個系統和設定分配一個 IP 位址。

Jails 是首個商用化的 OS 虛擬化技術。

2）2001 年：Linux VServer

Linux VServer 於 2001 年推出，它使用了類似 chroot 的機制，與安全上下文（security context）以及作業系統虛擬化（容器化）相結合來提供虛擬化解決方案。

與 FreeBSD Jails 一樣，Linux VServer 是一種監獄機制，可以對電腦系統上的資源（檔案系統、網路位址、記憶體）進行分區，每個分區叫作一個安全上下文，在其中的虛擬系統叫作虛擬私有伺服器（virtual private server，VPS）。該作業系統虛擬化透過修補 Linux 核心來實現，測試性更新目前仍然可用，最後一個穩定的修補程式於 2006 年發佈。

3）2004 年：Solaris 容器

2004 年 2 月，Oracle 發佈了 Oracle Solaris containers，這是一個用於 X86 和 SPARC 處理器的 Linux VServer 版本。

2004 年 2 月，Solaris 10 對外發佈，其架構如圖 2.1 所示。Solaris 11 之後的版本中為 Solaris zones。Solaris zones 是一種作業系統層面的輕量級虛擬化技術。

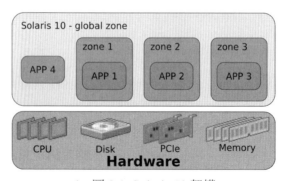

▲　圖 2.1　Solaris 10 架構

Solaris zones 是第二個商用化的 OS 虛擬化技術。

4）2005 年：OpenVZ（Open Virtuzzo）

2005 年，OpenVZ 發佈，它也是非常重要的 Linux OS 虛擬化技術先行者。

OpenVZ 與 Linux VServer 一樣，使用作業系統級虛擬化，透過 Linux 核心更新形式進行虛擬化、隔離、資源管理和狀態檢查。OpenVZ 的 Linux 客戶系統其實是共用 OpenVZ 主機 Linux 系統的核心，也就表示 OpenVZ 的 Linux 客戶系統不能升級核心。OpenVZ 的系統架構如圖 2.2 所示。

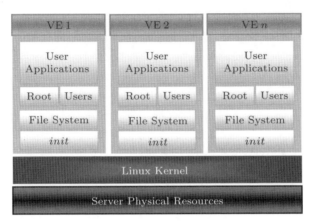

▲ 圖 2.2 OpenVZ 系統架構

5）2006 年：process containers

2006 年，Google 開放原始碼其內部使用的 process containers 技術。為了避免和 Linux 核心上下文中的「容器」一詞混淆，改名為 control groups，簡稱 Cgroups，並最終合併到 Linux 核心 2.6.24。

6）2008 年：LXC

LXC（Linux containers）即 Linux 容器。它是第一個、最完整的 Linux 容器管理器的實現方案。2008 年，透過將 Cgroups 的資源管理能力和 Linux namespace 的視圖隔離能力組合在一起，LXC 以完整的容器技術出現在 Linux 核心當中。在 LXC 出現之前，Linux 上已經有了 Linux Vserver、OpenVZ 和 FreeVPS。雖然這些技術都已經成熟，但是這些解決方案還沒有將它們的容器支援整合到主流 Linux 核心。相較於其他容器技術，LXC 能夠在無須任何額外更新的前提下執行在原版 Linux 核心之上。

LXC 採用以下核心功能模組：

- Kernel namespaces（ipc, uts, mount, pid, network and user）。

- Apparmor。

- SELinux profiles。

- Seccomp policies。

- Chroots（using pivot_root）。

- Kernel capabilities。

- Cgroups（control groups）。

LXC 存在於 liblxc 函式庫中，提供了各種程式語言的 API 實現，包括 Python 3、Python 2、Lua、Go、Ruby 和 Haskell。現在 LXC project 是由 Canonical 公司贊助並託管的。

此時，LXC 已經基本具備了 Linux 容器的雛形。

7）2011 年：Warden

2011 年，Cloud Foundry 開發 Warden 系統，這是一個完整的容器管理系統雛形。在其第一個版本中，Warden 使用 LXC，之後替換為自己的實現方案。Warden 是一個跨平臺的解決方案，不止執行在 Linux 上，可以為任何系統提供隔離執行環境。它以背景保護程式的方式執行，而且能夠提供用於容器管理的 API。

8）2013 年：LMCTFY

Let me contain that for you（LMCTFY）於 2013 年作為 Google 容器技術的開放原始碼版本推出，提供 Linux 應用程式容器。應用程式可以「感知容器」，建立和管理它們自己的子容器。在 Google 開始向由 Docker 發起的 libcontainer 貢獻核心 LMCTFY 概念後，LMCTFY 在 2015 年停止推廣。libcontainer（即如今的 runc）現在是 Open Container Foundation（開放容器基金會）的一部分。

9）2013 年：Docker

2013 年是容器技術發展的元年，Docker 的從天而降真正帶起了容器技術，從此容器技術開始普及。Docker 最初是一個叫作 dotCloud 的 PaaS 服務公司的內部專案，後來該公司改名為 Docker。

Docker 的流行並非偶然，Docker 最有意義的價值在於它重新定義了鏡像的打包與分發方式。同時，它引入了一整套管理容器的生態系統，包括高效、分層的容器鏡像模型，全域和本地的容器註冊倉庫，清晰的 REST API，命令列等。

跟 Warden 一樣，Docker 開始階段使用的也是 LXC，後來替換為自己的函式庫 libcontainer。Docker 推動實現了一個叫作 Docker Swarm 的容器叢集管理方案。後來在容器編排之戰中落敗於 Kubernetes，逐漸被遺忘。

10）2014 年：Rocket

Rocket 誕生於 2014 年 11 月末，是一種類似 Docker 的容器引擎，由 CoreOS 公司主導，獲得了 Red Hat、Google、VMware 等公司的支援，更加專注於解決安全、相容、執行效率等方面的問題。隨著 Docker 在容器行業逐漸強大，Docker 也越來越臃腫，CoreOS 公司希望有一個更加開放和中立的容器標準，因此推出了自己的容器計畫，就這樣，CoreOS 公司成為 Docker 公司的容器引擎競爭對手。

除了 Rocket，CoreOS 也開發了其他幾個可以用於 Docker 和 Kubernetes 的容器相關的產品，如 CoreOS 作業系統、etcd 和 flannel。

2014 年，Kubernetes 專案正式發佈，容器技術開始和編排系統齊頭並進。

11）2016 年：Windows Containers

2015 年，微軟在 Windows Server 上為基於 Windows 的應用增加了容器支援，稱之為 Windows Containers。它與 Windows Server 2016 一同發佈，Docker 可以原生地在 Windows 上執行 Docker 容器，而不需要啟動一個虛擬機器（早期在 Windows 上執行 Docker 需要使用 Linux 虛擬機器）。

12）2016 年：OCI

為了推進容器化技術的工業標準化，2015 年 6 月，在 DockerCon 大會上，Linux 基金會與 Google、華為、惠普、IBM、Docker、Red Hat、VMware 等公司共同宣佈成立開放容器專案（OCP），後改名為開放容器倡議（OCI），並於 2016 年發佈 1.0 版本。它的主要目標便是建立容器格式和執行時期的工業開放通用標準。

為了支援 OCI 容器執行時期標準的推進，Docker 公司起草了鏡像格式和執行時期規範的草案，並將 Docker 專案的相關實現捐獻給 OCI 作為容器執行時期的基礎實現，現在專案名為 runc。

OCI 制定的主要標準有 3 個，分別是執行時期規範（runtime-spec）、鏡像規範（image-spec）和分發規範（distribution-spec）。這 3 個規範分別描述了容器鏡像如何組裝、如何解壓和如何基於解壓後的檔案執行容器。2.3 節將詳細說明描述。

13）2016 年：containerd 獨立

2016 年 12 月 14 日，Docker 公司宣佈將 containerd 從 Docker Engine 中分離，並捐贈到一個新的開放原始碼社區獨立發展和營運。containerd 作為一個工業標準的容器執行時期，注重簡單性、穩固性、可攜性。containerd 可以作為 daemon 程式執行在 Linux 和 Windows 上，管理機器上所有容器的生命週期。

實際上早在 2016 年 3 月，Docker 1.11 的 Docker Engine 裡就包含了 containerd，把 containerd 從 Docker Engine 裡徹底剝離出來，作為一個獨立的開放原始碼專案發展，目的是提供一個更加開放、穩定的容器執行基礎設施。和包含在 Docker Engine 裡的 containerd 相比，獨立的 containerd 具有更多的功能，可以涵蓋整個容器執行時期管理的所有需求。

containerd 並不是直接最終使用者導向的，而是主要用於整合到更上層的系統裡，如 Swarm、Kubernetes、Mesos 等容器編排系統。containerd 以 daemon 的形式執行在系統上，透過 unix domain docket 暴露底層的 gRPC API，上層系統可以透過這些 API 管理機器上的容器。每個 containerd 只負責一台機器，拉取鏡像、對容器的操作（啟動、停止等）、網路、儲存都是由 containerd 完成的。具體執行容器由 runc 負責，實際上除了 runc，只要是符合 OCI 規範的容器執行時期都可以支援。

containerd 獨立對社區和整個 Docker 生態來說是一件好事。對 Docker 社區的開發者來說，獨立的 containerd 更簡單清晰，基於 containerd 增加新特性也會比以前容易。

14）2017 年：容器工具日趨成熟

2017 年，CoreOS 和 Docker 聯合提議將 Rocket 和 containerd 作為新專案納入 CNCF，這標誌著容器生態系統初步形成，容器專案之間協作更加豐富。

從 Docker 最初宣佈將剝離其核心執行時期到 2017 年捐贈給 CNCF，containerd 專案在兩年中獲得顯著的增長和進步。

15）2018 年：輕量型虛擬化

容器引擎技術高速發展，新技術不斷湧現。此前 runc 場景下多個容器共用宿主機核心，無論是容器中處理程序逃逸到宿主機，還是容器導致宿主機核心錯誤，都會影響整個宿主機及該宿主機上的所有容器。鑑於此，許多廠商紛紛推出安全容器的技術產品。

2017 年年底 kata containers 社區成立，2018 年 5 月 Google 開放原始碼 gVisor 程式，2018 年 11 月 AWS 開放原始碼 Firecracker，標誌著輕量型虛擬化容器執行時期進入一個新時代。

kata containers、gVisor、Firecracker 架構如圖 2.3 ～圖 2.5 所示。

16）2019—2020 年：歷史變革

2019 年是容器發生歷史性變革的一年，在這一年發生了很多歷史性變革事件，包括容器生態變化、產業資本併購、新技術解決方案出現等。

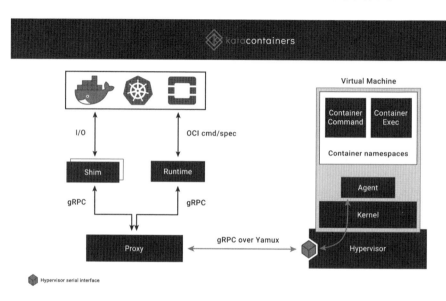

▲ 圖 2.3　kata containers 架構圖[1]

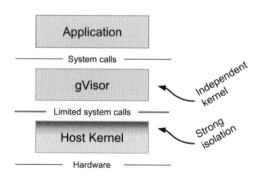

▲ 圖 2.4　gVisor 分層架構圖[2]

---

[1]　圖片來源於 kata containers 官網：https://katacontainers.io/。

[2]　圖片來源於 gVisor 官網：https://gvisor.dev/docs/。

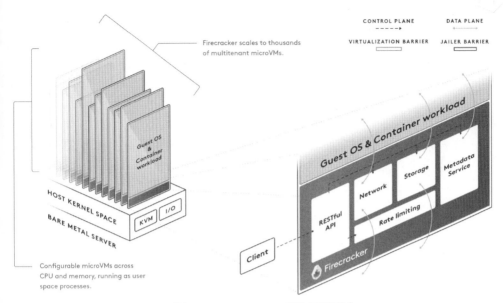

▲ 圖 2.5 Firecracker 系統架構圖 [3]

在這一年，新的容器執行時期引擎開始替代 Docker 執行時期引擎，其最具代表性的就是 CNCF 的 containerd 和 cri-o。

cri-o 是專門針對在 Kubernetes 中執行所設計的，它會交付一個最小化的執行時期，該執行時期實現了 Kubernetes 容器執行時期介面的標準元件。

2020 年，Kubernetes 廢棄內建的 dockershim 之後，containerd 由於其穩定性與穩固性，再加上與 Docker 同根同源的屬性，在 Kubernetes 許多容器執行時期中脫穎而出。

2.2 容器 Linux 基礎

在介紹容器 Linux 基礎之前，我們會基於 shell 手動建立一個容器，以便於理解容器底層所依賴的 Linux 技術。

---

[3]　圖片來源於 Firecracker 官網：http://firecracker-microvm.github.io。

2.2.1　容器是如何執行的

容器並不神秘，在容器發展歷史中已經提到，容器所依賴的 Linux 技術很早就已經出現，當前的容器執行時期，如 Docker、containerd 等只是將 Cgroup、namespace 等技術進行了組裝。

下面的程式會啟動一個基於 fish shell 的容器（筆者的執行環境為：Debian 10 作業系統，Linux 5.10.0 核心）。

```
# 1. 下載鏡像
wget https://raw.githubusercontent.com/zhaojizhuang/containerd-book/main/
container-principe/fish.tar -O fish.tar
mkdir container-root
cd container-root
# 2. 解壓鏡像到指定目錄
tar -xf ../fish.tar
# 3. 生成 cgroup 名稱
cgroup_id="cgroup_$(shuf -i 1000-2000 -n 1)"
# 4. 設定 cgroup，設定 cpu、memory limit
cgcreate -g "cpu,cpuacct,memory:$cgroup_id"
cgset -r cpu.cfs_period_us=100000 "$cgroup_id"
cgset -r cpu.cfs_quota_us=50000 "$cgroup_id"
cgset -r memory.limit_in_bytes=1000000000 "$cgroup_id"
# 5.  cgroup 中透過 unshare 建立新的 mount、uts、ipc、pid、net namespace
#     變更 root 目錄
#     掛載 /proc
#     設定 hostname
cgexec -g "cpu,cpuacct,memory:$cgroup_id" unshare -fmuipn --mount-proc
chroot "$PWD" /bin/sh -c "/bin/mount -t proc proc /proc && /bin/mount -t
sysfs sysfs /sys && hostname container-test && /usr/bin/fish"
```

這樣就進入了一個容器，非常簡單。此時可以在容器中查看處理程序與檔案系統，容器中已經是完全獨立的檔案系統與處理程序角度。

```
root@container-test /# pwd
/
root@container-test /# ll
total 56
```

```
drwxr-xr-x    2 root     root         4.0K Oct 18  2016 bin
drwxr-xr-x    4 root     root         4.0K Feb 20  2020 dev
drwxr-xr-x   16 root     root         4.0K Feb 20  2020 etc
drwxr-xr-x    2 root     root         4.0K Oct 18  2016 home
drwxr-xr-x    5 root     root         4.0K Oct 18  2016 lib
lrwxrwxrwx    1 root     root           12 Oct 18  2016 linuxrc -> /bin/busybox
drwxr-xr-x    5 root     root         4.0K Oct 18  2016 media
drwxr-xr-x    2 root     root         4.0K Oct 18  2016 mnt
dr-xr-xr-x  282 root     root            0 Feb  4 08:48 proc
drwx------    4 root     root         4.0K Feb 20  2020 root
drwxr-xr-x    2 root     root         4.0K Oct 18  2016 run
drwxr-xr-x    2 root     root         4.0K Oct 18  2016 sbin
drwxr-xr-x    2 root     root         4.0K Oct 18  2016 srv
dr-xr-xr-x   13 root     root            0 Feb  4 08:48 sys
drwxrwxrwt    3 root     root         4.0K Feb 20  2020 tmp
drwxr-xr-x    7 root     root         4.0K Oct 18  2016 usr
drwxr-xr-x   12 root     root         4.0K Oct 18  2016 var
root@container-test /# ps -ef
PID   USER     TIME   COMMAND
    1 root      0:00 /bin/sh -c /bin/mount -t proc proc /proc && /bin/mount
-t sysfs sysfs /sys && hostname container-test && /usr/bin/fish
    5 root      0:00 /usr/bin/fish
   45 root      0:00 ps -ef
```

如果執行到這一步，則表示已經完成了一個高級容器執行時期的基本功能。關於高級容器執行時期與低級容器執行時期，將在 2.3 節展開講解。

我們回過頭來看這段執行容器的程式，這個簡易的容器執行時期指令稿有以下幾個功能。

- 下載鏡像：從指定的位址下載了 fish.tar 這個壓縮檔。

- 解壓鏡像：將 fish.tar 解壓到宿主機上的指定目錄。

- 資源限制：透過 cgroup 限制了 CPU 和記憶體的使用量，將 CPU 限制為 0.5 核心，記憶體限制為 1 GB。

- 執行處理程序：透過為處理程序設定 root 目錄，開啟新的 namespace（mount、uts、ipc、pid、net），設定 hostname 後，執行處理程序 /usr/bin/fish。

本範例並沒有為容器增加網路、裝置等能力，有能力的讀者可以自行擴充該指令稿，為容器增加網路、儲存、裝置、環境變數等能力。

注意：

可以透過下面的命令為上述容器範例擴充網路、儲存及裝置能力。

- 掛載儲存卷冊：在宿主機上執行 mount --bind src_path <rootfs_path>/< 容器內 path>。
- 掛載 block 裝置：在宿主機上執行 mknod <rootfs_path>/< 容器內 path> b Major Minor。
- 網路：透過 veth 裝置對連通容器內網路和宿主機網路。

由上述範例也可以看到容器的核心技術是 cgroup+namespace+rootfs+ 執行時期工具（範例 shell 命令），其中 rootfs 和執行時期工具對於不同的 Linux 容器專案各有不同。下面介紹容器依賴的兩個必需的 Linux 基礎：namespace 和 cgroup。

2.2.2 namespace

進入 2.2.1 節的容器中，查看容器中的處理程序。

```
root@container-test /# ps -ef
PID   USER     TIME    COMMAND
   1 root       0:00 /bin/sh -c /bin/mount -t proc proc /proc && /bin/mount
-t sysfs sysfs /sys && hostname container-test && /usr/bin/fish
   5 root       0:00 /usr/bin/fish
  40 root       0:00 ps -ef
```

然後進入宿主機，打開一個新的終端，查看宿主機上的處理程序。

```
root@zjz:~# ps -ef |grep /usr/bin/fish
root    2541991 2514731        0 20:50 pts/1    00:00:00 unshare -fmuipn -mount
-proc chroot /tmp/container-root /bin/sh -c /bin/mount -t proc proc /proc
&& /bin/mount -t sysfs sysfs /sys && hostname container-test && /usr/bin/fish
root    2541992 2541991        0 20:50 pts/1    00:00:00 /bin/sh -c /bin/mount
-t proc proc /proc && /bin/mount -t sysfs sysfs /sys && hostname
```

```
container-test && /usr/bin/fish
root     2541996 2541992              0 20:50 pts/1     00:00:00 /usr/bin/fish
root     2542624 2542146              0 20:51 pts/2     00:00:00 grep --color=auto
/usr/bin/fish
```

　　容器中的 1 號、5 號處理程序在宿主機上對應的是 2541992 號與 2541996 號處理程序，宿主機可以看到容器中的處理程序，但是容器中的處理程序看不到宿主機上的其他處理程序。這就是 PID namespace 的作用。在容器中啟動處理程序，其實就是在容器這個父處理程序下啟動一個子處理程序。容器為處理程序提供了一個隔離的環境，容器內的處理程序無法存取容器外的處理程序。

　　因此可以得知，容器本質上是一組特殊的處理程序，只是透過 namespace 將容器的處理程序與宿主機上的處理程序進行了隔離，使容器內的處理程序覺得自己在一個完整的、獨立的作業系統中。

　　除 了 PID namespace，Linux 支 援 的 namespace 還 有 IPC、Network、Mount、UTS、User、Time、cgroup， 即 當 前 Linux 核 心 中 總 共 支 援 8 種 namespace。

　　透過 /proc/{pid}/ns 子目錄也可以看到當前處理程序所屬的 namespace。舉例來說，範例中處理程序 /usr/bin/fish 在宿主機上的處理程序號是 2541996，透過 /proc/2541996/ns 可以查看該處理程序所屬的 namespace。

```
root@zjz:~# ls -al /proc/2541996/ns/
total 0
dr-x--x--x 2 root root 0 Feb  4 21:41 .
dr-xr-xr-x 9 root root 0 Feb  4 20:50 ..
lrwxrwxrwx 1 root root 0 Feb  4 21:41 cgroup -> 'cgroup:[4026531835]'
lrwxrwxrwx 1 root root 0 Feb  4 21:41 ipc -> 'ipc:[4026532332]'
lrwxrwxrwx 1 root root 0 Feb  4 21:41 mnt -> 'mnt:[4026532329]'
lrwxrwxrwx 1 root root 0 Feb  4 21:41 net -> 'net:[4026532335]'
lrwxrwxrwx 1 root root 0 Feb  4 21:41 pid -> 'pid:[4026532333]'
lrwxrwxrwx 1 root root 0 Feb  4 21:41 pid_for_children -> 'pid:[4026532333]'
lrwxrwxrwx 1 root root 0 Feb  4 21:41 time -> 'time:[4026531834]'
lrwxrwxrwx 1 root root 0 Feb  4 21:41 time_for_children -> 'time:[4026531834]'
lrwxrwxrwx 1 root root 0 Feb  4 21:41 user -> 'user:[4026531837]'
lrwxrwxrwx 1 root root 0 Feb  4 21:41 uts -> 'uts:[4026532331]'
```

從 Linux 3.8 開始，該目錄下的檔案都是以軟連結的形式出現的，如果兩個處理程序在同一個 namespace 中，那麼它們的 /proc/[pid]/ns/xxx 軟連結的 device IDs 和 inode 號是一樣的。軟連結的內容是一個字串，格式為：namespace 類型 :[inode 號]。可以透過 readlink 獲取某個軟連結的 namespace 類型和 inode 值。

```
readlink /proc/2541996/ns/ipc
ipc:[4026532332]
```

表 2.1 列出了各 namespace 對應的軟連結的說明。

▼ 表 2.1 Linux namespace 對應的軟連結

軟　鏈　接	實現的 Linux 版本	說　明
/proc/[pid]/ns/cgroup	Linux 4.6	操作 Cgroup namespace 的控制碼檔案
/proc/[pid]/ns/ipc	Linux 3.0	操作 IPC namespace 的控制碼檔案
/proc/[pid]/ns/mnt	Linux 3.8	操作 Mount namespace 的控制碼檔案
/proc/[pid]/ns/net	Linux 3.0	操作 Network namespace 的控制碼檔案
/proc/[pid]/ns/pid	Linux 3.8	操作 PID namespace 的控制碼檔案，該控制碼檔案在處理程序的生命週期內都是不變的
/proc/[pid]/ns/pid_for_children	Linux 4.12	操作該處理程序建立的子處理程序的 PID namespace 的控制碼檔案。由於子處理程序後續可以透過 unshare 和 setns 改變 namespace，因此該檔案和 /proc/[pid]/ ns/pid 可能不一樣
/proc/[pid]/ns/time	Linux 5.6	操作 Time namespace 的控制碼檔案
/proc/[pid]/ns/time_for_children	Linux 5.6	操作 Time namespace 的控制碼檔案。由於子處理程序後續可以透過 unshare 和 setns 改變 namespace，因此該檔案和 /proc/[pid]/ ns/time 不一定一致
/proc/[pid]/ns/user	Linux 3.8	操作 User namespace 的控制碼檔案
/proc/[pid]/ns/uts	Linux 3.0	操作 UTS namespace 的控制碼檔案

接下來重點介紹 Linux 的 namespace[1]。

1 · namespace 概述

namespace 是 Linux 提供的一種核心等級環境隔離的方法，可使處於不同 namespace 的處理程序擁有獨立的全域系統資源，改變一個 namespace 中的系統資源只會影響當前 namespace 裡的處理程序，對其他 namespace 中的處理程序沒有影響。

目前，Linux 核心裡面實現了 8 種不同類型的 namespace，如表 2.2 所示。

▼ 表 2.2 Linux 支援的 namespace

分　類	系統呼叫參數	隔　離　內　容	相關核心版本
Mount namespace	CLONE_ NEWNS	mount points （掛載點）	Linux 2.4.19
UTS namespace	CLONE_ NEWUTS	hostname and NIS domain name （主機名稱與NIS域名）	Linux 2.6.19
IPC namespace	CLONE_ NEWIPC	system VIPC, POSIX message queues （訊號量，訊息佇列）	Linux 2.6.19
PID namespace	CLONE_ NEWPID	process IDs （處理程序編號）	Linux 2.6.24
Network namespace	CLONE_ NEWNET	network devices, stacks, ports, etc. （網路裝置、協定層、通訊埠等）	始於 Linux 2.6.24，完成於 Linux 2.6.29

---

1 關於 Linux namespace 的更多詳情可以參考 Linux namespace 手冊（https://man7.org/linux/man-pages/man7/namespaces.7.html）。

（續表）

分　類	系統呼叫參數	隔 離 內 容	相關核心版本
User namespace	CLONE_ NEWUSER	user and group IDs （使用者和使用者群組）	始於 Linux 2.6.23， 完成於 Linux 3.8
Cgroup namespace	CLONE_ NEWCGROUP	Cgroup root directory （cgroup 根目錄）	Linux 4.6
Time namespace	CLONE_ NEWTIME	boot and monotonic （系統時鐘）	Linux 5.6

2 · namespace 系統呼叫

Linux 提供了多種系統呼叫 API 來操作 namespace，包括 clone()、unshare() 和 setns() 方法。使用這些方法時透過傳入表 2.2 中的第 2 列 CLONE_NEW* 作為 flag 參數來指定要操作的命名空間。此外，Linux 還可以透過 ioctl 系統呼叫來查詢 namespace，但是功能有限，感興趣的讀者可以自行查看 ioclt 手冊 [1]。

下面簡單介紹 3 個系統呼叫的功能。

1）clone()

clone() 是實現執行緒的系統呼叫，用來建立一個新的處理程序，並可以透過傳入上述系統呼叫參數（CLONE_NEW*）作為 flags 來建立新的 namespace。這樣建立出來的新處理程序屬於新的 namespace，後續新處理程序建立的處理程序預設屬於同一個 namespace。

```
int clone(int (*child_func)(void *), void *child_stack, int flags, void *arg);
```

2）unshare()

unshare() 系統呼叫用於將當前處理程序和所在的 namespace 分離，並加入一個新的 namespace 中。當 unshare PID namespace 時，呼叫處理程序會為它的

---

[1]　**https://man7.org/linux/man-pages/man2/ioctl_ns.2.html**。

子處理程序分配一個新的 PID namespace，但是呼叫處理程序本身不會被遷移到新的 namespace 中，而且呼叫處理程序第一個建立的子處理程序在新 namespace 中的 PID 為 1，並成為新 namespace 中的 init 處理程序。

```
int unshare(int flags);
```

上述容器範例中是透過 unshare 命令來建立 namespace 的，unshare 所使用的正是 unshare() 系統呼叫。unshare 命令支援以下 7 種 namespace[2]。

```
# unshare -h
Options:
 -m, --mount[=<file>]      unshare mount namespace
 -u, --uts[=<file>]        unshare UTS namespace (hostname etc)
 -i, --ipc[=<file>]        unshare System V IPC namespace
 -n, --net[=<file>]        unshare network namespace
 -p, --pid[=<file>]        unshare pid namespace
 -U, --user[=<file>]       unshare user namespace
 -C, --cgroup[=<file>]     unshare cgroup namespace
```

3）setns()

使用 setns() 可把某處理程序移動到已有的某個 namespace 中，此操作會更改處理程序對應的 /proc/[pid]/ns 中的內容。

```
int setns(int fd, int nstype);
```

3・namespace 分類介紹

1）Mount namespace

Mount namespace 用來隔離檔案系統的掛載點，不同 Mount namespace 的處理程序擁有不同的掛載點，同時也擁有不同的檔案系統視圖。Mount namespace 是 Linux 發展史上第一個支援的 namespace，出現在 2002 年的 Linux 2.4.19 中。

---

[2] Time namespace 是在 Linux 5.6 中加入的，系統附帶的 unshare 不支援，unshare 需重新編譯安裝。在 Time namespace 部分將會介紹。

當系統首次啟動時，有一個單一的 Mount namespace，附帶 CLONE_NEWNS 標識的 clone() 或 unshare() 系統呼叫可建立新的 Mount namespace。在 clone() 或 unshare() 呼叫之後，可以在每個命名空間中獨立地增加和刪除掛載點（透過 mount 和 umount）。對掛載點清單的更改（預設情況下）僅對處理程序所在的掛載命名空間中的處理程序可見，在其他掛載命名空間中不可見。

在本節的範例中，unshare -m 建立了新的 Mount namespace，進而在容器 Mount namespace 中掛載了 proc sys 檔案系統，從而與宿主機的 proc sys 隔離開。

可以透過 /proc/<pid>/mountinfo 查看處理程序 <pid> 所在的 Mount namespace 下的掛載資訊。

```
12935 11375 0:368 // rw,relatime master:4855 - overlay overlay rw,
lowerdir=/var/lib/containerd/io.containerd.snapshotter.v1.overlayfs/
snapshots/104354/fs:/var/lib/containerd/io.containerd.snapshotter.v1.
overlayfs/snapshots/104353/fs:/var/lib/containerd/io.containerd.
snapshotter.v1.overlayfs/snapshots/104352/fs:/var/lib/containerd/io.
containerd.snapshotter.v1.overlayfs/snapshots/104351/fs:/var/lib/
containerd/io.containerd.snapshotter.v1.overlayfs/snapshots/104350/fs:/var/lib/
containerd/io.containerd.snapshotter.v1.overlayfs/snapshots/
104349/fs:/var/lib/containerd/io.containerd.snapshotter.v1.overlayfs/
snapshots/104344/fs,upperdir=/var/lib/containerd/io.containerd.snapshotter.
v1.overlayfs/snapshots/104356/fs,workdir=/var/lib/containerd/io.containerd.
snapshotter.v1.overlayfs/snapshots/104356/work,index=off,nfs_export=off
12936 12935 0:370 //proc rw,nosuid,nodev,noexec,relatime - proc proc rw
12937 12935 0:372 //dev rw,nosuid - tmpfs tmpfs rw,size=65536k,mode=755
12938 12937 0:373 //dev/pts rw,nosuid,noexec,relatime - devpts devpts rw,
gid=5,mode=620,ptmxmode=666
12939 12937 0:374 //dev/shm rw,nosuid,nodev,noexec,relatime - tmpfs shm rw,
size=65536k
12940 12937 0:369 //dev/mqueue rw,nosuid,nodev,noexec,relatime - mqueue mqueue rw
12941 12935 0:375 //sys ro,nosuid,nodev,noexec,relatime - sysfs sysfs ro
12942 12941 0:376 //sys/fs/cgroup rw,nosuid,nodev,noexec,relatime - tmpfs
tmpfs rw,mode=755
... ...
```

輸出欄位如表 2.3 所示。

▼ 表 2.3 mountinfo 輸出欄位

36	35	98:0	/mnt1	/mnt2	rw,noatime	master:1	-	ext3	/dev/root	rw,errors=continue
(1)	(2)	(3)	(4)	(5)	(6)	(7)	(8)	(9)	(10)	(11)

每個欄位的含義如下。

（1）mount ID：掛載的唯一 ID。

（2）parent ID：父掛載的 mount ID，如果本身是 Mount namespace 中掛載樹的頂點，則是自身的 mount ID。

（3）major:minor：檔案系統所連結的主次裝置編號，主裝置編號表示裝置類型（可以透過 cat/proc/devices 查看主裝置編號對應的裝置類型），次裝置編號用於區分同一裝置類型下的不同裝置。

（4）root：檔案系統中掛載的根節點。

（5）mount point：在處理程序 Mount namespace 內，相對於處理程序根節點的掛載點。

（6）mount options：掛載選項，如掛載許可權等。

（7）optional fields：可選項，格式為 tag:value，支援的可選項為 shared、master、propagate_from 和 unbindable。

（8）separator：分隔符號，可選欄位。

（9）filesystem type：檔案系統類型，格式為 type[.subtype]，核心支援的檔案系統可以透過 cat /proc/filesystems 來查看，如 ext4、proc、cgroup、tmpfs 等。

（10）mount source：檔案系統相關資訊，或為 none。

（11）super options：每個超級區塊的可選項。

　　關於 Mount namespace，另外兩個不得不提的特性是綁定掛載與掛載傳播。

　　（1）綁定掛載：是容器執行時期中實現檔案系統常用的一種掛載手段。綁定掛載是把現有的目錄樹複製到另外一個掛載點下，透過綁定掛載得到的目錄和原始檔案是一模一樣的。掛載後從新舊兩個路徑都能存取原來的資料，從兩個路徑對資料的修改也都會生效，而目標路徑的原有內容將被隱藏。例如：

```
mount --bind /foo /bar
```

　　綁定掛載後，存取目標目錄 /bar 時，實際上是存取 /foo 目錄下的內容。此時 /bar 的 dentry 已經指向了 /foo 的 inode，即透過 dentry 存取 inode 時，再也存取不到原來的 inode 了，它指向了被 bind_mount 的物件的 inode。兩個目錄的 inode 是一樣的（可以透過命令 stat 查看兩個目錄的 inode），如圖 2.6 所示。

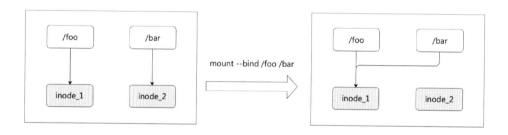

▲ 圖 2.6　mount bind 與 inode

　　綁定掛載在容器中是一個很重要的應用，我們所熟知的 container volume、hostpath，以及容器的 /etc/hosts、hostname 等均是透過綁定掛載實現的。可以參考容器的 OCI spec 檔案（2.3 節會詳細講解）。

```
<bundle path>/config.json
    mounts:[
            {
                "destination": "/my_path",
                "type": "bind",
                "source": "/mycontainer/container_host",
                "options": ["bind"]
```

```
            }
        ]
```

config.json 設定檔中的 mounts 將宿主機中的 /mycontainer/container_host 目錄掛載到容器中 rootfs 的 /my_path 目錄。宿主機中的 host 目錄必須提前存在，而容器中的 host_dir 不存在時將由容器執行時期自動建立。容器執行時期進行的操作等價於下面的命令列。

```
mount --bind /mycontainer/container_host /my_path
```

由於容器是獨立的 Mount namespace，發生在容器中的掛載宿主機並不知道，綁定掛載的掛載點位於容器的寫入層中，雖然容器刪除後整個寫入層將被刪除，但容器執行過程中的寫入資料依然會保留在宿主機的掛載路徑，因此可透過該途徑持久化容器中的資料。

注意：

可以嘗試為範例容器增加宿主機上的目錄，並綁定掛載到容器內部，這其實就是容器掛載卷冊的雛形。

（2）掛載傳播：有了 Mount namespace 之後，起初使用者空間的掛載是完全隔離的。在宿主機上插入裝置（如光碟、光碟機等）後，令裝置在所有的 Mount namespace 中可見的唯一方式是在所有的 Mount namespace 中都掛載一遍，這無疑是令人頭疼的事。

鑑於這種問題，共用子樹（shared subtrees）機制被引進了 Linux 2.6.15 中。共用子樹最核心的特徵是允許掛載和卸載事件以一種自動的、可控的方式在不同的 namespace 之間傳播（propagation），即掛載傳播（mount propagation）機制。

掛載傳播機制定義了掛載物件之間的關係，系統利用這些關係來決定掛載物件中的掛載事件對其他掛載物件的影響。其中掛載物件之間的關係描述如下。

- 共用關係（MS_SHARED）：此掛載點與同一「對等群組（peer group）」中的其他掛載點共用掛載和卸載事件。掛載事件的傳播是雙向的，一個掛載物件的掛載事件會跨 Mount namespace 共用到其他掛載物件；傳播也會反向進行，對等掛載上的掛載和卸載事件也會傳播到此掛載點。

- 從屬關係（MS_SLAVE）：傳播的方向是單向的，即只能從 Master 傳播到 Slave 方向。

- 私有關係（MS_PRIVATE）：不同 Mount namespace 的掛載事件是互不影響的（預設選項）。

- 不可綁定關係（MS_UNBINDABLE）：一個不可綁定的私有掛載，與私有掛載類似，不能進行掛載事件的傳播，也不能執行掛載操作。

其中給掛載點設定掛載關係範例如下。

```
mount --make-shared /mntA          # 將掛載點設定為共用關係屬性
mount --make-private /mntB         # 將掛載點設定為私有關係屬性
mount --make-slave /mntC           # 將掛載點設定為從屬關係屬性
mount --make-unbindable /mntD      # 將掛載點設定為不可綁定關係屬性
```

當前 Kubernetes 中實現的掛載傳播就是基於上述機制，容器卷冊的掛載傳播支援 3 種類型，由 Container.volumeMounts 中的 mountPropagation 欄位控制，如圖 2.7 所示。

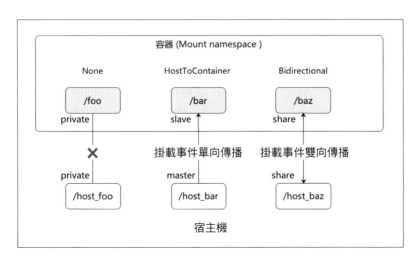

▲ 圖 2.7　容器中的掛載傳播

- None：這種卷冊掛載將不會收到任何後續由宿主機（host）建立的在這個卷冊上或其子目錄上的掛載。同樣的，由容器建立的掛載在 host 上也是不可見的。這是預設的模式，等於私有關係（MS_PRIVATE）。

- HostToContainer：這種卷冊掛載將收到之後所有的由宿主機（host）建立在該卷冊上或其子目錄上的掛載，即宿主機在該卷冊內掛載的任何內容在容器中都是可見的，反過來，容器內掛載的內容在宿主機上是不可見的，即掛載傳播是單向的，等於從屬關係（MS_SLAVE）。

- Bidirectional：這種掛載機制和 HostToContainer 類似，即可以將宿主機上的掛載事件傳播到容器內。此外，任何在容器中建立的掛載都會傳播到宿主機，然後傳播到使用相同卷冊的所有 pod 的所有容器，即掛載事件的傳播是雙向的，等於共用關係（MS_SHARED）。

關於 Linux 掛載傳播的更多詳情，請參閱核心文件 [1]。

2）UTS namespace

UTS（UNIX time-sharing system）namespace 可提供主機名稱和域名的隔離，不同 namespace 中可以擁有獨立的主機名稱和域名。

本節範例中透過以下指令稿為容器建立獨立的主機名稱，透過 unshare 呼叫建立新的 UTS namespace，然後透過 hostname 設定容器內的主機名稱，與宿主機的主機名稱隔離開。

```
unshare -u
...
hostname container-test
```

在範例容器內執行 hostname。

```
root@container-test /# hostname
container-test
```

---

[1] https://www.kernel.org/doc/Documentation/filesystems/sharedsubtree.txt。

新開啟一個終端，在宿主機上執行 hostname。

```
root@zjz:~# hostname
zjz
```

可以看到宿主機上的主機名稱與容器內的主機名稱完全獨立，這就是 UTS namespace 的作用。

3）IPC namespace

IPC（inter-process communication）namespace 提供對處理程序間通訊的隔離。處理程序間通訊常見的方法有訊號量、訊息佇列和共用記憶體。IPC namespace 主要針對的是 SystemV IPC 和 Posix 訊息佇列，這些 IPC 個人電腦制都會用到識別字，例如用識別字來區分不同的訊息佇列，IPC namespace 要達到的目標是使相同的識別字在不同的 namepspace 中代表不同的通訊媒體（如訊號量、訊息佇列和共用記憶體）。

同樣，還是以本節剛開始的容器範例為例。進入容器範例的終端，同時新開一個宿主機上的終端。在宿主機上的終端上透過 ipcmk -Q 建立訊息佇列，在容器終端內透過 ipcs -q 查看。

宿主機上執行以下程式。

```
root@zjz:~# ipcmk -Q
Message queue id: 0
root@zjz:~# ipcs -q

------ Message Queues --------
Key            msqid      owner      perms      used-bytes           messages
0xbbe99666     0          root       644        0                    0
```

容器終端內看不到任何訊息佇列，這就是 IPC namespace 隔離的作用。

```
root@container-test /# ipcs -q

------ Message Queues --------
```

```
key        msqid       owner       perms       used-bytes    messages
```

可以嘗試修改範例容器的 unshare 命令，去掉參數 i，即 ipc，改為以下命令。

```
... unshare -fmupn ...
```

再次啟動容器，進入容器終端內，查看訊息佇列，這次可以看到 msqid 為 0 的訊息佇列，跟宿主機上一樣。

```
root@container-test /# ipcs -q


------ Message Queues --------
Key           msqid       owner       perms       used-bytes    messages
0xbbe99666    0           root        644         0             0
```

4）PID namespace

PID namespace 用於隔離 PID 處理程序號，不同 PID namespace 中可以有相同的處理程序號，如圖 2.8 中子命名空間 A 和子命名空間 B 中的處理程序號。

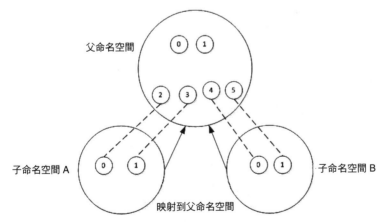

▲ 圖 2.8　PID namespace 中的處理程序在宿主機上的映射關係

建立新的 PID namespace 時，第一個處理程序的處理程序號為 1，作為該 PID namespace 中的 init 處理程序。Linux 系統中的 init 處理程序是特殊的處理程序，作為守護處理程序，負責回收所有孤兒處理程序的資源。同時 init 處理程序既不回應 SIGKILL 也不回應 SIGTERM。可以在上述的範例容器中進行測試。

可以看到，在容器中，無論是 kill -9 還是 kill -15 都無法殺死容器內的 1 號處理程序。

```
root@container-test /# ps -ef
PID   USER      TIME    COMMAND
   1 root       0:00 /bin/sh -c /bin/mount -t proc proc /proc && /bin/mount
-t sysfs sysfs /sys && hostname container-test && /usr/bin/fish
   5 root       0:00 /usr/bin/fish
  26 root       0:00 ps -ef
root@container-test /# kill -9 1
root@container-test /# kill -15 1
```

在宿主機上可以直接殺死該處理程序，因為該處理程序在宿主機上只是一個使用者處理程序。

```
root@zjz:~# ps -ef |grep fish
root    77394   77315   0 14:59 pts/0    00:00:00 unshare -fmuipn --mount-
proc chroot /root/container-root /bin/sh -c /bin/mount -t proc proc /proc
&& /bin/mount -t sysfs sysfs /sys && hostname container-test && /usr/bin/fish
root    77395   77394   0 14:59 pts/0    00:00:00 /bin/sh -c /bin/mount -t
proc proc /proc && /bin/mount -t sysfs sysfs /sys && hostname container-test
&& /usr/bin/fish
root    77399   77395   0 14:59 pts/0    00:00:00 /usr/bin/fish
root    78787   78649   0 15:00 pts/1    00:00:00 grep fish
root@zjz:~# kill -9 77395
```

此時，容器內 1 號處理程序被殺死，退出容器。

```
# 容器內處理程序被殺死，容器 container-test 終端退出
root@container-test /# Killed
root@zjz:~/container-root#
```

5）Network namespace

顧名思義，Network namespace 是對網路進行隔離的 namespace。每個 Network namespace 都有自己獨立的網路裝置、IP 位址、通訊埠、路由表、防火牆規則等。

對於 Network namespace，可從命令行方便地使用 ip 網路設定工具來設定和使用網路命名空間。

建立 Network namespace 的命令範例如下。

```
root@zjz:~# ip netns add zjz
root@zjz:~# ls /var/run/netns
zjz
```

該命令會建立一個名為 zjz 的 Network namespace。當 ip 工具建立網路命名空間時，會在 /var/run/netns 下為其建立綁定掛載；有了該綁定掛載，即使沒有處理程序在其中執行，該命名空間也會一直存在，有助系統管理員方便地操作網路命名空間。

同綁定掛載一樣，不同 Network namespace 之間也是可以通訊的，透過 veth pair 實現（veth 裝置成對出現）。

veth 和其他的網路裝置一樣，一端連接核心協定層，另一端兩個裝置彼此相連。一個裝置收到協定層的資料發送請求後，會將資料發送到另一個裝置，如圖 2.9 所示。

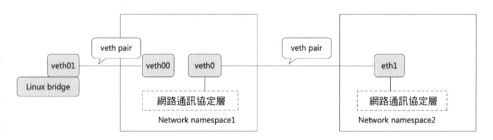

▲ 圖 2.9 veth pair 連接不同 Network namespace

6）User namespace

User namespace 的作用是隔離和分割管理許可權，主要分為兩部分：uid/gid 和 capability。一個使用者的 user ID 和 group ID 在不同的 User namespace 中可以不一樣（與 PID nanespace 類似），即一個使用者可以在一個 User namespace 中是普通使用者，在另一個 User namespace 中是超級使用者。

即使是同樣的 root 使用者，在容器內和宿主機上的許可權也是不一樣的，因為 Linux 引入了 capabilities 機制對 root 許可權進行細粒度的控制，可以減小系統的安全攻擊面。

注意：

在建立新的 User namespace 時不需要任何許可權；而在建立其他類型的 namespace（如 UTS、PID、Mount、IPC、Network、Cgroup namespace）時，需要處理程序在對應 User namespace 中有 CAP_SYS_ADMIN 許可權。

Linux 中的 capabilities 集合共有 5 種。

- Permitted：處理程序所能使用的 capabilities 的上限集合，在該集合中有的許可權，並不代表執行緒可以使用。必須要保證在 Effective 集合中有該許可權。

- Effective：有效的 capabilities，這裡的許可權是 Linux 核心檢查執行緒是否具有特權操作時檢查的集合。

- Inheritable：即繼承。透過 exec 系統呼叫啟動新處理程序時可以繼承給新處理程序許可權集合。注意，該許可權集合繼承給新處理程序後，也就是新處理程序的 Permitted 集合。

- Bounding：Bounding 限制了處理程序可以獲得的集合，只有在 Bounding 集合中存在的許可權，才能出現在 Permitted 和 Inheritable 集合中。

- Ambient：Ambient 集合中的許可權會被應用到所有非特權處理程序上（特權處理程序，指當使用者執行某一程式時，臨時獲得該程式所有者的身份）。然而，並不是所有在 Ambient 集合中的許可權都會被保留，只有在 Permitted 和 Effective 集合中的許可權，才會在被 exec 呼叫時保留。

當前 Linux 支援的 capabilities 集合如表 2.4 所示 [1]。

▼ 表 2.4 Linux 支援的 capabilities 及其說明

名　稱	說　明
CAP_AUDIT_CONTROL	啟用和禁用核心稽核；改變稽核過濾規則；檢索稽核狀態和過濾規則
CAP_AUDIT_READ	允許透過 multicast netlink 通訊端讀取稽核日誌
CAP_AUDIT_WRITE	將記錄寫入核心稽核日誌
CAP_BLOCK_SUSPEND	使用可以阻止系統暫停的特性
CAP_CHOWN	修改檔案所有者的許可權
CAP_DAC_OVERRIDE	忽略檔案的 DAC 存取限制
CAP_DAC_READ_SEARCH	忽略檔案讀取及目錄搜索的 DAC 存取限制
CAP_FOWNER	忽略檔案屬主 ID 必須和處理程序使用者 ID 相匹配的限制
CAP_FSETID	允許設定檔案的 setuid 位元
CAP_IPC_LOCK	允許鎖定共用記憶體片段
CAP_IPC_OWNER	忽略 IPC 所有權檢查
CAP_KILL	允許對不屬於自己的處理程序發送訊號
CAP_LEASE	允許修改檔案鎖的 FL_LEASE 標識
CAP_LINUX_IMMUTABLE	允許修改檔案的 IMMUTABLE 和 APPEND 屬性標識
CAP_MAC_ADMIN	允許 MAC（mandatory access control）設定或狀態更改
CAP_MAC_OVERRIDE	覆蓋 MAC
CAP_MKNOD	允許使用 mknod() 系統呼叫

---

[1]　摘自 **capabilities(7)-Linux manual page**，**https://man7.org/linux/man-pages/man7/capabilities.7.html**。

（續表）

名　稱	說　明
CAP_NET_ADMIN	允許執行網路管理任務
CAP_NET_BIND_SERVICE	允許綁定到小於 1024 的通訊埠
CAP_NET_BROADCAST	允許網路廣播和多播存取
CAP_NET_RAW	允許使用原始通訊端
CAP_SETGID	允許改變處理程序的 GID
CAP_SETFCAP	允許為檔案設定任意的 capabilities
CAP_SETPCAP	允許向其他處理程序轉移能力以及刪除其他處理程序的能力
CAP_SETUID	允許改變處理程序的 UID
CAP_SYS_ADMIN	允許執行系統管理任務，如載入或卸載檔案系統、設定磁碟配額等
CAP_SYS_BOOT	允許重新開機系統
CAP_SYS_CHROOT	允許使用 chroot() 系統呼叫
CAP_SYS_MODULE	允許插入和刪除核心模組
CAP_SYS_NICE	允許提升優先順序及設定其他處理程序的優先順序
CAP_SYS_PACCT	允許執行處理程序的 BSD 式稽核
CAP_SYS_PTRACE	允許追蹤任何處理程序
CAP_SYS_RAWIO	允許直接存取 /devport、/dev/mem、/dev/kmem 及原始區塊裝置
CAP_SYS_RESOURCE	忽略資源限制
CAP_SYS_TIME	允許改變系統時鐘
CAP_SYS_TTY_CONFIG	允許設定 TTY 裝置
CAP_SYSLOG	允許使用 syslog() 系統呼叫
CAP_WAKE_ALARM	允許觸發一些能喚醒系統的東西（例如 CLOCK_BOOTTIME_ALARM 計時器）

containerd 建立的普通容器預設 capabilities 有以下許可權，而如果該容器是特權容器，則支援所有 capabilities。

```
"CAP_CHOWN",
"CAP_DAC_OVERRIDE",
"CAP_FSETID",
"CAP_FOWNER",
"CAP_MKNOD",
"CAP_NET_RAW",
"CAP_SETGID",
"CAP_SETUID",
"CAP_SETFCAP",
"CAP_SETPCAP",
"CAP_NET_BIND_SERVICE",
"CAP_SYS_CHROOT",
"CAP_KILL",
"CAP_AUDIT_WRITE"
```

可以透過 /proc/self/status 或 /proc/$$/status 查看處理程序的 capabilities 許可權。

```
root@zjz:~# cat /proc/self/status | grep Cap
CapInh: 0000000000000000
CapPrm: 0000003fffffffff
CapEff:  0000003fffffffff
CapBnd: 0000003fffffffff
CapAmb: 0000000000000000
```

上述程式中的第一列表示 capabilities 類型：

- CapInh 對應 Inheritable。

- CapPrm 對應 Permitted。

- CapEff 對應 Effective。

- CapBnd 對應 Bounding。

- CapAmb 對應 Ambient。

第二列表示 capabilities 中的許可權集合，可透過 capsh --decode 命令把它們跳脫為讀取的格式。

```
root@zjz:~# capsh --decode=0000003fffffff
0x0000003fffffff=cap_chown,cap_dac_override,cap_dac_read_search,cap_
fowner,cap_fsetid,cap_kill,cap_setgid,cap_setuid,cap_setpcap,cap_linux_
immutable,cap_net_bind_service,cap_net_broadcast,cap_net_admin,cap_net_
raw,cap_ipc_lock,cap_ipc_owner,cap_sys_module,cap_sys_rawio,cap_sys_
chroot,cap_sys_ptrace,cap_sys_pacct,cap_sys_admin,cap_sys_boot,cap_sys_n
ice,cap_sys_resource,cap_sys_time,cap_sys_tty_config,cap_mknod,cap_
lease,cap_audit_write,cap_audit_control,cap_setfcap,cap_mac_override,
cap_mac_admin,cap_syslog,cap_wake_alarm,cap_block_suspend,cap_audit_read
```

7）Time namespace

在介紹 Time namespace 前先介紹 Linux 系統呼叫中的幾個時間類型。

- CLOCK_REALTIME：作業系統對當前時間的展示（date 展示的時間），隨著系統 time-of-day 被修改而改變，例如用 NTP（network time protocol）進行修改。

- CLOCK_MONOTONIC：單調時間，代表從過去某個固定的時間點開始的絕對的逝去時間，是不可被修改的。它不受任何系統 time-of-day 時鐘修改的影響，如果想計算兩個事件發生的間隔時間，它是最好的選擇。

- CLOCK_BOOTTIME：系統啟動時間（/proc/uptime 中展示的時間）。CLOCK_ BOOTTIME 和 CLOCK_MONOTONIC 類似，也是單調的，在系統初始化時設定的基準數值是 0。而且，不論系統是 running 還是 suspend（這些都算是啟動時間），CLOCK_BOOTTIME 都會累積計時，直到系統 reset 或 shutdown。

　　Time namespace 可提供對時間的隔離，類似於 UTS namespace，不同的是 Time namespace 允許處理程序看到不同的系統時間。Time namespace 是在 2018 年提出，並隨著 Linux 5.6 版本發佈的 [1]。

---

[1]　參考 **https://www.phoronix.com/news/Time-Namespace-In-Linux-5.6**。

　　Time namespace 為每個命名空間提供了針對系統單調時間（CLOCK_MONOTONIC）和系統啟動時間（CLOCK_BOOTTIME）的偏移量。同一個 Time namespace 中的處理程序共用相同的 CLOCK_MONOTONIC 和 CLOCK_BOOTTIME。

　　上述偏移量可以在 /proc/<pid>/timens_offsets 檔案中查看，在初始的 Time namespace 中，偏移量都為 0。注意，該偏移量在處理程序未啟動時是可以修改的，一旦啟動第一個處理程序，後續的修改就會失敗。

```
root@zjz:~#cat /proc/self/timens_offsets
monotonic          0          0
boottime           0          0
```

　　timens_offsets 檔案格式為 <clock-id> <offset-secs> <offset-nanosecs>，其中：

- offset-secs 的單位為 s（秒），可以為負值。

- offset-nanosecs 的單位為 ns（毫微秒），是一個無號值，大於等於 0。

　　修改範例如下，在 Time namespace 中將啟動時間往前調整 7 天，單調時間往前調整 2 天。

```
# 列印當前的系統啟動時間
root@zjz:~# uptime --pretty
up 4 days, 13 hours, 9 minutes
# 增加時間偏移量，7 天
root@zjz:~# unshare -T -- bash --norc
bash-5.0# echo "monotonic $((2*24*60*60)) 0" > /proc/$$/timens_offsets
bash-5.0# echo "boottime  $((7*24*60*60)) 0" > /proc/$$/timens_offsets
# 再次列印系統時間
bash-5.0# uptime --pretty
up 1 week, 4 days, 13 hours, 9 minutes
```

　　可以看到 Time namespace 中的啟動時間增加了一星期。

注意：

Linux 核心版本高於 5.6 時才支援 Time namespace。另外，系統附帶的 unshare 不支援 Time namespace，需重新編譯。程式如下。

```
wget https://mirrors.edge.kernel.org/pub/linux/utils/util-linux/v2.38/
util-linux-2.38.tar.gz
tar xvzf util-linux-2.38.tar.gz
cd util-linux-2.38
./configure
make
make install
```

8）Cgroup namespace

Cgroup namespace 提供對處理程序 cgroups 的隔離，即每個 Cgroup namespace 所看到的 cgroups 資訊是獨立的。每個處理程序的 cgroups 資訊可以透過 proc/<pid>/cgroup 和 proc/<pid>/ mountinfo 來展示。當一個處理程序用 CLONE_NEWCGROUP 標識位元（如透過 clone(2) 或 unshare(2) 系統呼叫）建立一個新的 Cgroup namespace 時，它當前的 cgroups 目錄就變成了新 namespace 的 cgroup 根目錄。

可以透過 /proc/<pid>/cgroup 查看處理程序所在的 Cgroup namespace 內的 cgroup 資訊。

```
root@zjz:~# cat /proc/self/cgroup
12:rdma:/
11:memory:/user.slice/user-0.slice/session-26069.scope
10:freezer:/
9:pids:/user.slice/user-0.slice/session-26069.scope
8:blkio:/user.slice
7:devices:/user.slice
6:net_cls,net_prio:/
5:cpuset:/
4:perf_event:/
3:hugetlb:/
2:cpu,cpuacct:/user.slice
```

```
1:name=systemd:/user.slice/user-0.slice/session-26069.scope
0::/user.slice/user-0.slice/session-26069.scope
```

/proc/<pid>/cgroup 檔案內容每一行包含用冒號隔開的三列，含義分別如下。

（1）cgroup 樹的 ID，和 /proc/cgroups 檔案中的 ID 一一對應。

（2）和 cgroup 樹綁定的所有 subsystem，多個 subsystem 之間用逗點隔開。這裡 name=systemd 表示沒有和任何 subsystem 綁定，只是將其命名為 systemd。

（3）處理程序所屬的 group 路徑相對於 cgroup 根目錄的路徑。「/」表示當前處理程序位於 cgroup 根目錄。如果目標處理程序的 cgroup 目錄位於正在讀取的處理程序的 cgroup namespace 根目錄之外，那麼路徑名稱將對每個 cgroup 層次中的上層節點顯示「../」。

下面透過一個範例展示 Cgroup namespace 的效果。

在初始的 Cgroup namespace 中，使用 root，在 freezer 層下建立一個子 cgroup 並命名為 sub2，同時將處理程序放入該 cgroup 進行限制。freezer cgroup 子系統會批次凍結處理程序，2.2.3 節將詳細介紹。

```
root@zjz:~# mkdir -p /sys/fs/cgroup/freezer/sub2
root@zjz:~# sleep 10000 &
[1] 3226176
root@zjz:~# echo 3226176 > /sys/fs/cgroup/freezer/sub2/cgroup.procs
```

然後在 freezer 層下建立另外一個子 cgroup 並命名為 sub，同時將 shell 處理程序放在該 cgroup 中。

```
root@zjz:~# mkdir -p /sys/fs/cgroup/freezer/sub
root@zjz:~# echo $$
3204472
root@zjz:~# echo 3204472 > /sys/fs/cgroup/freezer/sub/cgroup.procs
root@zjz:~# cat /proc/self/cgroup | grep freezer
10:freezer:/sub
```

接下來透過 unshare 系統呼叫建立一個新的 cgroup 和 Mount namespace，然後分別查看新的 shell 處理程序、初始的 Cgroup namespace 的處理程序（如 PID 為 1 的 init 處理程序）、上述範例的處理程序（如 sub2）。

```
root@zjz:~# unshare -Cm bash
root@zjz:~# cat /proc/self/cgroup | grep freezer
10:freezer:/
root@zjz:~# cat /proc/1/cgroup | grep freezer
10:freezer:/..
root@zjz:~# cat /proc/3226176/cgroup | grep freezer
10:freezer:/../sub2
```

可以看到，不同的 Cgoup namespace 中的處理程序所屬的 group 路徑相對 cgroup 根目錄的路徑是不一樣的：對新的 shell 處理程序的 freezer cgroup 子系統來說，cgroup 根目錄是在建立 Cgroup namespace 時建立的。事實上，新的 shell 處理程序所屬的 cgroup 路徑是 /sub，新的 Cgroup namespace 的 cgroup 根目錄也是 /sub，因此新的 shell 處理程序的相對路徑顯示為「/」。

對於 PID 1 和 PID 3226176，上面講過，因為目標處理程序的 cgroup 目錄位於正在讀取的處理程序的 Cgroup namespace 根目錄之外，所以相對路徑顯示為「/..」和「/../sub2」。

然而，查看新 shell 處理程序的 moutinfo，此時是有點奇怪的，如下所示。

```
root@zjz:~# cat /proc/self/mountinfo | grep freezer
155 145 0:32 /.. /sys/fs/cgroup/freezer rw,nosuid,nodev,noexec,relatime -
cgroup cgroup rw,freezer
```

第 4 個欄位「/..」顯示了在 cgroup 檔案系統中的掛載目錄。從 Cgroup namespace 的定義中可以得知，當建立一個新的 Cgroup namespace 時，處理程序當前的 freezer cgroup 目錄變成了它的根目錄，對於初始 Cgroup namespace 而言，Cgroup namespace 的根目錄掛載點是 sub 目錄的父目錄，所以這個欄位顯示為「/..」。

要修復這個問題，需要在新 shell 處理程序中重新掛載 cgroup 檔案系統。

```
root@zjz:~# mount --make-rslave /        # 禁止掛載事件傳播到其他 namespace
root@zjz:~# umount /sys/fs/cgroup/freezer
root@zjz:~# mount -t cgroup -o freezer freezer /sys/fs/cgroup/freezer
root@zjz:~# cat /proc/self/mountinfo | grep freezer
155 145 0:32 / /sys/fs/cgroup/freezer rw,relatime ...
```

2.2.3 Cgroups

在 2.2.1 節的容器範例中，透過 cgroup 設定了容器所使用的資源，將 CPU 限制為 0.5 核心，記憶體限制為 1 GB，這一部分的資源限制能力就是由 Cgroups（cgroup v1）提供的，如下所示。

```
# 3. 生成 cgroup 名稱
cgroup_id="cgroup_$(shuf -i 1000-2000 -n 1)"
# 4. 設定 cgroup，設定 cpu、memory limit
cgcreate -g "cpu,cpuacct,memory:$cgroup_id"
cgset -r cpu.cfs_period_us=100000 "$cgroup_id"
cgset -r cpu.cfs_quota_us=40000 "$cgroup_id"
cgset -r memory.limit_in_bytes=1000000000 "$cgroup_id"
```

Cgroups 是 Linux 核心提供的一種可以限制單一處理程序或多個處理程序所使用資源的機制，透過不同的子系統可以實現對 CPU、記憶體、block IO、網路頻寬等資源進行精細化的控制。Cgroups 從 Linux 2.6.24 開始進入核心主線。Linux 中目前有兩個 cgroup 版本：cgroup v1 和 cgroup v2。cgroup v2 是新一代的 cgroup API，提供了一個具有增強資源管理能力的統一控制系統。

關於 Cgroups，有以下幾個概念。

- cgroup（控制群組）：Cgroups 以控制群組為單位來進行資源控制，控制群組指明了資源的配額限制，一個處理程序可以加入某個控制群組，也可以遷移到另一個控制群組中。控制群組是有樹狀結構關係的，子控制群組會繼承父控制群組的屬性（資源配額、限制等）。

- subsystem（子系統）/controller（控制器）：也可以稱其為 resource controllers（資源控制器），例如 memory controller 可以控制處理程序記憶體的使用，這些 controller 可以統稱為 cgroup controllers。

- hierarchy（層級）：層級是作為控制群組的根目錄來綁定 controller，從而達到對資源的控制。層級是以目錄樹的形式組織起來的 Cgroups，一個層級可以與 0 個或多個 controller 連結，連結後即可對某一層級的 Cgroups 透過 controller 進行資源控制。

- task（任務）：僅在 v1 版本存在，v2 版本已經將其移除，改用 cgroup. procs 和 cgroup.threads。

hierarchy、subsystem、task 和 cgroup 的關係如圖 2.10 所示。

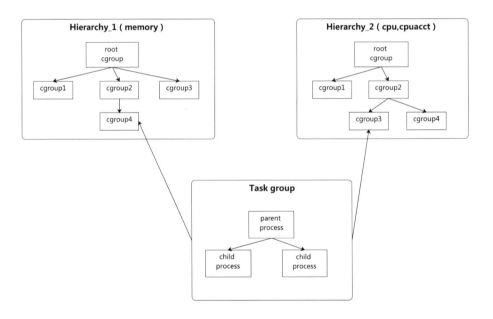

▲ 圖 2.10　hierarchy、subsystem、task 和 cgroup 的關係

- 一個子系統最多只能被增加到一個層級中。

- 一個層級可以連結多個子系統，也可以不連結子系統，實際上只有聯繫非常緊密的控制器，如 cpu 和 cpuacct 放到同一個 hierarchy 中才有意義。

- 一個任務可以被增加到多個控制群組中，但控制群組所屬的層級必須不同，即任務在層級中只能屬於一個 cgroup。
- 系統中處理程序建立子處理程序時，子處理程序會被自動增加到父處理程序所在的 cgroup 中。

1．關於 Linux 節點上的 cgroup 版本

cgroup 版本取決於正在使用的 Linux 發行版本和作業系統上設定的預設 cgroup 版本。要檢查發行版本使用的是哪個 cgroup 版本，可使用以下命令。

```
stat -fc %T /sys/fs/cgroup/
```

以上命令對於 cgroup v2，輸出為 cgroup2fs；對於 cgroup v1，輸出為 tmpfs。

筆者所使用的 Linux 為 Debian 10，核心為 5.10.0，系統預設開啟的是 cgroup v1，命令輸出如下。

```
root@zjz-pd:~# stat -fc %T /sys/fs/cgroup/
tmpfs
```

2．cgroup v1

Cgroups 為每種可以控制的資源定義了一個子系統，可以透過 /proc/cgroups 查看系統支援的 cgroup 子系統。

透過命令 cat/proc/cgroups 查看當前支援的子系統，結果如下。

```
#subsys_name        hierarchy           num_cgroups         enabled
cpuset              5                   27                  1
cpu                 2                   211                 1
cpuacct             2                   211                 1
blkio               8                   207                 1
memory              11                  335                 1
devices             7                   198                 1
freezer             10                  29                  1
```

net_cls	6	27	1
perf_event	4	27	1
net_prio	6	27	1
hugetlb	3	27	1
pids	9	234	1
rdma	12	27	1

/proc/cgroups 檔案的內容從左往後依次如下。

- subsys_name：第一列為 cgroup 子系統名稱，也稱為資源控制器（resource controller）。

- hierarchy：第二列為 cgroup 層，即 cgroup 子系統所連結到的 cgroup 樹的 ID，如果多個子系統連結到同一棵 cgroup 樹，那麼它們的這個欄位將一樣，例如這裡的 cpu 和 cpuacct 的該欄位一樣，表示它們綁定到了同一棵樹。如果出現下面的情況，這個欄位將為 0。

＊當前 subsystem 沒有和任何 cgroup 樹綁定。

＊當前 subsystem 已經和 cgroup v2 樹綁定。

＊當前 subsystem 沒有被核心開啟。

- num_cgroups：第三列表示該子系統下有多少個 cgroup 目錄。

- enabled：第四列表示該 cgroup 子系統是否啟用，1 表示啟用。

cgroup v1 支援如表 2.5 所示的子系統。

▼ 表 2.5　cgroup v1 子系統

控 制 器	用　　途
blkio	限制 cgroup（控制群組）中任務的區塊裝置 I/O
cpu	限制 cgroup 下所有任務對 CPU 的使用
cpuacct	自動生成 cgroup 中任務對 CPU 資源使用情況的報告
cpuset	為 cgroup 中任務分配獨立 CPU（針對多處理器系統）和記憶體
devices	控制任務對裝置的存取

（續表）

控 制 器	用 途
freezer	暫停或恢復 cgroup 中的任務
memory	限制 cgroup 的記憶體使用量，自動生成任務對記憶體的使用情況報告
pids	限制 cgroup 中處理程序可以衍生出的處理程序數量
net_cls	透過使用等級辨識符號（classid）標記網路資料封包，從而允許 Linux 流量控制（traffic controller，TC）程式辨識從具體 cgroup 中生成的資料封包
net_prio	限制任務中網路流量的優先順序
perf_event	可以對 cgroup 中的任務進行統一的性能測試
huge_tlb	限制對大型分頁記憶體（huge page）的使用
rdma	限制 RDMA/IB 資源

在 cgroup v1 中，各個子系統都是各自獨立實現並單獨掛載的。

```
root@zjz:~# ll /sys/fs/cgroup/
total 0
dr-xr-xr-x  8 root root  0 Jan 30 15:34 blkio
lrwxrwxrwx  1 root root 11 Jan 30 02:37 cpu -> cpu,cpuacct
lrwxrwxrwx  1 root root 11 Jan 30 02:37 cpuacct -> cpu,cpuacct
dr-xr-xr-x 12 root root  0 Feb 11 20:30 cpu,cpuacct
dr-xr-xr-x 27 root root  0 Feb 17 22:42 cpuset
dr-xr-xr-x  8 root root  0 Jan 30 15:34 devices
dr-xr-xr-x 27 root root  0 Feb 17 22:42 freezer
dr-xr-xr-x 11 root root  0 Feb 11 20:30 memory
lrwxrwxrwx  1 root root 16 Jan 30 02:37 net_cls -> net_cls,net_prio
dr-xr-xr-x 27 root root  0 Feb 17 22:42 net_cls,net_prio
lrwxrwxrwx  1 root root 16 Jan 30 02:37 net_prio -> net_cls,net_prio
dr-xr-xr-x 27 root root  0 Feb 17 22:42 perf_event
dr-xr-xr-x  8 root root  0 Jan 30 15:34 pids
dr-xr-xr-x  8 root root  0 Jan 30 15:34 systemd
```

3 · cgroup v2

不同於 cgroup v1，cgroup v2 只有一個層級（hierarchy）。

cgroup v2 檔案系統有一個根 cgroup，所有支援 v2 版本的子系統控制器會自動綁定到 cgroup v2 的唯一層級上並綁定到根 cgroup。沒有使用 cgroup v2 的處理程序，也可以綁定到 cgroup v1 的層級上，保證了前後版本的相容性。

系統中可以同時使用 cgroup v2 和 cgroup v1，但是一個 controller 只能選擇一個版本使用，如果想在 cgroup v2 中使用已經被 cgroup v1 使用的 controller，則需要先將其從 cgroup v1 中 umount 掉。

當前 cgroup v2 支援如表 2.6 所示的子系統。

▼ 表 2.6　cgroup v2 子系統

控 制 器	用 途
cpuset	同 cgroup v1 的 cpuset 類似。差異點是不支援 rt_* 相關（即時執行緒）的限制
cpu	是 cgroup v1 的 cpu 和 cpuacct 兩個子系統功能的集合。差異點是不支援 rt_* 相關（即時執行緒）的限制
io	是 cgroup v1 中的 blkio 子系統的延伸。差異點是不僅能限制區塊裝置的 I/O，也能限制 buffer I/O
memory	同 cgroup v1 中的 memory 子系統類似。差異點是不支援 swappiness，不支援 kmem 相關參數，不支援 oom_control
hugetlb	同 cgroup v1 中的 hugetlb
pids	同 cgroup v1 中的 pids
rdma	同 cgroup v1 中的 rdma
misc	miscellaneous（雜項）控制器，提供了對資源（無法被其他控制器抽象的資源）進行限制的一種機制
device controller	同 cgroup v1 中的 devices。差異點是 devcies 子系統不再使用往 cgroup 檔案裡寫入值的方式進行限制，而是採用 ebpf 的方式進行限制

在 cgroup v2 中，各個子系統全部掛載到同一個目錄下。

```
root@zjz-pd:/sys/fs/cgroup# ll
total 0
dr-xr-xr-x 15 root root 0  2月 18 14:34 ./
drwxr-xr-x  8 root root 0  2月 14 23:32 ../
-r--r--r--  1 root root 0  2月 14 23:32 cgroup.controllers
-rw-r--r--  1 root root 0  2月 14 23:32 cgroup.max.depth
-rw-r--r--  1 root root 0  2月 14 23:32 cgroup.max.descendants
-rw-r--r--  1 root root 0  2月 14 23:32 cgroup.procs
-r--r--r--  1 root root 0  2月 14 23:32 cgroup.stat
-rw-r--r--  1 root root 0  2月 18 15:12 cgroup.subtree_control
-rw-r--r--  1 root root 0  2月 14 23:32 cgroup.threads
drwxr-xr-x  2 root root 0  2月 14 23:54 cpu,cpuacct/
-rw-r--r--  1 root root 0  2月 14 23:32 cpu.pressure
-r--r--r--  1 root root 0  2月 14 23:32 cpuset.cpus.effective
-r--r--r--  1 root root 0  2月 14 23:32 cpuset.mems.effective
-r--r--r--  1 root root 0  2月 14 23:32 cpu.stat
drwxr-xr-x  2 root root 0  2月 17 23:40 dev-hugepages.mount/
drwxr-xr-x  2 root root 0  2月 17 23:40 dev-mqueue.mount/
drwxr-xr-x  2 root root 0  2月 14 23:32 init.scope/
-rw-r--r--  1 root root 0  2月 14 23:32 io.cost.model
-rw-r--r--  1 root root 0  2月 14 23:32 io.cost.qos
-rw-r--r--  1 root root 0  2月 14 23:32 io.pressure
-rw-r--r--  1 root root 0  2月 14 23:32 io.prio.class
-r--r--r--  1 root root 0  2月 14 23:32 io.stat
drwxr-xr-x  4 root root 0  2月 17 23:40 kubepods.slice/
-r--r--r--  1 root root 0  2月 14 23:32 memory.numa_stat
-rw-r--r--  1 root root 0  2月 14 23:32 memory.pressure
-r--r--r--  1 root root 0  2月 14 23:32 memory.stat
-r--r--r--  1 root root 0  2月 14 23:32 misc.capacity
drwxr-xr-x  2 root root 0  2月 17 23:40 proc-sys-fs-binfmt_misc.mount/
drwxr-xr-x  2 root root 0  2月 17 23:40 sys-fs-fuse-connections.mount/
drwxr-xr-x  2 root root 0  2月 17 23:40 sys-kernel-config.mount/
drwxr-xr-x  2 root root 0  2月 17 23:40 sys-kernel-debug.mount/
drwxr-xr-x  2 root root 0  2月 17 23:40 sys-kernel-tracing.mount/
drwxr-xr-x 70 root root 0  2月 18 16:21 system.slice/
drwxr-xr-x  5 root root 0  2月 17 23:40 user.slice/
```

在 hierarchy 下的每一個 cgroup 中都會包含兩個檔案：cgroup.controllers 和 cgroup. subtree_control。

- cgroup.controllers：目前的目錄可用的控制器。這是一個唯讀取檔案，包含目前的目錄下所有可用的 controller，內容由上一層資料夾中的 cgroup.subtree_control 決定。

- cgroup.subtree_control：子目錄可用的控制器。這是讀寫的檔案，用於控制開啟 / 關閉子目錄的 controller。cgroup.subtree_control 中包含的 controllers 是 cgroup.controllers 檔案中 controller 的子集。cgroup.subtree_control 檔案內容格式如下。

```
root@zjz:/sys/fs/cgroup/zjz# cat cgroup.subtree_control
cpu pids
```

可以透過修改 cgroup.subtree_control 來啟用或停用某些 cgroup 子系統。如下所示，子系統前面使用「+」表示啟用，使用「-」表示停用。

```
root@zjz:/sys/fs/cgroup/zjz# echo '+memory -cpu' > cgroup.subtree_control
root@zjz:/sys/fs/cgroup/zjz# cat cgroup.subtree_control
memory pids
```

cgroup v2 中 controllers 和 subtree_control 組織結構如圖 2.11 所示。

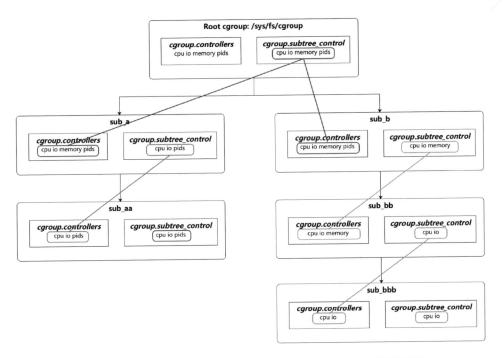

▲ 圖 2.11 cgroup v2 controllers 和 subtree_control 組織結構

4 · Kubernetes 為什麼使用 systemd 而非 cgroupfs

當某個 Linux 系統發行版本使用 systemd 作為其初始化系統時，初始化處理程序會生成並使用一個 root 控制群組（cgroup），充當 cgroup 管理器。

systemd 與 cgroup 整合緊密，並將為每個 systemd 單元分配一個 cgroup。因此，如果 systemd 用作初始化系統，同時使用 cgroupfs 驅動，則系統中會存在兩個不同的 cgroup 管理器。同時存在兩個 cgroup 管理器將造成系統中針對可用的資源和使用中的資源出現兩個視圖。某些情況下，將 kubelet 和容器執行時期設定為使用 cgroupfs，但為剩餘的處理程序使用 systemd 的那些節點將在資源壓力增大時變得不穩定。

當 systemd 是選定的初始化系統時，緩解這個不穩定問題的方法是針對 kubelet 和容器執行時期將 systemd 用作 cgroup 驅動。

2.2.4　chroot 和 pivot_root

對於容器而言，一個完整的系統 rootfs 角度是必需的。通常的 Linux 檔案系統如圖 2.12 所示。

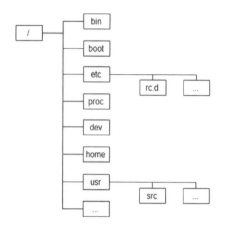

▲ 圖 2.12　Linux 檔案系統

Linux 系統中支援更改處理程序根目錄角度有兩種方式：chroot 和 pivot_root。

1 · chroot

顧名思義，chroot 是一個可以改變處理程序根目錄的系統呼叫。chroot 可以更改一個處理程序所能看到的根目錄。還是使用本節開始的容器範例的檔案，透過 chroot 更改處理程序「/」目錄，程式如下。

```
root@zjz:~# ls /
aa    boot    dev  home           initrd.img.old  lib32  libx32       media  mnt1
nfs-vol  proc                     root  sbin  sys  tmp2  usr  vmlinuz
bin  data00  etc  initrd.img  lib          lib64  lost+found  mnt
mycontainer  opt       qcow2_mount_point  run   srv    tmp  tmp3  var  vmlinuz.old
root@zjz:~# chroot container-root/ /bin/sh
/ # ls /
bin      etc      lib     linuxrc  media    mnt       proc      root      run
sbin     srv      sys     tmp      usr      var
```

當一個容器被建立時，可以在容器處理程序啟動之前掛載整個根目錄「/」。由於 Mount namespace 的存在，這個掛載對宿主機不可見，因此容器處理程序在裡面是自由的。chroot 只改變某個處理程序的根目錄，系統的其他部分依舊執行於舊的 root 目錄。

由於 chroot 只改變活動處理程序及其子處理程序的根目錄，不會更改全域命名空間中的 mount table，因此很容易從 chroot 後的沙箱環境中逃逸到宿主機上，獲取整數個宿主機的掛載內容。

注意：

關於 chroot 逃逸的案例，可以參考 https://tbhaxor.com/breaking-out-of-chroot-jail-shell- environment/。

2．pivot_root

pivot_root 會改變當前工作目錄的所有處理程序或執行緒的工作目錄。這與 chroot 有很大的區別，chroot 只改變即將執行的某處理程序的根目錄，pviot_root 主要是把整個系統切換到一個新的 root 目錄，然後去掉對之前 rootfs 的依賴，以便於 umount 之前的檔案系統。

在 runc 的實現中，如果建立了新的 Mount namespace，將使用 pivot_root 系統呼叫，如果沒有建立新的 Mount namespace，則使用 chroot。

2.3　容器執行時期概述

2.2 節說明了容器執行時期的 Linux 基礎，從 Linux namespace 隔離、cgroup 資源限制等方面介紹了容器執行時期所依賴的基礎。

本節將從容器編排層的角度介紹容器執行時期，說明什麼是容器執行時期，以及容器執行時期的幾個標準，即在雲端原生的領域內容器執行時期到底處於什麼位置，以及多種容器執行時期所要遵循的標準是什麼，然後在此基礎上介紹兩種容器執行時期—低級容器執行時期和高級容器執行時期。

2.3.1 什麼是容器執行時期

正如本章開始時介紹的容器範例，我們透過 shell 指令稿基於 Linux namespace、cgroup chroot 也能建立一個簡易的容器並且執行起來。但是，實際的生產環境中遠不止執行處理程序這麼簡單，還要考慮以下問題。

- 一台機器上可能要啟動成千上萬個容器，如何在啟動容器前準備所有容器所需的 rootfs，並在容器結束後清除機器上的資源，如 namespace、cgroup。

- 執行容器所需的 rootfs 如何進行儲存、下載，以及多個容器共用相同的 rootfs 如何在宿主機上進行共用。

- 當啟動成千上萬個容器時，如何管理啟動的成千上萬個處理程序。

如果上面的問題都要透過 shell 指令稿解決，那簡直是一團糟，這也是為什麼我們需要容器執行時期。起初，Docker 的出現就是為了解決生產環境中的這些問題，透過 Docker 可以管理成千上萬個容器，多個容器在宿主機上還可以共用 rootfs，透過鏡像 image 的上傳下載保證 rootfs 在不同宿主機上共用。

其實 Docker 並沒有發明新技術，而是把 Linux 已有的 namespace、cgroup、chroot 和 unionfs 機制組合起來，用來管理容器的生命週期、鏡像的生命週期。除了 Docker，業界慢慢出現了多種執行時期工具，如 containerd、podman、cri-o、rkt 等，當然每種工具所能提供的能力也不盡相同。

我們可以這麼認為：容器執行時期（container runtime）是一個管理容器所有執行處理程序的工具，包括建立和刪除容器、打包和共用容器。根據容器執行時期包含功能的多少，將容器執行時期分為高級容器執行時期（high-level container runtime）和低級容器執行時期（low-level container runtime）。高級容器執行時期、低級容器執行時期與容器編排層（Kubernetes）的分層架構如圖 2.13 所示。

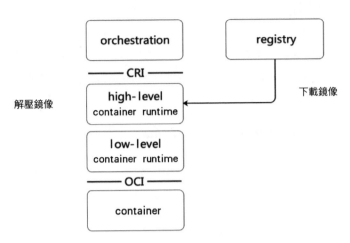

▲ 圖 2.13 高級容器執行時期、低級容器執行時期與容器編排層的分層架構

低級容器執行時期和高級容器執行時期的功能存在基本的差異。

- 低級容器執行時期：與底層作業系統打交道，負責管理容器的生命週期，一般是指按照 OCI（Open Container Initiative，開放容器計畫）規範實現的，如 runc、runsc、kata、firecracker-containerd 等。

- 高級容器執行時期：主要負責鏡像的管理，轉為低級容器執行時期能辨識的環境，為容器的執行做準備，向上對接容器編排層，如 Kubernetes。具體實現有 Docker、containerd、podman、cri-o 等。

在介紹低級容器執行時期和高級容器執行時期之前，我們先來了解 OCI 規範。

2.3.2 OCI 規範

在 1.3 節中簡介過，OCI 組織在 2015 年成立後，在 Docker 的帶領下，基於 runc 共同制定和完善了 OCI 的規範和標準，旨在圍繞容器的建構、分發和執行問題制定一個開放的工業化標準。

當前 OCI 制定的規範主要包含以下 3 個。

（1）鏡像規範（image-spec）：該規範嚴格定義了鏡像的組織格式，描述如何組織和壓縮鏡像，以及鏡像採用什麼格式儲存。

（2）執行時期規範（runtime-spec）：該規範定義了如何使用解壓後的容器執行時期檔案系統套件（OCI runtime bundle）來啟動和停止容器。

（3）分發規範（distribution-spec）：該規範定義了鏡像傳輸的 API 協定，描述鏡像倉庫服務端與使用者端的對話模式及協定。

其中，image-spec 和 runtime-spec 透過 OCI runtime bundle 聯繫起來，OCI runtime 在建立容器前，需要從倉庫中下載 OCI 鏡像，並將其解壓成符合執行時期規範的檔案系統套件，即 OCI runtime bundle，之後 OCI runtime 基於該 OCI runtime bundle 來啟動容器，image- spec、runtime-spec 以及 distribution-spec 三者之間的關係如圖 2.14 所示。

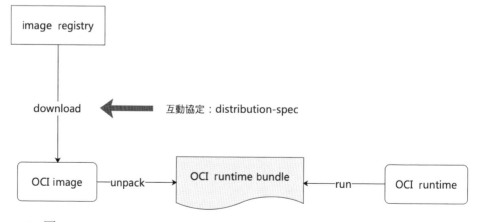

▲ 圖 2.14　image-spec、runtime-spec 以及 distribution-spec 三者之間的關係

接下來分別對 3 個規範介紹。

1‧鏡像規範

OCI 鏡像規範是以 Docker 鏡像規範 v2 為基礎制定的，定義了鏡像的主要格式和內容，用於鏡像倉庫存放和分發鏡像。透過統一容器鏡像格式，可以在跨容器平臺對相同的鏡像進行建構、分發及準備容器鏡像。

OCI 鏡像規範定義的鏡像主要包含以下 4 個部分。

（1）鏡像索引（Image Index）：該部分是可選的，可以看作鏡像清單（Image Manifest）的 Manifest，是 JSON 格式的描述檔案。Image Index 指向不同平臺的 Manifest 檔案，確保一個鏡像可以跨平臺使用，每個平臺擁有不同的 Manifest 檔案。

（2）鏡像清單（Image Manifest）：是 JSON 格式的描述檔案，包含鏡像的設定（Configuration）和層檔案（Layer）以及鏡像的各種中繼資料資訊，是組成一個容器鏡像所需的所有元件的集合。

（3）鏡像層（Image Layer）：是以 Layer 儲存的檔案系統，是鏡像的主要內容，一般是壓縮後的二進位資料檔案格式。一個鏡像有一個或多個 Layer 檔案。每個 Layer 儲存了與上層相比變化的部分（如在某一 Layer 上增加、修改和刪除的檔案等）。

（4）鏡像設定（Image Configuration）：也是 JSON 格式的描述檔案，儲存了容器 rootfs 檔案系統的層級資訊，以及容器執行時期需要的一些資訊（如環境變數、工作目錄、命令參數、mount 列表）。內容同 nerdctl/docker inspect <image id > 中看到的類似。

鏡像各部分之間透過摘要（digest）來相互引用，相關引用的關係如圖 2.15 所示。

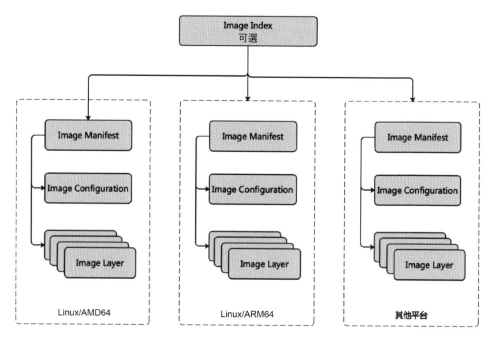

▲ 圖 2.15　OCI 鏡像各部分之間的關係

下面對 OCI 鏡像的各部分做一個詳細的介紹。

1）鏡像索引

　　鏡像索引是鏡像中非必需的部分，該內容主要是區分鏡像的不同架構平臺（如 Linux/AMD64、Linux/ARM64、Windows/AMD64 等）。同一個鏡像支援跨平臺時，可根據鏡像索引引用不同架構平臺的鏡像清單。在不同架構平臺上使用同一個鏡像時，可以使用相同的鏡像名稱。

　　鏡像索引檔案的範例如下。

```
{
  "schemaVersion": 2,
  "mediaType": "application/vnd.oci.image.index.v1+json",
  "manifests": [
    {
      "mediaType": "application/vnd.oci.image.manifest.v1+json",
      "size": 7143,
```

```
        "digest": "sha256:e692418e4cbaf90ca69d05a66403747baa33ee088",
        "platform": {
          "architecture": "amd64",
          "os": "linux"
        }
      },
      {
        "mediaType": "application/vnd.oci.image.manifest.v1+json",
        "size": 7682,
        "digest": "sha256:601570aaff1b68a61eb9c85b8beca1644e69800",
        "platform": {
          "architecture": "arm64",
          "os": "linux"
        }
      }
    ],
    "annotations": {
      "com.example.key1": "value1",
      "com.example.key2": "value2"
    }
  }
```

鏡像索引檔案中包含的參數如下。

- schemaVersion：規範的版本編號，為了與舊版本的 Docker 相容，此處必須是 2。

- mediaType：媒體類型，如 application/vnd.oci.image.index.v1+json 表示 Index 檔案，application/vnd.oci.image.manifest.v1+json 則表示 Manifest 檔案。

- manifests：表示 Manifest 的清單集合，是一個陣列。

- size：表示內容大小，單位為位元組（byte）。

- digest：摘要，OCI 鏡像各個部分之間透過摘要來建立引用關係，命名格式是所引用內容的 sha256 值，如 sha256:xxxxxxx，在鏡像倉庫或宿主機本地透過 digest 對鏡像的各內容進行定址。

- platform：平臺架構類型，包含作業系統類型、CPU 架構類型等。其中包含兩個必選的值，即 architecture 和 os。architecture 表示 CPU 架構類型，如 ARM64、AMD64、ppc64le 等。os 表示作業系統類型，如 Linux、Windows 等。

- annotations：可選項，使用鍵 - 值對表示的附加資訊。

支援多平臺架構的鏡像在下載時，使用者端解析鏡像索引檔案後，根據自身所在的平臺架構和上述 platform 欄位中的列表匹配，去拉取指定的 Manifest 檔案。例如 Linux AMD64 架構下的使用者端會拉取 Linux AMD64 架構對應的 Manifest 檔案。

2）鏡像清單

不像鏡像索引檔案，鏡像清單是包含多個架構平臺資訊的描述檔案。鏡像清單檔案針對特定架構平臺，主要包含鏡像設定和鏡像的多個層檔案。在 OCI 的設計中，鏡像清單有以下 3 個作用。

（1）支援內容可定址的鏡像，即透過鏡像設定將鏡像包含的內容以雜湊引用的方式包含進來。

（2）支援多架構的鏡像，即透過上層的 Manifest 檔案（Image Index）引用 Manifest 檔案，獲取特定平臺的鏡像。

（3）轉為 OCI runtime-spec 來執行容器。

鏡像清單檔案的範例如下。

```json
{
  "schemaVersion": 2,
  "mediaType": "application/vnd.oci.image.manifest.v1+json",
  "config": {
    "mediaType": "application/vnd.oci.image.config.v1+json",
    "digest": "sha256:b5b2b2c507a0944348e0303114d8d93aaaa0817",
    "size": 7023
  },
  "layers": [
```

```json
    {
      "mediaType": "application/vnd.oci.image.layer.v1.tar+gzip",
      "digest": "sha256:9834876dcfb05cb167a5c24953eba58c4ac89b1adf",
      "size": 32654
    },
    {
      "mediaType": "application/vnd.oci.image.layer.v1.tar+gzip",
      "digest": "sha256:3c3a4604a545cdc127456d94e421cd355bca5b528f",
      "size": 16724
    },
    {
      "mediaType": "application/vnd.oci.image.layer.v1.tar+gzip",
      "digest": "sha256:ec4b8955958665577945c89419d1af06b5f7636b4a",
      "size": 73109
    }
  ],
  "subject": {
    "mediaType": "application/vnd.oci.image.manifest.v1+json",
    "digest": "sha256:5b0bcabd1ed22e9fb1310cf6c2dec7cdef19f0ad69efa1f392e9
4a4333501270",
    "size": 7682
  },
  "annotations": {
    "com.example.key1": "value1",
    "com.example.key2": "value2"
  }
}
```

可以看到，鏡像清單檔案大部分欄位與鏡像索引檔案類似，其中不同的欄位解釋如下。

- config：鏡像設定檔的資訊，其中 mediaType 的值為「application/vnd.oci.image. config.v1+json」，表示鏡像設定類型。

- layers：表示鏡像層列表，是鏡像層檔案資訊的陣列，其中 mediaType 為「application/ vnd.oci.image.layer.v1.tar+gzip」表示的是 targz 類型的二進位資料資訊。該範例中，總共包含 3 層，OCI 規範規定，鏡像解壓時，按照陣列的 index 從第一個開始，即 layers[0] 為第一層，依次按順序疊加解壓，組成容器執行時期的 root 檔案系統 rootfs。其中的 size 展現層的大小，digest 展現層檔案的摘要。

3）鏡像層檔案

在鏡像清單檔案中可以看到，鏡像是由多個層檔案疊加成的。每個層檔案在分發時均被打包成 tar 檔案，在傳輸時通常透過壓縮的方式，如 gzip 或 zstd 等，把每層的內容打包成單一 tar 檔案，可以基於 sha256 生成 tar 檔案對應的摘要，便於定址與索引。使用者透過鏡像清單的 layers 欄位可以看到，除了摘要，還包含 tar 檔案壓縮的格式，如 gzip，則對應的 mediaType 為「application/vnd.oci.image.layer.v1.tar+gzip」。

鏡像層檔案解壓後一層一層疊加組成鏡像的 root 檔案系統，上層檔案疊加在父層檔案之上，若層檔案與父層檔案有重複，則覆蓋父層檔案。每個層檔案都包含了對父層所做的更改，包含增加、刪除、修改等類型。針對父層增加和修改的檔案，鏡像使用時直接使用上層的檔案即可，父層的檔案被覆蓋不可見。對於刪除的檔案，會透過 whiteout 的方式進行標記。在生成鏡像 root 檔案系統時，則辨識到 whiteout 檔案，進而將父層的對應檔案隱藏。

4）鏡像設定

鏡像設定檔即鏡像清單中的 config，也是一個 JSON 格式的檔案，描述的是容器的 root 檔案系統和容器執行時期所使用的執行參數（CMD），以及環境變數（ENV）、儲存卷冊（volume）等。鏡像設定中包含鏡像的 root 檔案系統（rootfs）、程式執行的設定（config）、建構歷史（history）等。其中 rootfs 部分包含組成該 root 檔案系統所需的鏡像層檔案的列表，這裡的 diff_ids 要區別於鏡像層檔案 layer，diff_ids 對應的是解壓後的資料夾，而 layer 則是壓縮後的單一檔案。

當啟動容器時，會根據鏡像設定轉為對應的 OCI runtime bundle，進而透過 OCI runtime 啟動容器。

一個典型的鏡像設定檔範例如下。

```
{
    "created": "2015-10-31T22:22:56.015925234Z",
    "author": "Alyssa P. Hacker <alyspdev@example.com>",
    "architecture": "amd64",
    "os": "linux",
    "config": {
        "User": "alice",
        "ExposedPorts": {
            "8080/tcp": {}
        },
        "Env": [
            "PATH=/usr/local/sbin:/usr/local/bin:/usr/bin:/sbin:/bin",
            "FOO=oci_is_a",
            "BAR=well_written_spec"
        ],
        "Entrypoint": [
            "/bin/my-app-binary"
        ],
        "Cmd": [
            "--foreground",
            "--config",
            "/etc/my-app.d/default.cfg"
        ],
        "Volumes": {
            "/var/job-result-data": {},
            "/var/log/my-app-logs": {}
        },
        "WorkingDir": "/home/alice",
        "Labels": {
            "com.example.git.url": "https://example.com/project.git",
            "com.example.git.commit": "45a939b2999782a3f005"
        }
    },
    "rootfs": {
      "diff_ids": [
        "sha256:c6f988f4874bb0add23a778f753c65efe992244e",
        "sha256:5f70bf18a086007016e948b04aed3b82103a36be"
      ],
      "type": "layers"
    },
```

```json
    "history": [
      {
        "created": "2015-10-31T22:22:54.690851953Z",
        "created_by": "/bin/sh -c #(nop) ADD file:a3bc1e842b in /"
      },
      {
        "created": "2015-10-31T22:22:55.613815829Z",
        "created_by": "/bin/sh -c #(nop) CMD [\"sh\"]",
        "empty_layer": true
      },
      {
        "created": "2015-10-31T22:22:56.329850019Z",
        "created_by": "/bin/sh -c apk add curl"
      }
    ]
}
```

鏡像設定檔中包含的參數說明如下。

- created：鏡像建立時間。

- author：鏡像作者。

- architecture：鏡像支援的 CPU 架構。

- os：鏡像的作業系統。

- config：鏡像執行的一些參數，包括服務通訊埠、環境變數、入口命令、命令參數、資料卷冊、使用者和工作目錄等。

- rootfs：鏡像的 root 檔案系統資訊，由多個解壓後的層檔案組成。

- history：鏡像的建構歷史資訊。

2．執行時期規範

　　OCI 執行時期規範指定了容器執行所需要的設定、執行環境以及容器的生命週期，同時定義了低級容器執行時期（如 runc）的行為和設定介面。執行時期規範主要包含以下兩部分內容。

- 執行時期檔案系統套件：即 OCI runtime bundle，該部分定義了如何將容器涉及的檔案及設定儲存在本地檔案系統上，內容包含容器啟動所需的所有必要資料和中繼資料。

- 容器生命週期：該部分定義了容器的執行狀態和生命週期，以及 OCI 容器執行時期執行容器的介面和規範。

1）執行時期檔案系統套件

一個標準的 OCI 執行時期檔案系統包包含容器執行所需要的所有資訊，主要內容為 config.json 和 rootfs。執行時期檔案系統套件在宿主機上的範例如下。

```
xxx/<bundle-path>
├── config.json
└── rootfs
        ├── bin
        ├── etc
        ├── ...
        ├── sys
        └── var
```

config.json 位於檔案系統套件的根目錄，是容器執行的設定檔，主要包含容器執行的處理程序，要注入的環境變數，要掛載的儲存卷冊、裝置，以及 rootfs 所在的檔案路徑等。下面是 config.json 的典型範例[1]。

```
{
    "ociVersion": "1.0.1",
    "process": {
        "terminal": true,
        "user": {},
        "args": [
            "sh"
        ],
        "env": [
```

---

[1] 範例選自 https://github.com/opencontainers/runtime-spec/blob/main/config.md。

```json
            "PATH=/usr/local/sbin:/usr/bin:/sbin:/bin",
            "TERM=xterm"
        ],
        "cwd": "/",
        "capabilities": {
            "bounding": [
                "CAP_AUDIT_WRITE",
                "CAP_KILL",
                "CAP_NET_BIND_SERVICE"
            ],
            ...
        },
        "rlimits": [
            {
                "type": "RLIMIT_CORE",
                "hard": 1024,
                "soft": 1024
            },
            {
                "type": "RLIMIT_NOFILE",
                "hard": 1024,
                "soft": 1024
            }
        ],
        "apparmorProfile": "acme_secure_profile",
        "oomScoreAdj": 100,
        "selinuxLabel": "system_u:system_r:svirt_lxc_net_t:s0:c124,c675",
        "ioPriority": {
            "class": "IOPRIO_CLASS_IDLE",
            "priority": 4
        },
        "noNewPrivileges": true
    },
    "root": {
        "path": "rootfs",
        "readonly": true
    },
    "hostname": "slartibartfast",
    "mounts": [
```

```json
        {
            "destination": "/dev",
            "type": "tmpfs",
            "source": "tmpfs",
            "options": [
                "nosuid",
                "strictatime",
                "mode=755",
                "size=65536k"
            ]
        },
        ...
    ],
    "hooks": {
        "prestart": [
            {
                "path": "/usr/bin/fix-mounts",
                "args": [
                    "fix-mounts",
                    "arg1",
                    "arg2"
                ],
                "env": [
                    "key1=value1"
                ]
            }
        ],
        "poststart": [...],
        "poststop": [...]
    },
    "linux": {
        "devices": [
            {
                "path": "/dev/sda",
                "type": "b",
                "major": 8,
                "minor": 0,
                "fileMode": 432,
                "uid": 0,
```

```
                    "gid": 0
            }
        ],
        "sysctl": {
            "net.ipv4.ip_forward": "1",
            "net.core.somaxconn": "256"
        },
        "cgroupsPath": "/myRuntime/myContainer",
        "resources": {
            "pids": {
                "limit": 32771
            },
            "memory": {
                "limit": 536870912,
                "reservation": 536870912,
                "swap": 536870912,
                "kernel": -1,
                "kernelTCP": -1,
                "swappiness": 0,
                "disableOOMKiller": false
            },
            "cpu": {
                "shares": 1024,
                "quota": 1000000,
                "period": 500000,
                "realtimeRuntime": 950000,
                "realtimePeriod": 1000000,
                "cpus": "2-3",
                "idle": 1,
                "mems": "0-7"
            },
            ...
        },
        "rootfsPropagation": "slave",
        "timeOffsets": {
            "monotonic": {
                "secs": 172800,
                "nanosecs": 0
            },
```

```
        "boottime": {
            "secs": 604800,
            "nanosecs": 0
        }
    },
    "namespaces": [
        {
            "type": "pid"
        },
        {
            "type": "network"
        },
        ...
    ],
},
"annotations": {
    "com.example.key1": "value1",
    "com.example.key2": "value2"
}
}
```

下面對 config.json 中比較重要的欄位說明。

- ociVersion：當前社區最新支援的版本是 1.0.1。

- process：容器處理程序的執行資訊，包含處理程序啟動參數 args、處理程序環境變數 env，以及處理程序 Linux capability 設定等。

- root：容器的 root 檔案系統所在的目錄，其中的 path 是 rootfs 相對於 OCI runtime bundle 路徑的相對路徑，也可以設定宿主機的絕對路徑。

- hostname：容器中的處理程序看到的主機名稱，在 Linux 中可以透過 UTS namespace 來改變容器處理程序的主機名稱。

- mounts：容器中根目錄下掛載的掛載點，執行時期掛載點需按順序依次掛載。其中掛載點 destination 是容器內的路徑；source 可以是裝置名稱，也可以是檔案或資料夾，當是檔案或資料夾時，為宿主機上的絕對路徑或相對於 OCI runtime bundle 的相對路徑。

- hooks：容器生命週期的回呼介面，可以在容器對應的生命週期執行特定的命令。當前 OCI runtime-spec 1.0.1 版本支援的 hook 點有 prestart、createRuntime、createContainer、startContainer、poststart、poststop。

- linux：該欄位為平臺特定的設定，可以視為 process 中的設定為全域設定。對於不同平臺的設定則在不同的平臺設定欄位下，如 linux、windows、solaris、vm、zos 等。範例中展示的是 Linux 平臺。對於範例中的 linux 設定，resources 中對應的是 cgroup 限制（如 cpu、memory 等），devices 為掛載到容器中的裝置。

注意：

結合 2.2.1 節中的範例可以看出，透過 shell 啟動的範例所需要的設定都可以透過 config.json 來描述。我們所需要的所有設定資訊在 config.json 中都可以找到，感興趣的讀者可以查閱官網規範詳細了解。

2）容器生命週期

OCI 執行時期規範規定了容器的執行狀態，如圖 2.16 所示。容器的執行狀態主要有以下 4 種。

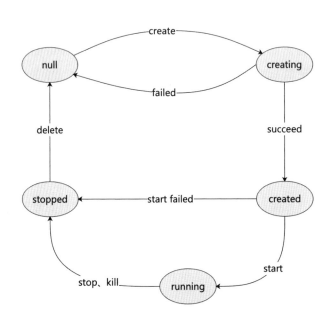

▲ 圖 2.16 OCI 容器的狀態轉換圖

（1）creating：容器正在建立中，是指呼叫了 OCI 容器執行時期的 create 命令之後的階段，該過程容器執行時期會基於 OCI runtime bundle 來啟動容器，如果啟動成功，則進入 created 階段。

（2）created：該階段是指呼叫了 OCI 容器執行時期 create 之後的階段，此時容器執行所需的所有依賴都已經準備好，但是處理程序還沒有開始執行。

（3）running：該階段容器正在執行使用者處理程序，即 config.json 中 process 欄位指定的處理程序。該階段處理程序還沒有退出。

（4）stopped：容器處理程序執行退出之後的狀態。可以是處理程序正常執行完成，也可以是處理程序執行出錯結束。該階段容器的資訊還儲存在宿主機中，並沒有被刪除。當呼叫 OCI 容器執行時期的 delete 命令之後，容器的資訊才會被完全刪除。

同樣，執行時期規範對容器的狀態也做了宣告，狀態資訊可以透過呼叫 OCI 容器執行時期的 state 命令來查詢，如下所示。

```
<OCI runtime> state <container id>
{
    "ociVersion": "0.2.0",
    "id": "oci-container1",
    "status": "running",
    "pid": 4422,
    "bundle": "/containers/redis",
    "annotations": {
        "myKey": "myValue"
    }
}
```

其中：

- status 欄位表示容器的執行狀態。
- bundle 欄位表示容器的執行時期檔案系統套件的路徑。
- pid 欄位表示程式處理程序號。

　　執行時期規範中還定義了容器的生命週期回呼（lifecycle hook），允許使用者在容器啟動階段的不同時間區段執行相應的命令。當前支援的生命週期回呼階段有：

- prestart：該回呼發生在在呼叫容器執行時期 create 命令之後，當容器所有依賴的環境準備好之後，pivot_root 操作之前。在 Linux 中會在容器的 namespace 建立完成之後，比如準備網路介面相關的操作。prestart 回呼會在 createRuntime 回呼之前執行。注意該回呼已被棄用，推薦使用 createRuntime、createContainer、startContainer。

- createRuntime：該回呼發生在呼叫容器執行時期 create 命令之後，並在 prestart 回呼之後被執行。該回呼同樣發生在 pivot_root 操作之前。

- createContainer：該回呼發生在呼叫容器執行時期 create 命令之後，在 createRuntime 回呼之後執行，同樣發生在 pivot_root 操作之前，但是該階段 Mount namespace 已經被建立並被設定。

- startContainer：該回呼發生在容器啟動階段，在啟動使用者處理程序之前。

- poststart：該回呼發生在呼叫容器執行時期 start 命令之後，啟動使用者處理程序之後會發生該呼叫，之後 OCI 容器執行時期傳回 start 的結果。

- poststop：該回呼發生在呼叫容器執行時期 delete 命令之後，在 delete 命令傳回之前。

注意：

　　關於執行時期規範，可以在其官網 https://github.com/opencontainers/runtime-spec 了解更多詳情。

3‧分發規範

　　分發規範定義了一套 API 協定來促進和標準化內容的分發。OCI 分發規範是基於 Docker Registry HTTP API V2 協定指定的標準化容器鏡像分發規範，定義了鏡像倉庫（registry）和使用者端互動的協定，如表 2.7 所示。

▼ 表 2.7 鏡像倉庫和使用者端互動協定

請求方法	請求路徑	回應狀態碼	說　明
GET	/v2/	200/400/401	用於判斷 registry 是否實現 OCI 分發規範
HEAD	/v2/<name>/blobs/<digest>	200/404	用於判斷指定的 blob 是否存在
GET	/v2/<name>/blobs/<digest>	200/404	用於獲取指定的 blob
HEAD	/v2/<name>/manifests/<reference>	200/404	用於判斷指定的 manifest 是否存在
GET	/v2/<name>/manifests/<reference>	200/404	用於獲取指定的 blob
POST	/v2/<name>/blobs/uploads/	202/404	獲取上傳 blob 的 sessionID，為後續 PUT/PATCH 操作提供 locator
POST	/v2/<name>/blobs/uploads/?digest=<digest>	201/202/404/400	直接透過 POST 上傳 blob
PATCH	/v2/<name>/blobs/uploads/<reference>	202/404/416	分片上傳 blob chunks
PUT	/v2/<name>/blobs/uploads/<reference>?digest=<digest>	201/404/400	上傳 blob。reference 為之前 POST 請求獲取的 ID
PUT	/v2/manifests/	201/404	上傳 manifest
GET	/v2/<name>/tags/list?n= <integer>&last=<integer>	200/404	獲取某個 repository 下的所有 tag，可以透過 list、last query 進行分頁

請求方法	請求路徑	回應狀態碼	說　明
DELETE	/v2/\<name\>/manifests/\<reference\>	202/404/400/405	刪除某個 manifest
DELETE	/v2/\<name\>/blobs\<digest\>	202/404/405	刪除某個 blob
POST	/v2/\<name\>/blobs/uploads/?mount=\<digest\>&from=\<other_name\>	201/202/404	如果某個 blob 在其他 repository 上存在，此 API 可以將 blob 掛載到同一 registry 下的不同 repository

鏡像倉庫提供的能力主要有：

- pull：從 registry 中拉取 conent。

- push：向 registry 中推送 content。

- content discovery：從 registry 中獲取 content 清單項。

- content managerment：控制 registry 中 content 的完整生命週期。

2.3.3　低級容器執行時期

了解了 OCI 規範之後，就很好理解低級容器執行時期了。實際上低級容器執行時期也是符合 OCI 執行時期規範的執行時期。典型的低級容器執行時期如 runc，而實際上執行時期規範也正是由 Docker 貢獻出來的 runc 制定的。

低級容器執行時期的功能基於 OCI runtime bundle（rootfs 和 config.json）管理容器的生命週期，如圖 2.17 所示。至於 OCI runtime bundle 如何準備，容器鏡像如何下載，則是高級容器執行時期的工作。

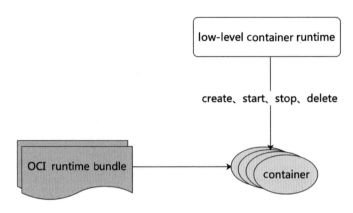

▲ 圖 2.17 低級容器執行時期與 OCI

低級容器執行時期輕量、靈活，更專注於和底層作業系統互動，而限制也很明顯：

- 低級容器執行時期基於 OCI runtime bundle 執行容器，即只能使用現成的 rootfs 和 config.json，不能基於鏡像啟動，更不能拉取儲存鏡像。

- 不提供網路實現。

- 不提供持久化儲存實現。

常見的低級容器執行時期有：

- runc：Docker 貢獻給 OCI 的容器執行時期，也是 OCI 規範的第一個實現，是當前使用最多的低級容器執行時期。

- crun：一種用 C 語言撰寫的快速、佔用低記憶體的 OCI 容器執行時期。crun 二進位檔案是 runc 二進位檔案的 1/50，速度快兩倍。

- kata-containers：kata 社區提供的基於 MicroVM 實現的安全容器方案，支援 qemu、firecracker、cloudhypervisor 作為 hypervisor，透過執行 VM 替代傳統的基於 namespace 和 Cgroup 隔離的容器。

- runk：kata containers 社區基於 Rust 開發的標準 OCI 容器執行時期，它管理普通容器，而非硬體虛擬化容器。runk 旨在成為現有 OCI 相容容器執行時期的替代方案之一。當前還處於試驗階段。

- runhcs：Windows 平臺的「runc」，支援兩種執行時期隔離類型，即 Hyper-V 隔離和處理程序隔離。

- runsc：Google 提供的用來管理 gVisor 的 OCI 容器執行時期。gVisor 是 Google 提供的基於核心呼叫隔離的輕量型虛擬化，透過攔截應用處理程 序系統呼叫並作為客戶核心執行，相比於 kata 這種完整的 VM 虛擬化， gVisor 資源佔用更少，也更靈活，當然性能會差一些。

2.3.4 高級容器執行時期

相比於低級容器執行時期，高級容器執行時期專注於管理多個容器、傳輸 和管理容器鏡像，以及將容器鏡像載入並解壓到低級容器執行時期，彌補了低 級容器執行時期的諸多缺陷。在 2.2 節中的 fish shell 容器範例其實就是一個典 型的高級容器執行時期。

低級容器執行時期有功能實現的最小集（OCI 容器執行時期標準），而由 於沒有標準，每個高級容器執行時期偏重的功能點不一樣，但基本的功能是容 器鏡像管理的能力：提供鏡像下載、鏡像解壓、基於容器鏡像啟動容器的能力。 高級容器執行時期是對低級容器執行時期的進一步封裝。高級容器執行時期與 低級容器執行時期的關係如圖 2.18 所示。

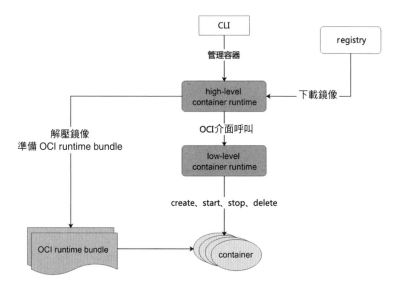

▲ 圖 2.18 高級容器執行時期與低級容器執行時期的關係

高級容器執行時期的主要功能是打通了 OCI image-spec 和 runtime-spec。透過鏡像拉取、鏡像儲存、鏡像解壓等一系列操作,將鏡像設定轉為 config.json,將鏡像 layer 透過聯合檔案系統等轉為 rootfs。除此之外,高級容器執行時期通常還具有設定容器網路和容器儲存的能力。

典型的高級容器執行時期有:

* containerd:本文重點介紹的高級容器執行時期,相信讀者讀完本書將對 containerd 有一個全新的理解,其具體功能此處不再贅述。

* Docker:Docker 是第一個實現的、最經典的高級容器執行時期,其功能也是高級容器執行時期中最全的。Docker 支援鏡像建構、鏡像推送,同時支援多種網路驅動,也支援多種持久掛載能力。

* cri-o:該容器執行時期是專門為 Kubernetes 打造的容器執行時期,沒有鏡像建構、鏡像推送,也沒有複雜的網路和儲存。

* podman:同 Docker 類似,但 podman 不需要以 root 身份執行的守護處理程序。二者的能力基本相同,podman 命令列工具也基本相容了 Docker 的命令列操作。

MEMO

## 第 3 章

使用 containerd

containerd 作為一個高級容器執行時期，簡單來說，是一個守護處理程序，在單一主機上管理完整的容器生命週期，包括建立、啟動、停止容器以及儲存鏡像、設定掛載、設定網路等。

containerd 本身設計旨在嵌入更大的系統中。舉例來說，Docker 底層透過 containerd 來執行容器，Kubernetes 透過 CRI 使用 containerd 來管理容器。當然，除了 Docker 與 Kubernetes 這種更上層的系統呼叫方式，還可以透過使用者端命令列的方式來呼叫 containerd，如 ctr、nerdctl、crictl 等命令列。containerd 的幾種常見的使用方式如圖 3.1 所示。

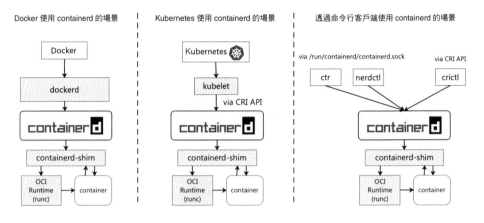

▲　圖 3.1　containerd 的常見使用方式

學習摘要：

- containerd 的安裝與部署

- ctr 的使用

- nerdctl 的使用

▌ 3.1　containerd 的安裝與部署

3.1.1　containerd 的安裝

當前 containerd 官方[1] 提供了 3 種類型的安裝套件：containerd、cri-containerd、cri-contanerd-cni。從字面意思大概也可以看出來，3 種類型如下所示。

---

[1]　參考 https://tanzu.vmware.com/cloud-native。

- containerd：僅包含 containerd 相關二進位的精簡安裝套件，格式為 containerd- ${VERSION}.${OS}-${ARCH}.tar.gz。

- cri-containerd：包含 containerd、cri 與 runc 工具的安裝套件，格式為 cri-containerd- ${VERSION}.${OS}-${ARCH}.tar.gz。

- cri-containerd-cni：包含 containerd、cri、runc、cni 工具的安裝套件，格式為 cri- containerd-cni-${VERSION}.${OS}-${ARCH}.tar.gz。

containerd 當前支援 Linux 與 Windows 兩種平臺，對於 macOS 的支援可透過「虛擬機器（如 lima[2]）+containerd」的方式實現，不過該方式不在官方的支援範圍內，感興趣的讀者可自行探索。

筆者的執行環境為 Ubuntu 20.04（x86-64），核心版本為 5.15。

```
root@zjz:~# uname -a
Linux zjz 5.15.0-52-generic #58~20.04.1-Ubuntu SMP Thu Oct 13 13:09:46 UTC
2022 x86_64 x86_64 x86_64 GNU/Linux
root@zjz:~# uname -r
5.15.0-52-generic
```

此處筆者選擇的 containerd 的版本為 1.7.1，選擇的安裝套件為最豐富的 cri-containerd-cni，安裝過程如下。

1 · 下載 containerd release 安裝套件

```
wget https://github.com/containerd/containerd/releases/download/v1.7.1/
cri-containerd-cni-1.7.1-linux-amd64.tar.gz
```

2 · 將 containerd 解壓到系統目錄中

```
tar xvzf cri-containerd-cni-1.7.1-linux-amd64.tar.gz -C /
```

如下所示，可以看到 cri-containerd-cni 安裝套件中包含的內容主要有 containerd 相關二進位，crictl、runc 與常用的 cni 外掛程式。

---

[2]　https://lima-vm.io/。

```
root@zjz:~# tar xvzf cri-containerd-cni-1.7.1-linux-amd64.tar.gz -C /
etc/
etc/crictl.yaml
etc/cni/
etc/cni/net.d/
etc/cni/net.d/10-containerd-net.conflist
etc/systemd/
etc/systemd/system/
etc/systemd/system/containerd.service
usr/
usr/local/
usr/local/bin/
usr/local/bin/ctr
usr/local/bin/critest
usr/local/bin/crictl
usr/local/bin/containerd
usr/local/bin/containerd-shim
usr/local/bin/ctd-decoder
usr/local/bin/containerd-stress
usr/local/bin/containerd-shim-runc-v2
usr/local/bin/containerd-shim-runc-v1
usr/local/sbin/
usr/local/sbin/runc
opt/
opt/containerd/
opt/containerd/cluster/
opt/containerd/cluster/version
opt/containerd/cluster/gce/
opt/containerd/cluster/gce/configure.sh
opt/containerd/cluster/gce/cni.template
opt/containerd/cluster/gce/cloud-init/
opt/containerd/cluster/gce/cloud-init/master.yaml
opt/containerd/cluster/gce/cloud-init/node.yaml
opt/containerd/cluster/gce/env
opt/cni/
opt/cni/bin/
opt/cni/bin/ipvlan
opt/cni/bin/dhcp
opt/cni/bin/firewall
opt/cni/bin/vrf
```

```
opt/cni/bin/macvlan
opt/cni/bin/portmap
opt/cni/bin/bridge
opt/cni/bin/loopback
opt/cni/bin/bandwidth
opt/cni/bin/host-device
opt/cni/bin/vlan
opt/cni/bin/tuning
opt/cni/bin/ptp
opt/cni/bin/host-local
opt/cni/bin/sbr
opt/cni/bin/static
```

3 · 生成 containerd 設定檔

```
mkdir /etc/containerd
containerd config default > /etc/containerd/config.toml
```

關於 containerd 的設定檔，後續的章節會詳細介紹，此處所有的設定都為預設值。

4 · 啟動 containerd

containerd 是透過 systemd 來管理的，安裝套件中包含對應的 containerd. service 檔案：/etc/systemd/system/containerd.service。

透過 systemctl 啟動 containerd 並設定開機自啟。

```
systemctl start containerd && systemctl enable containerd
```

啟動成功後透過 ctr version 查看。

```
root@zjz:~# ctr version
Client:
  Version:  v1.7.1
  Revision: 1677a17964311325ed1c31e2c0a3589ce6d5c30d
  Go version: go1.20.4
```

```
Server:
  Version:  v1.7.1
  Revision: 1677a17964311325ed1c31e2c0a3589ce6d5c30d
  UUID: cf835b2e-3e46-41a0-9615-6fc8d72aaa14
```

如果能正常顯示 Server 的版本編號，說明 containerd 已經安裝在系統中。

3.1.2 設定 containerd.service

接下來重點介紹 containerd 的 systemd service 檔案設定。

```
root@zjz:~# cat /etc/systemd/system/containerd.service
# Copyright The containerd Authors.
#
# Licensed under the Apache License, Version 2.0 (the "License");
# you may not use this file except in compliance with the License.
# You may obtain a copy of the License at
#
#    http://www.apache.org/licenses/LICENSE-2.0
#
# Unless required by applicable law or agreed to in writing, software
# distributed under the License is distributed on an "AS IS" BASIS,
# WITHOUT WARRANTIES OR CONDITIONS OF ANY KIND, either express or implied.
# See the License for the specific language governing permissions and
# limitations under the License.

[Unit]
Description=containerd container runtime
Documentation=https://containerd.io
After=network.target local-fs.target

[Service]
ExecStartPre=-/sbin/modprobe overlay
ExecStart=/usr/local/bin/containerd

Type=notify
Delegate=yes
KillMode=process
Restart=always
```

```
RestartSec=5
# Having non-zero Limit*s causes performance problems due to accounting
# overhead in the kernel. We recommend using cgroups to do container-local accounting.
LimitNPROC=infinity
LimitCORE=infinity
LimitNOFILE=infinity
# Comment TasksMax if your systemd version does not supports it.
# Only systemd 226 and above support this version.
TasksMax=infinity
OOMScoreAdjust=-999

[Install]
WantedBy=multi-user.target
```

重點注意以下兩點。

（1）Delegate：該選項是為了允許 containerd 以及執行時期管理自己建立容器的 cgroups。如果該值為 no，則 systemd 就會將處理程序移到自己的 cgroups 中，從而導致 containerd 無法正確管理容器的 cgroups 以及正常獲取容器的資源使用情況。

（2）KillMode：該值用來設定 systemd 單元處理程序（即 containerd 處理程序）被殺死的方式，預設值是 control-group，預設情況下 systemd 會在處理程序的 cgroup 中查詢並殺死 containerd 的所有子處理程序。KillMode 欄位可以設定的值如下。

- control-group（預設值）：當前控制群組裡面的所有子處理程序都會被殺掉。

- process：只殺主處理程序。

- mixed：主處理程序將收到 SIGTERM 訊號，子處理程序收到 SIGKILL 訊號。

- none：沒有處理程序會被殺掉，只是執行服務的 stop 命令。

containerd 將 KillMode 的值設定為 process，這樣可以確保升級或重新啟動 containerd 時不殺死現有的容器。

▌ 3.2 ctr 的使用

3.2.1 ctr 的安裝

安裝完 containerd 之後，ctr 也就預設安裝好了。ctr 是 containerd 提供的使用者端工具，內建在 containerd 專案中。

執行 ctr --help 可以查看 ctr 支援的命令。

```
root@zjz:~# ctr --help
NAME:
   ctr -
         __
    _____/ /_____
   / ___/ __/ __/
  / /__/ /_/ /
  \___/\__/_/

containerd CLI

USAGE:
   ctr [global options] command [command options] [arguments...]

VERSION:
   v1.6.10

DESCRIPTION:

ctr is an unsupported debug and administrative client for interacting
with the containerd daemon. Because it is unsupported, the commands,
options, and operations are not guaranteed to be backward compatible or
stable from release to release of the containerd project.

COMMANDS:
   plugins, plugin          provides information about containerd plugins
   version                  print the client and server versions
   containers, c, container  manage containers
   content                  manage content
```

```
    events, event           display containerd events
    images, image, i        manage images
    leases                  manage leases
    namespaces, namespace, ns  manage namespaces
    pprof                   provide golang pprof outputs for containerd
    run                     run a container
    snapshots, snapshot     manage snapshots
    tasks, t, task          manage tasks
    install                 install a new package
    oci                     OCI tools
    shim                    interact with a shim directly
    help, h                 Shows a list of commands or help for one command

GLOBAL OPTIONS:
    --debug                 enable debug output in logs
    --address value, -a value   address for containerd's GRPC server (default:
"/run/containerd/containerd.sock") [$CONTAINERD_ADDRESS]
    --timeout value         total timeout for ctr commands (default: 0s)
    --connect-timeout value    timeout for connecting to containerd (default: 0s)
    --namespace value, -n value  namespace to use with commands (default:
"default") [$CONTAINERD_NAMESPACE]
    --help, -h              show help
    --version, -v           print the version
```

透過 help 命令可以看到 ctr 支援的命令有幾大類：plugins、container、image、task 等。接下來詳細介紹。

3.2.2 namespace

containerd 相比 Docker 多了 namespace 的概念，主要是用於對上層編排系統的支援。常見的 namespace 有 3 個：default、moby 和 k8s.io。

- default 是預設的 namespace，如果不指定 -n，則所有的鏡像、容器操作都在 default 命名空間下，這一點一定要注意。

- moby 是 Docker 使用的 namespace。Docker 作為 containerd 的上層編排系統之一，底層對容器的管理也是透過 containerd，它使用的 namespace 是 moby。

- k8s.io 是 kubelet 與 crictl 所使用的 namespace。注意，containerd 所使用的 namespace 與 k8s 中的 namespace 不是一個概念。

不同專案使用 containerd namespace 的情況如圖 3.2 所示。

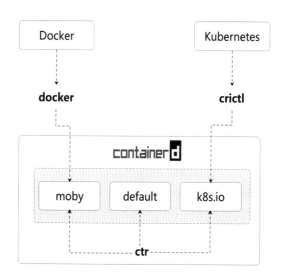

▲　圖 3.2　containerd 的呼叫方與其 namespace

可以透過 ctr ns 查看 ctr 支援的 ns 操作。

```
root@zjz:~# ctr ns
NAME:
   ctr namespaces - manage namespaces

USAGE:
   ctr namespaces command [command options] [arguments...]

COMMANDS:
   create, c   create a new namespace
   list, ls    list namespaces
   remove, rm  remove one or more namespaces
   label       set and clear labels for a namespace

OPTIONS:
   --help, -h  show help
```

1‧查看當前的 namespace

使用 ctr ns/namespace/namespaces ls 來查看當前 containerd 中的 namespace。

```
root@zjz:~# ctr ns ls
NAME      LABELS
default
k8s.io
moby
```

2‧建立 namespace

透過 ctr ns create <namespace> 來建立 namespace。

```
root@zjz:~# ctr ns create zjz
root@zjz:~# ctr ns ls
NAME      LABELS
default
k8s.io
moby
zjz
```

3‧刪除 namespace

透過 ctr ns rm <namespace> 來刪除 namespace。

```
root@zjz:~# ctr ns rm zjz
zjz
root@zjz:~# ctr ns ls
NAME      LABELS
default
k8s.io
moby
```

4‧指定對應的 namespace

透過 -n 或 --namespace 來指定對應的 namespace。

```
root@zjz:~# ctr -n  k8s.io image ls
REF
TYPE                                    DIGEST
SIZE  PLATFORMS
LABELS
ack-agility-registry.cn-shanghai.cr.aliyuncs.com/ecp_builder/csi-node-
driver-registrar:v2.3.0
application/vnd.docker.distribution.manifest.list.v2+json
sha256:8ac079e47e20136999374573aadefbbf6fe0634cf825a513f4a8470b04e2a82e
8.2 MiB   linux/amd64,linux/arm64    io.cri-containerd.image=managed

ack-agility-registry.cn-shanghai.cr.aliyuncs.com/ecp_builder/csi-node-
driver-registrar@sha256:8ac079e47e20136999374573aadefbbf6fe0634cf825a513
f4a8470b04e2a82e
application/vnd.docker.distribution.manifest.list.v2+json
sha256:8ac079e47e20136999374573aadefbbf6fe0634cf825a513f4a8470b04e2a82e
8.2 MiB   linux/amd64,linux/arm64
io.cri-containerd.image=managed
...
```

3.2.3　鏡像操作

可以透過 ctr image 查看 ctr 支援的鏡像操作。

```
root@zjz:~# ctr image
NAME:
   ctr images - manage images

USAGE:
   ctr images command [command options] [arguments...]

COMMANDS:
   check        check existing images to ensure all content is available locally
   export               export images
   import               import images
   list, ls             list images known to containerd
   mount                mount an image to a target path
   unmount              unmount the image from the target
   pull                 pull an image from a remote
```

```
    push                      push an image to a remote
    delete, del, remove, rm   remove one or more images by reference
    tag                       tag an image
    label                     set and clear labels for an image
    convert                   convert an image

OPTIONS:
    --help, -h  show help
```

1・拉取鏡像

透過 ctr image pull 來拉取鏡像。

注意，如果要指定 namespace，則使用 -n。如果要拉取私有鏡像倉庫，則使用 --user <user name> 指定帳號，使用 --user <user name>:<password> 指定帳號密碼。

```
root@zjz:~# ctr -n k8s.io image pull docker.io/library/ubuntu:latest
docker.io/library/ubuntu:latest:
resolved  |++++++++++++++++++++++++++++++++++++++|
index-sha256:4b1d0c4a2d2aaf63b37111f34eb9fa89fa1bf53dd6e4ca954d47caebca
4005c2:    done          |++++++++++++++++++++++++++++++++++++++|
manifest-sha256:817cfe4672284dcbfee885b1a66094fd907630d610cab329114d036
716be49ba: done          |++++++++++++++++++++++++++++++++++++++|
config-sha256:a8780b506fa4eeb1d0779a3c92c8d5d3e6a656c758135f62826768da4
58b5235:   done          |++++++++++++++++++++++++++++++++++++++|
layer-sha256:e96e057aae67380a4ddb16c337c5c3669d97fdff69ec537f02aa2cc30d
814281:    done          |++++++++++++++++++++++++++++++++++++++|
elapsed: 2.5 s      total:   0.0 B (0.0 B/s)
unpacking linux/amd64
sha256:4b1d0c4a2d2aaf63b37111f34eb9fa89fa1bf53dd6e4ca954d47caebca4005c2...
done: 5.416622ms
```

拉取私有鏡像倉庫的範例如下。

```
root@zjz:~# ctr -n zjz image pull  docker.io/zhaojizhuang66/ubuntu:v1
--user zhaojizhuang66
Password:
docker.io/zhaojizhuang66/ubuntu:v1:
```

```
resolved                 |++++++++++++++++++++++++++++++++++++++++|
index-sha256:4b1d0c4a2d2aaf63b37111f34eb9fa89fa1bf53dd6e4ca954d47caebca
4005c2:    done          |++++++++++++++++++++++++++++++++++++++++|
manifest-sha256:817cfe4672284dcbfee885b1a66094fd907630d610cab329114d036
716be49ba: done          |++++++++++++++++++++++++++++++++++++++++|
layer-sha256:e96e057aae67380a4ddb16c337c5c3669d97fdff69ec537f02aa2cc30d
814281:    done          |++++++++++++++++++++++++++++++++++++++++|
config-sha256:a8780b506fa4eeb1d0779a3c92c8d5d3e6a656c758135f62826768da4
58b5235:    done          |++++++++++++++++++++++++++++++++++++++++|
elapsed: 2.5 s      total:   0.0 B (0.0 B/s)
unpacking linux/amd64
sha256:4b1d0c4a2d2aaf63b37111f34eb9fa89fa1bf53dd6e4ca954d47caebca4005c2
...
done: 4.402929ms
```

2．查看鏡像

透過 ctr image ls 查看鏡像，-n 可指定特定的 namespace。

```
root@zjz:~# ctr -n zjz images ls
REF                     TYPE
DIGEST     SIZE
PLATFORMS
LABELS
docker.io/library/ubuntu:latest application/vnd.docker.distribution.
manifest.list.v2+json
sha256:4b1d0c4a2d2aaf63b37111f34eb9fa89fa1bf53dd6e4ca954d47caebca4005c2
29.0 MiB linux/amd64,linux/arm/v7,linux/arm64/v8,linux/ppc64le,linux/
riscv64,linux/s390x -
```

3．推送鏡像

透過 ctr image push <image registry> --user <username> 將鏡像推送到指定
鏡像倉。

```
root@zjz:~# ctr image push  docker.io/zhaojizhuang66/ubuntu:v1 --user
zhaojizhuang66
Password:
```

```
index-sha256:4b1d0c4a2d2aaf63b37111f34eb9fa89fa1bf53dd6e4ca954d47caebca
4005c2:     done        |++++++++++++++++++++++++++++++++++++++++|
manifest-sha256:75f39282185d9d952d5d19491a0c98ed9f798b0251c6d9a026e5b71
cc2bf4de3: done          |++++++++++++++++++++++++++++++++++++++++|
manifest-sha256:41130130e6846dabaa4cb2a0571b8ee7b55c22d15a843c4ac03fde6
cb96bfe45: done          |++++++++++++++++++++++++++++++++++++++++|
manifest-sha256:817cfe4672284dcbfee885b1a66094fd907630d610cab329114d036
716be49ba: done          |++++++++++++++++++++++++++++++++++++++++|
manifest-sha256:c73605a7d7b153330a75da5b6e05d365958c1cf968dda622b553760
1f5e120d0:  done         |++++++++++++++++++++++++++++++++++++++++|
manifest-sha256:51979e68b0c8108cc912d80604e1cfbeb1baebba4c7c5af969a27ef
8e17e41ea:  done         |++++++++++++++++++++++++++++++++++++++++|
manifest-sha256:fbc099c0093ffef69280c96a753ecb9834086e76b577f18ece2851b
430a53e29:  done         |++++++++++++++++++++++++++++++++++++++++|
config-sha256:a2cfa9df7e0f7e755a2d0e3d649d22b21013c6a6d28f9cdcce7283713
5a943d8:    done         |++++++++++++++++++++++++++++++++++++++++|
config-sha256:362d4582516b102141b0708769fc3023c4387c5e317fd6bbc8b849532
53ed59b:    done         |++++++++++++++++++++++++++++++++++++++++|
config-sha256:d3922b002368878a3dff62bf2d448dd120e4ea02fccd6832eef96c126
4267d3f:    done         |++++++++++++++++++++++++++++++++++++++++|
config-sha256:c10b89de5688fa66237339e001fedfb77df79fa0d8e852ebccbbf370f
a563250:    done         |++++++++++++++++++++++++++++++++++++++++|
config-sha256:a8780b506fa4eeb1d0779a3c92c8d5d3e6a656c758135f62826768da4
58b5235:    done         |++++++++++++++++++++++++++++++++++++++++|
config-sha256:3c2df5585507842f5cab185f8ad3e26dc1d8c4f6d09e30117af844dfa
953f676:    done         |++++++++++++++++++++++++++++++++++++++++|
elapsed: 20.8s           total:   13.1 K (644.0 B/s)
```

注意：

　　ctr 推送鏡像時，如果鏡像是多平臺的，則需要拉取時指定 --all-platforms 將鏡像的所有平臺架構都拉取下來，否則推送時將出現「ctr content xxx not found」的錯誤。

　　雖然 ctr 支援鏡像推送，但是筆者建議推送鏡像時使用 nerdctl 而非 ctr。關於 nerdctl，3.3 節將重點介紹。

4．掛載和卸載鏡像

ctr 可透過 mount 將鏡像掛載到宿主機指定的目錄，透過 unmount 卸載鏡像。

1）掛載鏡像

透過命令 ctr image mount <image> <mount point> 來掛載鏡像，如下所示。

```
root@zjz:~# mkdir -p /mnt/ubuntu
root@zjz:~# ctr image mount docker.io/library/ubuntu:latest /mnt/ubuntu/
sha256:f4a670ac65b68f8757aea863ac0de19e627c0ea57165abad8094eae512ca7dad
/mnt/ubuntu/

root@zjz:~# ls /mnt/ubuntu/
bin  boot  dev  etc  home  lib  lib32  lib64  libx32  media  mnt  opt  proc
root  run  sbin  srv  sys  tmp  usr  var
```

2）卸載鏡像

透過命令 ctr image unmount <mount point> 來卸載鏡像的掛載，如下所示。

```
ctr image unmount /mnt/ubuntu/
# 也可以透過 umount 卸載鏡像
umount /mnt/ubuntu/
```

3.2.4　容器操作

1．透過 ctr run 啟動容器

使用 ctr 可以透過特定的鏡像來啟動容器，如透過 ctr run <image-ref> <container-id> 啟動容器。與 docker run 自動生成 container ID 不同的是，透過 ctr run 啟動容器必須手動指定唯一的 container-id。ctr run 同樣支援 docker run 類似的操作：--env、-t、--tty、-d、--detach、--rm。

啟動 container 的命令範例如下。

```
ctr run --rm -t docker.io/library/nginx:alpine nginx_1 sh
ctr run -d -t docker.io/library/nginx:alpine nginx_1 sh
```

2 · 透過 ctr task 啟動容器

ctr 相比於 Docker 多了 task 的概念，即 ctr 中的 container 表示的是一組隔離的容器環境，包括 rootfs、oci config 檔案，環境變數等。container 建立後表示執行容器所需的資源已經初始化成功，注意，此時容器處理程序並未執行。

容器處理程序真正執行是透過 task 實現的，透過 ctr task start 可以啟動一個容器。

ctr run 等效於 ctr container create + ctr task start，即剛剛操作的命令：

```
ctr run --rm -t docker.io/library/nginx:alpine nginx_1 sh
```

等效於以下命令：

```
ctr container create -t docker.io/library/nginx:alpine nginx_1 sh
ctr task start nginx_1
```

3 · 查看執行的容器

透過 ctr container ls 可以查看容器列表，但列表中的容器並不代表正在執行的容器，正在執行的容器可以透過 ctr task ls 來查看。

1）查看容器列表

透過命令 ctr container ls 查看容器列表，如下所示。

```
root@zjz:~# ctr container ls
CONTAINER          IMAGE                                RUNTIME
nginx_1            docker.io/library/nginx:alpine       io.containerd.runc.v2
```

2）查看執行的容器列表

透過命令 ctr task ls 查看執行的容器列表，如下所示。

```
root@zjz:~# ctr task ls
TASK      PID        STATUS
nginx_1   3923349    RUNNING
```

3）查看容器的詳細設定

透過命令 ctr c info <container id> 查看容器的詳細設定，如下所示。

```
root@zjz:~# ctr c info nginx_1
{
    "ID": "nginx_1",
    "Labels": {
        "io.containerd.image.config.stop-signal": "SIGQUIT",
        "maintainer": "NGINX Docker Maintainers \u003cdocker-maint@nginx. com\u003e"
    },
    "Image": "docker.io/library/nginx:alpine",
    "Runtime": {
        "Name": "io.containerd.runc.v2",
        "Options": {
            "type_url": "containerd.runc.v1.Options"
        }
    },
    "SnapshotKey": "nginx_1",
    "Snapshotter": "overlayfs",
    "CreatedAt": "2022-12-10T13:33:52.1444714782",
    "UpdatedAt": "2022-12-10T13:33:52.1444714782",
    "Extensions": null,
    "Spec": {
        ... // 此處省略 OCI spec 的內容
    }
}
```

4 · 查看容器使用的指標

透過命令 ctr metrics 查看容器所佔用的指標，如記憶體、CPU，以及 PID 的限額與使用量等，如下所示。

```
root@zjz:~# ctr t metrics nginx_1
ID          TIMESTAMP
nginx_1     2022-12-10 13:24:49.958913697 +0000 UTC

METRIC                    VALUE
memory.usage_in_bytes     4341760
```

```
memory.limit_in_bytes      9223372036854771712
memory.stat.cache          94208
cpuacct.usage              32141939
cpuacct.usage_percpu       [8899435 17892362 3194101 2156041 0 0 0 0 0 0 0
0 0 0 0 0 0 0 0 0 0 0 0 0 0 0 0 0 0]
pids.current               5
pids.limit                 0
```

5 · 透過 exec 或 attach 進入容器

1）透過 exec 進入容器

可透過 ctr task exec --exec-id <exec ID> 進入容器。注意，--exec-id 必須指定為唯一值，如下所示。

```
root@zjz:~# ctr container create -t docker.io/library/nginx:alpine nginx_1
root@zjz:~# ctr task start -d nginx_1
root@zjz:~# ctr task exec --exec-id 0 -t nginx_1 sh
/ # ps
PID   USER     TIME   COMMAND
    1 root     0:00 nginx: master process nginx -g daemon off;
   30 nginx    0:00 nginx: worker process
   31 nginx    0:00 nginx: worker process
   32 nginx    0:00 nginx: worker process
   33 nginx    0:00 nginx: worker process
   40 root     0:00 sh
   46 root     0:00 ps
/ # ls
Bin docker-entrypoint.sh  lib  opt  run  sys  var
dev  etc  media  proc  sbin  tmp  docker-entrypoint.d  home  mnt  root
srv  usr
```

2）透過 attach 進入容器

可透過 ctr task attach 來進入正在執行的容器處理程序上。注意，不同於 exec，attach 進入容器後，如果執行 control + C，則會導致容器退出。透過 ctr attach 進入容器的命令如下。

```
root@zjz:~# ctr task attach nginx_1
/docker-entrypoint.sh: /docker-entrypoint.d/ is not empty, will attempt to
perform configuration
/docker-entrypoint.sh: Looking for shell scripts in /docker-entrypoint.d/
/docker-entrypoint.sh: Launching /docker-entrypoint.d/10-listen-on-ipv6- by-default.sh
10-listen-on-ipv6-by-default.sh: info: IPv6 listen already enabled
/docker-entrypoint.sh: Launching /docker-entrypoint.d/20-envsubst-on- templates.sh
/docker-entrypoint.sh: Launching /docker-entrypoint.d/30-tune-worker-
processes.sh
/docker-entrypoint.sh: Configuration complete; ready for start up
2022/12/10 06:58:19 [notice] 1#1: using the "epoll" event method
2022/12/10 06:58:19 [notice] 1#1: nginx/1.23.2
2022/12/10 06:58:19 [notice] 1#1: built by gcc 10.2.1 20210110 (Debian 10.2.1-6)
2022/12/10 06:58:19 [notice] 1#1: OS: Linux 5.15.0-53-generic
2022/12/10 06:58:19 [notice] 1#1: getrlimit(RLIMIT_NOFILE): 1024:1024
2022/12/10 06:58:19 [notice] 1#1: start worker processes
2022/12/10 06:58:19 [notice] 1#1: start worker process 22
2022/12/10 06:58:19 [notice] 1#1: start worker process 23
2022/12/10 06:58:19 [notice] 1#1: start worker process 24
2022/12/10 06:58:19 [notice] 1#1: start worker process 25
```

注意：

exec 和 attach 的區別：

exec 進入容器後會開啟一個新的處理程序，從該終端退出後，並不影響原容器的處理程序。

attach 進入容器後並不會建立新處理程序，只會把標準輸入（stdin）輸出（stdout）連接到容器內的 PID1 處理程序。如果退出該終端，則原 container 的 PID1 處理程序也會結束。

6·停止容器

跟 Docker 有所不同，透過 ctr 停止容器前，需要先停止 task，再刪除容器。可透過 ctr task kill 來停止 task（其中 kill 預設發送的是 SIGTERM），可透過 --signal 指定 signal 給容器處理程序，如 --signal SIGKILL 發送 SIGKILL 訊號給容器處理程序。

```
root@zjz:~# ctr task kill nginx_1
root@zjz:~# ctr task kill --signal SIGKILL nginx_1
```

同樣，除了 task kill，也可以透過 ctr task rm -f 來強制刪除 task。

```
root@zjz:~# ctr task rm -f nginx_1
```

最後，透過 container rm 刪除容器。

```
root@zjz:~# ctr container rm nginx_1
```

3.3 nerdctl 的使用

透過上一節的介紹，大家基本了解了 ctr 的使用。對於習慣使用 Docker 的使用者而言，ctr 可能並不是很友善，於是 nerdctl 應運而生。nerdctl 是 containerd 官方提供的相容 Docker 命令列的工具，支援 Docker CLI[1] 關於容器生命週期管理的所有命令，並且支援 docker compose (nerdctl compose up)。因此，如果讀者已經熟悉了 Docker 或 podman 的使用，那麼對 nerdctl 也一定不會陌生。

3.3.1 nerdctl 的設計初衷

nerdctl 並不是 Docker CLI 的複製品，因為相容 Docker 並不是 nerdctl 的最終目標，nerdctl 的目標是促進 containerd 創新實驗特性的發展。Docker 並不支援這些實驗特徵，如鏡像延遲載入（stargz）、鏡像加密（ocicrypt）等能力。

Docker 遲早也會支援這些新特性，但是重構 Docker 來完整地支援 containerd 似乎是不太可能的，因為 Docker 目前的設計為僅使用 containerd 的少數幾個子系統。因此 containerd 的維護者們決定建立一個完全使用 containerd 的全新命令列工具：containerd CTL，即 nerdltl。nerdctl 與 Docker 分別呼叫 containerd 的架構如圖 3.3 所示。

---

[1]　https://docs.docker.com/engine/reference/commandline/cli/。

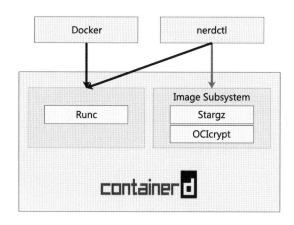

▲ 圖 3.3　nerdctl 與 Docker

3.3.2　安裝和部署 nerdctl

nerdctl 使用二進位的形式進行安裝，官方下載網址為 https://github.com/ containerd/ nerdctl/releases。

當前官方提供兩種類型的安裝套件。

（1）精簡安裝套件：nerdctl-<VERSION>-linux-amd64.tar.gz。僅包含 nerdctl 二進位檔案以及 rootless 模式下的輔助安裝指令稿。需要解壓在 /usr/ local/bin/ 目錄上。

（2）完整安裝套件：nerdctl-full-<VERSION>-linux-amd64.tar.gz。其包含 containerd、CNI、runc、BuildKit、rootlesskit 等完整元件。需要解壓在 /usr/ local/ 目錄上。

如果系統中已經安裝了 containerd，則推薦使用精簡安裝套件，如果沒有安裝過 containerd，則推薦使用完整安裝套件。

雖然筆者已經在 3.1 節安裝了 containerd，但是為了演示 nerdctl 建構鏡像的能力，此處選擇使用完整安裝套件。

　　注意，完整安裝套件中包含 containerd，直接解壓到 /usr/local/ 後會覆蓋現有的 containerd 版本。可透過 share/doc/nerdctl-full/README.md 查看完整安裝套件中包含的軟體版本。

```
root@zjz:~# cat share/doc/nerdctl-full/README.md
# nerdctl (full distribution)
- nerdctl: v1.0.0
- containerd: v1.6.8
- runc: v1.1.4
- CNI plugins: v1.1.1
- BuildKit: v0.10.5
- Stargz Snapshotter: v0.12.1
- imgcrypt: v1.1.7
- RootlessKit: v1.0.1
- slirp4netns: v1.2.0
- bypass4netns: v0.3.0
- fuse-overlayfs: v1.9
- containerd-fuse-overlayfs: v1.0.4
- Kubo (IPFS): v0.16.0
- Tini: v0.19.0
- buildg: v0.4.1
```

　　下載安裝套件，此處安裝的是 v1.0.0 完整安裝套件。

```
wget https://github.com/containerd/nerdctl/releases/download/v1.0.0/
nerdctl-full-1.0.0-linux-amd64.tar.gz
```

　　安裝 nerdctl 的指令稿如下。

```
tar xvzf nerdctl-full-1.0.0-linux-amd64.tar.gz -C /usr/local/
```

　　執行 nerdctl info，查看是否安裝成功。

```
root@zjz:~# nerdctl  info
Client:
 Namespace:      default
 Debug Mode:     false

Server:
```

```
Server Version: v1.6.8
Storage Driver: overlayfs
Logging Driver: json-file
Cgroup Driver: cgroupfs
Cgroup Version: 1
Plugins:
 Log: fluentd journald json-file syslog
 Storage: aufs devmapper native overlayfs
Security Options:
 apparmor
 seccomp
  Profile: default
Kernel Version: 5.15.0-53-generic
Operating System: Ubuntu 20.04.3 LTS
OSType: linux
Architecture: x86_64
CPUs: 4
Total Memory: 12.85GiB
Name: zjz
ID: ff83f2e9-730e-4071-919c-f85c7c460bdb
```

注意：

除了 Linux，containerd 當前也支援在 macOS 上安裝，不過需要借助於 Lima 專案（lima-vm.io）。Lima 是專門為在 macOS 上使用 containerd 和 nerdctl 發起的專案，透過啟動 Linux 來實現，內建了 containerd 和 nerdctl。安裝方式如下。

```
$ brew install lima
$ limactl start
$ lima nerdctl run -d --name nginx -p 127.0.0.1:8080:80 nginx:alpine
```

3.3.3 nerdctl 的命令行使用

nerdctl 命令列相容了 Docker CLI 的使用者體驗，可以說與 Docker CLI 一模一樣。

```
root@zjz:~# nerdctl --help
nerdctl is a command line interface for containerd
Config file ($NERDCTL_TOML): /etc/nerdctl/nerdctl.toml

Usage: nerdctl [flags]

Management commands:
  apparmor    Manage AppArmor profiles
  builder     Manage builds
  container   Manage containers
  image       Manage images
  ipfs        Distributing images on IPFS
  namespace   Manage containerd namespaces
  network     Manage networks
  system      Manage containerd
  volume      Manage volumes

Commands:
  build       Build an image from a Dockerfile. Needs buildkitd to be running.
  commit      Create a new image from a container's changes
  completion  Generate the autocompletion script for the specified shell
  compose     Compose
  cp          Copy files/folders between a running container and the local filesystem.
  create      Create a new container. Optionally specify "ipfs://" or
"ipns://" scheme to pull image from IPFS.
  events      Get real time events from the server
  exec        Run a command in a running container
  help        Help about any command
  history     Show the history of an image
  images      List images
  info        Display system-wide information
  inspect     Return low-level information on objects.
  internal    DO NOT EXECUTE MANUALLY
  kill        Kill one or more running containers
  load        Load an image from a tar archive or STDIN
  login       Log in to a container registry
  logout      Log out from a container registry
  logs        Fetch the logs of a container. Currently, only containers
created with `nerdctl run -d` are supported.
  pause       Pause all processes within one or more containers
```

```
  port       List port mappings or a specific mapping for the container
  ps         List containers
  pull       Pull an image from a registry. Optionally specify "ipfs://" or
"ipns://" scheme to pull image from IPFS.
  push       Push an image or a repository to a registry.
Optionally specify "ipfs://" or "ipns://" scheme to push image to IPFS.
  rename     rename a container
  restart    Restart one or more running containers
  rm         Remove one or more containers
  rmi        Remove one or more images
  run        Run a command in a new container. Optionally specify "ipfs://"
or "ipns://" scheme to pull image from IPFS.
  save       Save one or more images to a tar archive (streamed to STDOUT by default)
  start      Start one or more running containers
  stats      Display a live stream of container(s) resource usage statistics.
  stop       Stop one or more running containers
  tag        Create a tag TARGET_IMAGE that refers to SOURCE_IMAGE
  top        Display the running processes of a container
  unpause    Unpause all processes within one or more containers
  update     Update one or more running containers
  version    Show the nerdctl version information
  wait    Block until one or more containers stop, then print their exit codes.

Flags:
  -H, --H string       Alias of --address (default "/run/containerd/
containerd.sock")
  -a, --a string       Alias of --address (default "/run/containerd/
containerd.sock")
      --address string   containerd address, optionally with "unix://"
prefix [$CONTAINERD_ADDRESS] (default "/run/containerd/containerd.sock")
      --cgroup-manager string   Cgroup manager to use ("cgroupfs"|"systemd")
(default "cgroupfs")
      --cni-netconfpath string   cni config directory [$NETCONFPATH]
(default "/etc/cni/net.d")
      --cni-path string          cni plugins binary directory [$CNI_PATH]
(default "/usr/local/libexec/cni")
      --data-root string          Root directory of persistent nerdctl state
(managed by nerdctl, not by containerd) (default "/var/lib/nerdctl")
      --debug                     debug mode
```

```
      --debug-full                 debug mode (with full output)
      --experimental               Control experimental: https://github.com/
containerd/nerdctl/blob/master/docs/experimental.md [$NERDCTL_EXPERIMENTAL]
(default true)
  -h, --help                       help for nerdctl
      --host string                Alias of --address (default"/run/containerd/
containerd.sock")
      --hosts-dir strings          A directory that contains <HOST:PORT>/hosts.
toml (containerd style) or <HOST:PORT>/{ca.cert, cert.pem, key.pem} (docker
style) (default [/etc/containerd/certs.d,/etc/docker/certs.d])
      --insecure-registry          skips verifying HTTPS certs, and allows
falling back to plain HTTP
  -n, --n string                   Alias of --namespace (default "default")
      --namespace string           containerd namespace, such as "moby" for Docker,
"k8s.io" for Kubernetes [$CONTAINERD_NAMESPACE] (default "default")
      --snapshotter string         containerd snapshotter [$CONTAINERD_ SNAPSHOTTER]
(default "overlayfs")
      --storage-driver string      Alias of --snapshotter (default "overlayfs")
  -v, --version                    version for nerdctl

Run 'nerdctl COMMAND --help' for more information on a command.
```

可以看到，nerdctl 的使用方式和 Docker CLI 基本一致，不過 nerdctl 相比於 Docker 而言多了 namespace 的概念。nerdctl 透過 --namespace 指定 containerd 的 namespace。

對於熟悉 Docker 的使用者而言，可以透過下面的命令將 nerdctl 設定別名為 docker。

```
alias docker=nerdctl
```

如果是安裝了 k8s 的環境，則可以透過 -n k8s.io 來指定 Kubernetes 所使用的 containerd namespace。

```
alias docker='nerdctl -n k8s.io'
```

　　限於篇幅，本書不對 Docker 命令列一一展開介紹，詳細的 Docker 使用教學讀者可參考以下網站。

- Docker 官網：https://dockerdocs.cn/engine/reference/run/。

- 菜鳥教學：https://www.runoob.com/docker/docker-tutorial.html。

3.3.4　執行容器

　　nerdctl 執行容器與 Docker CLI 基本一致。

```
root@zjz:~# nerdctl run -d --name nginx -p 80:80 nginx:alpine
e1d1e8d06f96c2fbdc0d5fc531dacc661f5c6a622c02810e5726fdabee90cc43

root@zjz:~# nerdctl ps
CONTAINER ID    IMAGE        COMMAND
   CREATED    STATUS    PORTS    NAMES
e1d1e8d06f96    docker.io/library/nginx:alpine    "/docker-entrypoint.…"
3 seconds ago    Up        0.0.0.0:80->80/tcp    nginx

root@zjz:~# curl 127.0.0.1:80
<!DOCTYPE html>
<html>
<head>
<title>Welcome to nginx!</title>
<style>
html { color-scheme: light dark; }
body { width: 35em; margin: 0 auto;
font-family: Tahoma, Verdana, Arial, sans-serif; }
</style>
</head>
<body>
<h1>Welcome to nginx!</h1>
<p>If you see this page, the nginx web server is successfully installed and
working. Further configuration is required.</p>

<p>For online documentation and support please refer to
<a href="http://nginx.org/">nginx.org</a>.<br/>
Commercial support is available at
```

```
<a href="http://nginx.com/">nginx.com</a>.</p>

<p><em>Thank you for using nginx.</em></p>
</body>
</html>
```

與 Docker 不同的是，nerdctl 執行容器時，容器使用的是 CNI 外掛程式，預設使用 bridge CNI 外掛程式，網段為 10.4.0.0/24。

使用 nerdctl inspect <containerd ID> 可以查看容器的 IP。舉例來說，透過以下命令查看剛剛部署的 nginx 的容器 IP。

```
root@zjz:~# nerdctl ps |grep nginx
dc6383ba622c   docker.io/library/nginx:alpine      "/docker-entrypoint.…"    2 minutes
ago    Up        0.0.0.0:80->80/tcp    nginx
root@zjz:~#
root@zjz:~# nerdctl inspect dc6383ba622c |grep IPAddress
          "IPAddress": "10.4.0.3",
                  "IPAddress": "10.4.0.3",
```

與 ctr 一樣，nerdctl 同樣支援指定 containerd 的 namspace，不指定時預設使用 "default" namespace。舉例來說，可以透過 nerdctl 查看 k8s 部署的容器。

```
nerdctl -n k8s.io ps
```

3.3.5 建構鏡像

nerdctl 建構鏡像的能力依賴於 Buildkit 元件，由於筆者安裝的是完整安裝套件（即 nerdctl-full-<VERSION>-linux-amd64.tar.gz），預設包含 Buildkit 元件。

建構鏡像前先啟動 Buildkit 元件。透過下面的命令啟動 Buildkit。

```
systemctl enable --now buildkit

# 也可以使用下面的命令列來啟動，效果一樣
systemctl enable buildkit
systemctl start buildkit
```

這裡透過一個簡單的 nginx Dockerfile 來建構鏡像。

```
# Dockerfile
FROM nginx
RUN echo '這是一個 nerdctl 建構的 nginx 鏡像 ' > /usr/share/nginx/html/index. html
```

nerdctl 建構鏡像的命令和 Docker 一樣，完全按照 docker build 的使用習慣即可。舉例來說，透過上述的 Dockerfile 製作鏡像，命令列如下。

```
root@zjz:~/container-book# nerdctl build -t mynginx .
[+] Building 0.3s (5/6)
[+] Building 0.4s (5/6)
[+] Building 0.6s (5/6)
[+] Building 0.7s (5/6)
[+] Building 0.9s (5/6)
[+] Building 1.0s (5/6)
[+] Building 1.2s (5/6)
[+] Building 1.3s (5/6)
[+] Building 1.5s (5/6)
[+] Building 1.6s (5/6)
[+] Building 1.8s (5/6)
[+] Building 1.8s (6/6) FINISHED
=> [internal] load .dockerignore                                      0.0s
=> => transferring context: 2B                                        0.0s
=> [internal] load build definition from Dockerfile                   0.0s
=> => transferring dockerfile: 152B                                   0.0s
=> [internal] load metadata for docker.io/library/nginx:latest        0.1s
=> [1/2] FROM docker.io/library/nginx@sha256:0047b729188a15da49380d9506d   0.0s
=> => resolve docker.io/library/nginx@sha256:0047b729188a15da49380d9506d   0.0s
=> CACHED [2/2] RUN echo '這是一個 nerdctl 建構的 nginx 鏡像 ' >
    0.0srting to oci image format                                     1.6s
 => exporting to oci image format                                     1.6s
 => => exporting layers                                               0.0s
 => => exporting manifest sha256:26bbb45407e845f1fb39cd5255e9404d606f242c   0.0s
 => => exporting config sha256:229cc48fbe6e898a5b3aeb64ebe0c7aa7b691d8409   0.0s
 => => sending tarball                                                1.5s
unpacking docker.io/library/mynginx:latest(sha256:26bbb45407e845f1fb39cd5255e94
04d606f242c58833fa646dd659881b63472)...done
```

關於 nerdctl build 更多的命令可以參考 nerdctl help 指令，如下所示。

```
root@zjz:~/container-book# nerdctl build -h
Build an image from a Dockerfile. Needs buildkitd to be running.
If Dockerfile is not present and -f is not specified, it will look for
Containerfile and build with it.

Usage:
  nerdctl build [flags]
Commands:
Flags:
      --build-arg stringArray    Set build-time variables
      --buildkit-host string     BuildKit address [$BUILDKIT_HOST] (default
"unix:///run/buildkit/buildkitd.sock")
      --cache-from stringArray   External cache sources (eg. user/app:cache,
type=local,src=path/to/dir)
      --cache-to stringArray     Cache export destinations (eg. user/app:cache,
type=local,dest=path/to/dir)
  -f, --file string              Name of the Dockerfile
  -h, --help                      help for build
      --iidfile string           Write the image ID to the file
      --ipfs                      Allow pulling base images from IPFS
      --label stringArray        Set metadata for an image
      --no-cache                  Do not use cache when building the image
  -o, --output string            Output destination (format:type=local, dest=path)
      --platform strings     Set target platform for build (e.g., "amd64",
"arm64")
      --progress string      Set type of progress output (auto, plain, tty).
Use plain to show container output (default "auto")
  -q, --quiet                 Suppress the build output and print image ID
on success
      --rm                     Remove intermediate containers after a successful
build (default true)
      --secret stringArray       Secret file to expose to the build:
id=mysecret,src=/local/secret
      --ssh stringArray          SSH agent socket or keys to expose to the build
(format: default|<id>[=<socket>|<key>[,<key>]])
  -t, --tag stringArray          Name and optionally a tag in the 'name:tag' format
      --target string            Set the target build stage to build
Global Flags:
```

```
    --address string          containerd address, optionally with "unix://"
prefix [$CONTAINERD_ADDRESS] (default "/run/containerd/containerd. sock")
    --cgroup-manager string   Cgroup manager to use ("cgroupfs"|"systemd")
(default "cgroupfs")
    --cni-netconfpath string   cni config directory [$NETCONFPATH]
(default "/etc/cni/net.d")
    --cni-path string          cni plugins binary directory [$CNI_PATH]
(default "/opt/cni/bin")
    --data-root string         Root directory of persistent nerdctl state
(managed by nerdctl, not by containerd) (default "/var/lib/nerdctl")
    --debug                    debug mode
    --debug-full               debug mode (with full output)
    --host string              Alias of --address (default "/run/containerd/
containerd.sock")
    --hosts-dir strings     A directory that contains <HOST:PORT>/
hosts.toml (containerd style) or <HOST:PORT>/{ca.cert, cert.pem, key.pem}
(docker style) (default [/etc/containerd/certs.d,/etc/docker/certs.d])
    --insecure-registry        skips verifying HTTPS certs, and allows
falling back to plain HTTP
    --namespace string         containerd namespace, such as "moby" for
Docker, "k8s.io" for Kubernetes [$CONTAINERD_NAMESPACE] (default "default")
    --snapshotter string       containerd snapshotter [$CONTAINERD_
SNAPSHOTTER] (default "overlayfs")
    --storage-driver string    Alias of --snapshotter (default "overlayfs")
```

第 **4** 章

containerd 與 雲端原生生態

本章主要介紹 containerd 與雲端原生生態的結合，包括 Kubernetes 中的 CRI 機制及其演進，containerd 是如何與 CRI 機制結合的，以及 containerd 中的 CRI 設定指導，最後介紹 CRI 使用者端工具 crictl 的使用。

學習摘要：

- Kubernetes 與 CRI

- containerd 與 CRI Plugin

- crictl 的使用

4.1 Kubernetes 與 CRI

Kubernetes 作為容器編排領域的實施標準，越來越受到雲端運算從業人員的重視，已經成為雲端原生時代的作業系統。其優良的技術架構不僅可以滿足彈性分散式系統的編排排程、彈性伸縮、捲動發佈、故障遷移等能力要求，而且整個系統具有很高的擴充性，提供了各個層次的擴充介面，如 CSI、CRI、CNI 等，可以滿足各種訂製化訴求。其中，容器執行時期作為 Kubernetes 執行容器的關鍵元件，承擔著管理處理程序的使命。那麼，容器執行時期是怎麼連線 Kubernetes 系統中的呢？答案就是透過容器執行時期介面（container runtime interface，CRI）。本節將介紹 Kubernetes 是如何透過 CRI 管理不同的容器執行時期的。

4.1.1 Kubernetes 概述

Kubernetes 的整體架構如圖 4.1 所示。

可以看到，Kubernetes 整體架構由 Master 節點和多個 Node 節點組成，Master 為控制節點，Node 為計算節點。

Master 節點是整個叢集的控制面，編排、排程、對外提供 API 等都是由 Master 節點來負責的。Master 節點主要由 4 個元件組成。

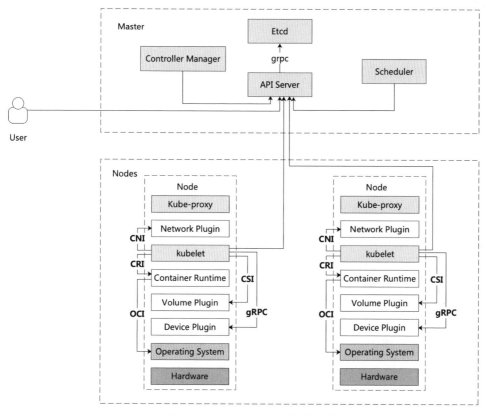

▲ 圖 4.1 Kubernetes 的整體架構

（1）API Server：該元件負責公開 Kubernetes 的 API，負責處理請求的工作，是資源操作的唯一入口，並提供認證、授權、存取控制、API 註冊和發現等機制。

（2）Controller Manager：包含了多種資源的控制器，負責維護叢集的狀態，如故障檢測、自動擴充、捲動更新等。

（3）Scheduler：該元件主要負責資源的排程，將新建的 pod 安排到合適的節點上執行。

（4）Etcd：是整個叢集的持久化資料儲存的地方，是基於 raft 協定實現的高可用的分散式 KV 資料庫。

Node 節點也稱為 Worker 節點，是主要幹活的部分，負責管理容器的處理程序、儲存、網路、裝置等能力。Node 節點主要由以下幾種元件組成。

（1）Kube-proxy：主要為 Service 提供 cluster 內部的服務發現和 4 層負載平衡能力。

（2）kubelet：Node 上最核心的元件，對上負責和 Master 通訊，對下和容器執行時期通訊，負責容器的生命週期管理、容器網路、容器儲存能力建設。

- 透過容器執行時期介面（container runtime interface，CRI）與各種容器執行時期通訊，管理容器生命週期。

- 透過容器網路介面（container network interface，CNI）與容器網路外掛程式通訊，負責叢集網路的管理。

- 透過容器儲存介面（container storage interface，CSI）與容器儲存外掛程式通訊，負責叢集內容器儲存資源的管理。

（3）Network Plugin：網路外掛程式，如 Flannel、Cilium、Calico 負責為容器設定網路，透過 CNI 被 kubelet 或 CRI 的實現來呼叫，如 containerd 等。

（4）Container Runtime：容器執行時期，如 containerd、Docker 等，負責容器生命週期的管理，透過 CRI 被 kubelet 呼叫，透過 OCI 與作業系統互動，執行處理程序、資源隔離與限制等。

（5）Device Plugin：Kubernets 提供的一種裝置外掛程式框架，透過該介面可將硬體資源發佈到 kubelet，如管理 GPU、高性能網路卡、FPGA 等。

4.1.2 CRI 與 containerd 在 Kubernetes 生態中的演進

1 · kubelet 中 CRI 的演進過程

在 Kubernetes 架構中，kubelet 作為整個系統的 worker（主要工作者），承擔著容器生命週期管理的重任，涉及最基礎的計算、儲存、網路以及各種外接裝置裝置的管理。

對容器生命週期管理而言，最初 kubelet 對接底層容器執行時期並沒有透過 CRI 來互動，而是透過程式內嵌的方式將 Docker 整合進來。在 Kubernetes 1.5 之前，Kubernetes 內建了兩個容器執行時期，一個是 Docker，另一個是來自自家投資公司 CoreOS 的 rocket。這在本書 1.3 節也講過，kubelet 以程式內建的方式支援兩種不同的執行時期，這無論是對社區 Kubernetes 開發人員的維護工作，還是 Kubernetes 使用者想訂製開發支援自己的容器執行時期來說，都具有極大的困難。

因此，社區於 2016 年在 Google 和 Red Hat 主導下，在 Kubernetes 1.5 中重新設計了 CRI 標準，透過 CRI 抽象層消除了這些障礙，使得無須修改 kubelet 就可以支援執行多種容器執行時期。內建的 dockershim 和 rkt 也逐漸在 Kubernetes 主線中被完全移除。從最初的內建 Docker Client 到最終實現 CRI 完全移除 dockershim，kubelet 與 CRI 架構的演進過程如圖 4.2 所示。

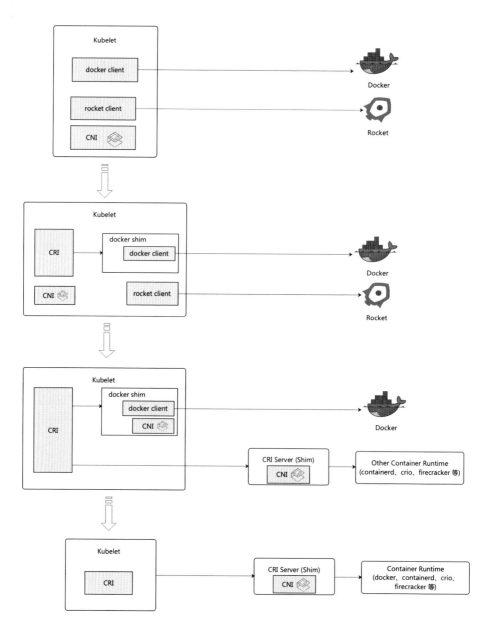

▲ 圖 4.2　kubelet 與 CRI 架構的演進過程

如圖 4.2 所示，在 kubelet 架構演進中，整體上分為以下 4 個階段。

（1）第 1 階段：在 Kubernetes 早期版本（v1.5 以前）中，透過程式內建了 docker 和 rocket 的 client sdk，分別對接 Docker 和 Rocket，並透過 CNI 外掛程式為容器設定容器網路。這時候如果使用者想要支援自己的容器執行時期是相當困難的，需要 Fork 社區程式進行修改，並且自己維護。而社區 Kubernetes 維護人員也要同時維護 rocket 和 docker 兩份程式，工作量很大。

（2）第 2 階段：在 Kubernetes 1.5 版本中增加了 CRI，透過定義一層容器執行時期的抽象層遮罩底層執行時期的差異。kubelet 透過 gRPC 與 CRI Server（也叫 CRI Shim）互動，管理容器的生命週期和網路設定，此時開發者支援自訂的容器執行時期就簡單多了，只需要實現自己的 CRI Server 即可。由於 rocket 是自家產品，1.5 版本之後，rocket 的具體邏輯就遷移到了外部獨立倉庫 rktlet（由於活躍度不高，該專案已於 2019 年 12 月 19 日進行了歸檔，當前為唯讀狀態）中，kubelet 中的 rkt 則處於棄用狀態，直到 Kubernetes v1.11 版本被完全移除。而 Docker 由於是預設的容器執行時期，在此階段則遷移到了 kubelet 內建的 CRI 下，封裝了 dockershim 來對接 Docker Client，此時還是 Kubernetes 開發人員在維護。

（3）第 3 階段：在 Kubernetes v1.11 版本中，rocket 程式被完全移除，CNI 的實現遷移到了 dockershim 中。除了 Docker，其他的所有容器執行時期都透過 CRI 連線，對於外部的 CRI Server（Shim），除了實現 CRI 介面，也包含了容器網路的設定，一般使用 CNI，當然也可以由使用者自己選擇。此階段 kubelet 對接兩個 CRI Server，一個是 kubelet 內建的 dockershim，一個是外部的 CRI Server。無論是內建還是外接 CRI Server，均包含容器生命週期管理和容器網路設定兩大功能。

（4）第 4 階段：在 Kubernetes v1.24 版本中，kubelet 完全移除了 dockershim，詳細資訊參考社區宣告[1]，此前，Kubernetes v1.20 版本就開始宣佈

---

[1] **https://Kubernetes.io/zh-cn/blog/2022/01/07/Kubernetes-is-moving-on-from-dockershim/**。

要棄用 Docker。此時，kubelet 只透過 CRI 與容器執行時期互動，dockershim 被移除後，若想繼續使用 Docker，則可以透過 cri-dockerd 來實現。cri-dockerd 是 Mirantis（Docker 的收購方）和 Docker 共同維護的基於 Docker 的 CRI Server。至此，kubelet 完成了最終的 CRI 架構的演進。容器執行時期開發者若想調配自己的執行時期，只需要實現 CRI Server，以 CRI 連線 kubelet 即可，大大提高了調配和維護效率。

CRI 的推出給容器社區帶來了容器執行時期的第二次繁榮，包括 containerd、cri-o、Frakti、Virtlet 等。

2．containerd 的演進過程

隨著 CRI 的逐漸成熟，containerd 與 CRI 的互動在演進中也變得越來越簡單和直接。

（1）第 1 階段：containerd 1.0 版本中，透過一個單獨的二進位處理程序來調配 CRI，如圖 4.3 所示。

▲ 圖 4.3 kubelet 透過 cri-containerd 連接 containerd

（2）第 2 階段：containerd 1.1 版本之後，將 cri-containerd 作為外掛程式整合在 containerd 處理程序中，如圖 4.4 所示。

▲ 圖 4.4 cri-containerd 作為外掛程式整合在 containerd 中

在 kubelet 移除 dockershim 之後，透過 cri-dockerd + docker 建立容器的流程如圖 4.5　所示。

▲ 圖 4.5　kubelet 透過 cri-dockerd 連接 Docker

cri-containerd 和 cri-dockerd 作 為 CRI Server 對 比 來 看， 二 者 都 是 將 containerd 作為容器生命週期管理的容器執行時期，但是 cri-dockerd 方式多了 cri-dockerd 和 Docker 兩層「shim」。相比之下，kubelet 直接呼叫 containerd 的 方案比 cri-dockerd 的方案簡潔得多，這也是越來越多的雲端廠商採用 containerd 作為 Kubernetes 預設容器執行時期的原因。

4.1.3 CRI 概述

CRI 定義了容器和鏡像服務的介面，該介面基於 gRPC，使用 Protocol Buffer 協定。該介面定義了 kubelet 與不同容器執行時期互動的規範，介面包含 使用者端（CRI Client）與服務端（CRI Server）。kubelet 與 CRI 的互動如圖 4.6 所示。

其中 CRI Server 作為服務端，監聽在本地的 unix socket 上，kubelet 中含有 CRI Client，作為使用者端透過 gRPC 與 CRI Server 互動。CRI Server 還負責容 器網路的設定，不一定強制使用 CNI，只不過使用 CNI 規範可以與 Kubernetes 網路模型保持一致，從而支援社區許多的網路外掛程式。

CRI 規範定義主要包含兩部分，即 RuntimeService 和 ImageService 兩個服 務，如圖 4.7 所示。

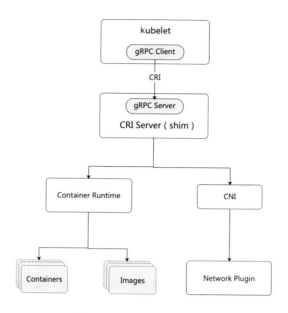

▲ 圖 4.6　kubelet 與 CRI 的互動

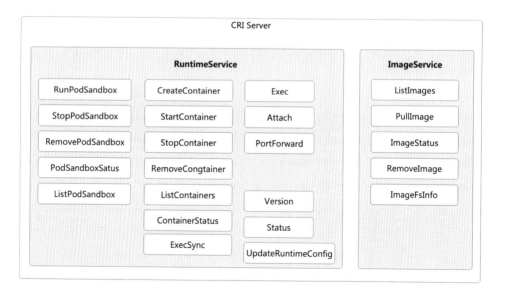

▲ 圖 4.7　CRI Server 中的 RuntimeService 與 ImageService

這兩個服務可以在一個 gRPC Server 中實現，也可以在兩個獨立的 gRPC Server 中實現。對應的 kubelet 中的設定如下。

```
kubelet xxx
  --container-runtime-endpoint=< CRI Server 的 Unix Socket 位址 ,>
  --image-service-endpoint=< CRI Server 的 Unix Socket 位址 >
```

注意：

如果 RuntimeService 和 ImageService 兩個服務是在一個 gRPC Server 中實現的，只需要設定 container-runtime-endpoint 即可，當 image-service-endpoint 為空時，預設使用和 container-runtime-endpoint 一致的位址。當前社區中實現的 Container Runtime 多為兩種服務在一個 gRPC Server 中實現。

另外需要注意的是，如果是在 Kubernetes v1.24 以前的版本中使用 CRI Server，kubelet 中需要設定 container-runtime=remote（自從 kubelet 移除了 dockershim 之後，該參數被廢棄），不然該參數預設為 container-runtime=docker，將使用 kubelet 內建的 dockershim 作為 CRI Server。

接下來介紹 CRI Server 中的 RuntimeService、ImageService 相關服務。

1．RuntimeService

RuntimeService 主要負責 pod 及 container 生命週期的管理，包含四大類。

（1）PodSandbox 管理：跟 Kubernetes 中的 pod 一一對應，主要為 pod 執行提供一個隔離的環境，並準備該 pod 執行所需的網路基礎設施。在 runc 場景下對應一個 pause 容器，在 kata 或 firecracker 場景下則對應一台虛擬機器。

（2）container 管理：用於在上述 Sandbox 中管理容器的生命週期，如建立、啟動、銷毀容器。該介面屬於容器粒度的介面。

（3）Streaming API：該介面主要用於 kubelet 進行 Exec、Attach、PortForward 互動，該類別介面傳回給 kubelet 的是 Streaming Server 的 Endpoint，用於接收後續 kubelet 的 Exec、Attach、PortForward 請求。

（4）Runtime 介面：主要是查詢該 CRI Server 的狀態，如 CRI、CNI 狀態，以及更新 Pod CIDR 設定等。該介面屬於 Node 粒度的介面。

RuntimeService 介面詳細介紹如表 4.1 所示（參考官方 API 定義[1]）。

▼ 表 4.1　RuntimeService 介面描述

分　類	方　法	說　明
sandbox 相關	RunPodSandbox	啟動 pod 等級的沙箱功能，包含 pod 網路基礎設施的初始化
	StopPodSandbox	停止 sandbox 相關處理程序，回收網路基礎設施資源（如 IP 等），該操作是冪等的；kubelet 在呼叫 RemovePodSandbox 之前至少會呼叫一次 StopPodSandbox
	RemovePodSandbox	刪除 sandbox，以及 sandbox 內的相關容器
	PodSandboxStatus	傳回 PodSandbox 的狀態
	ListPodSandbox	獲取 PodSandbox 列表

---

[1] https://github.com/Kubernetes/cri-api/blob/master/pkg/apis/runtime/v1/api.proto。

（續表）

分　類	方　法	說　明
container 相關	CreateContainer	在指定的 sandbox 中建立新的 container
	StartContainer	啟動 container
	StopContainer	在一定的時間內（timeout）停止一個正在執行的 container，操作是冪等的；在超過 grace period 後，必須強制殺掉該 container
	RemoveContainer	清理 container，如果 container 正在執行，則強制清理該 container，該操作也是冪等的
	ListContainers	透過 filter 獲取所有的 container
	ContainerStatus	獲取 container 的狀態，如果 container 不存在，則顯示出錯
	UpdateContainerResources	更新 container 的 ContainerConfig
	ContainerStats	獲取 container 的統計資料，如 CPU、記憶體使用狀態
	ListContainerStats	獲取所有執行 container 的統計資料（CPU、記憶體）
runtime 相關	UpdateRuntimeConfig	更新 runtime 的設定，當前 containerd 只支援處理 PodCIDR 的變更
	Status	獲取 runtime 的狀態（CRI + CNI 的狀態），只要 CRI plugin 能正常回應，則 CRI 為 Ready，CNI 要看 CNI 外掛程式的狀態
	Version	獲取 runtime 的名稱、版本、API 版本等

分　類	方　法	說　明
container 管理	ReopenContainerLog	ReopenContainerLog 會請求 runtime 重新打開 container 的 stdout/stderr；通常會在記錄檔被 rotate 之後被呼叫，如果 container 沒在執行，則 runtime 會建立一個新的 log file 或傳回 nil，或傳回 error（傳回 error 的情況下，不應該建立 log file）
	ExecSync	在 container 內同步執行一個命令
Streaming API	Exec	準備一個 Streaming endpoint，在 container 中執行一個命令。 會連接到容器，可以像 SSH 一樣進入容器內部，操作，可以透過 exit 退出容器，不影響容器運行
	Attach	準備一個 Streaming endpoint 連接到指定 container。 會透過連接 stdin，連接到容器內輸入 / 輸出串流，會在輸入 exit 後終止處理程序
	PortForward	準備一個 Streaming endpoint 來轉發到 container 中的通訊埠。 如 kubectl port-forward pods/xxxx 10000:8080 將本地通訊埠 10000 轉發到容器內的 8080 通訊埠

2 · ImageService

　　ImageService 相對來說比較簡單，主要是執行容器所需的幾個鏡像介面，如拉取鏡像，刪除鏡像、查詢鏡像資訊、查詢鏡像列表，以及查詢鏡像的檔案系統資訊等。注意，鏡像介面沒有推送鏡像功能，因為容器執行只需要將鏡像拉到本地即可，推送鏡像並不是 CRI Server 必需的能力。

　　表 4.2 列出了 CRI Server 中的 ImageService 介面及詳細描述（參考官方 API 定義[1]）。

▼ 表 4.2　CRI Server 中的 ImageService 介面描述

分　類	方　法	說　明
鏡像相關	ListImages	列出當前存在的鏡像
	ImageStatus	傳回鏡像的狀態，如果不存在，則 ImageStatusRes ponse.Image 為 nil
	PullImage	透過認證資訊拉取鏡像
	RemoveImage	移除鏡像，該操作是冪等的
	ImageFsInfo	傳回儲存鏡像所用的檔案系統

在 CRI Container Runtime 中，除了 ImageService 和 RuntimeService，通常情況下還需要實現 Streaming Server 的相關能力。

在 Kubernetes 中，使用 kubectl exec、logs、attach、portforward 命令時需要 kubelet 在 apiserver 和容器執行時期之間建立流量轉發通道，Streaming API 就是傳回該流量轉發通道的。

不同的容器執行時期支援 exec、attach 等命令的方式是不一樣的。舉例來說，Docker、 containerd 可以透過 nsenter socat 等命令來支援，而其他作業系統平臺的執行時期則不同，因此 CRI 定義了該介面，用於容器執行時期傳回 Streaming Server 的 Endpoint，以便 kubelet 將 kube-apiserver 發過來的請求重定向到 Streaming Server。

下面以執行 kubectl exec 命令的流程為例介紹 Streaming API 和 Streaming Server，如圖 4.8 所示。

如圖 4.8 所示，執行 kubectl exec 命令主要有以下幾個步驟。

（1）kubectl 發送 POST 請求 exec 給 kube-apiserver，請求路徑為「/api/v1/namespaces/ <pod namespace>/<pod name>/exec?xxx」。

---

[1]　https://github.com/Kubernetes/cri-api/blob/master/pkg/apis/runtime/v1/api.proto。

（2）kube-apiserver 向 kubectl 發送流失請求，kubectl 透過 CRI 向 CRI Server 呼叫 exec 函式。

（3）CRI Server 傳回 Streaming Server 的 url 位址給 kubelet。

（4）kubelet 傳回給 kube-apiserver 重定向回應，將請求重定向到 Streaming Server 的 url。

（5）kube-apiserver 重定向請求到 Streaming Server 的 url。

（6）Streaming Server 回應該請求。注意，Streaming Server 會傳回一個 HTTP 協定升級（101 Switching Protocols）的響應給 kube-apiserver，告訴 kube-apiserver 已切換到 SPDY 協定。同時，kube-apiserver 也會將來自 kubeclt 的請求升級為 SDPY 協定，用於回應多路請求，如圖 4.9 所示。

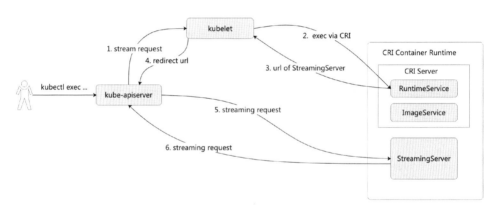

▲ 圖 4.8　Kubernetes 架構中 exec 命令的資料流程架構圖

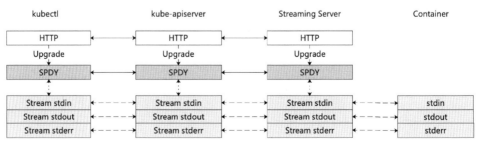

▲ 圖 4.9　Kubernetes exec 流程中的 Streaming 請求

Linux 處理程序中的標準輸入 stdin、標準輸出 stdout、標準錯誤 stderr 分別透過 Streaming Server 的 SPDY 連接暴露出來,繼而與 kube-apiserver、kubectl 分別基於 SPDY 建立 3 個 Stream 連接進行資料通信。

注意:

Upgrade 是 HTTP 1.1 提供的一種特殊機制,允許將一個已經建立的連接升級成新的、不相容的協定。

SPDY 是 Google 開發的基於 TCP 的會談層協定,用以最小化網路延遲,提升網路速度,最佳化使用者的網路使用體驗。SPDY 協定支援多工,在一個 SPDY 連接內可以有無限個並行請求,即允許多個併發 HTTP 請求共用一個 TCP 階段。對於 exec 串流請求來講,可以基於一個 TCP 連接並行回應 stdin、stdout、stderr 多路請求,多個請求回應之間互不影響。

4.1.4 幾種 CRI 實現及其概述

Kubernetes 中引入 CRI 之後,降低了各種容器執行時期連線 Kubernetes 系統的難度,各種支援 CRI 的容器執行時期也如雨後春筍般出現。由於 cri-dockerd 和 containerd 在 4.1.2 節中已經做過介紹,此處不再贅述,下面介紹其他幾種常見的容器執行時期。

1 · cri-o

cri-o 是 Red Hat 在 2017 年 10 月推出的最小化支援 CRI 的容器執行時期,該容器執行時期完全是為 Kubernetes 量身定做的(甚至版本命名規則都與 Kubernetes 保持同步),僅支援 Kubernetes。cri-o 和 containerd 並列作為 Kubernetes 官方推薦的兩個容器執行時期之一。cri-o 架構如圖 4.10 所示。

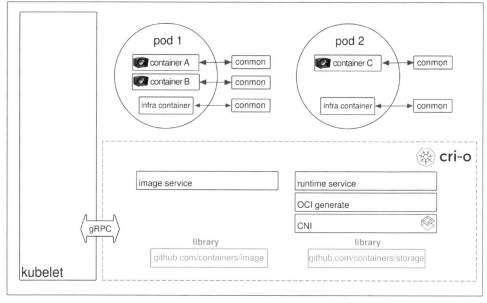

▲ 圖 4.10　cri-o 架構 [1]

cri-o 實現的具體流程如下。

（1）Kubernetes 通知 kubelet 啟動一個 pod。

（2）kubelet 透過 CRI 將請求轉發給 cri-o daemon。

（3）cri-o 利用 containers/image 從鏡像倉庫拉取鏡像。

（4）下載好的鏡像被解壓到容器的 root 檔案系統中，並透過 containers/storage 儲存到支援寫入時複製（copy on write，COW）的檔案系統中。

（5）在為容器建立 rootfs 之後，cri-o 透過 oci-runtime-tool（OCI 組織提供的）生成一個 OCI 執行時期規範 JSON 檔案。

（6）cri-o 使用上述的執行時期規範 JSON 檔案啟動一個相容 OCI 規範的執行時期來執行容器處理程序。預設的執行時期是 runc。理論上支援 OCI 規範的各種執行時期，如 kata、gVisor 等。

---

[1]　來源於 **https://cri-o.io/**。

（7）每個容器都由一個獨立的 conmon 處理程序監控，conmon 為容器中 pid 為 1 的處理程序提供一個 pty。同時，它還負責處理容器的日誌記錄並記錄容器處理程序的退出程式。

（8）網路是透過 CNI 設定的，因此可以支援社區的多種 CNI 外掛程式。

相比於 Docker 和 containerd，cri-o 的特點是僅為 Kubernetes 設計，並針對 Kubernetes 進行最佳化，呼叫鏈路也最短。圖 4.11 是三者呼叫鏈路的對比。

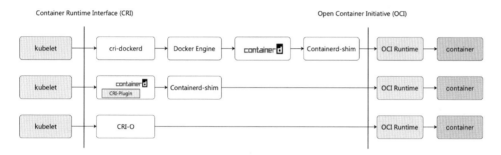

▲ 圖 4.11 cri-dockerd、containerd、cri-o 呼叫鏈路對比

cri-dockerd 作為 dockershim 從 kubelet 獨立出來之後的產物，完美相容 Docker，對於熟悉並依賴 Docker 的使用者而言是個不錯的選擇。

2．PouchContainer

PouchContainer 是阿里巴巴集團開放原始碼的高效、輕量級、企業級富容器引擎技術，擁有隔離性強、可攜性高、資源佔用少等特性，定位於助力企業快速實現存量業務容器化。

PouchContainer 容器內基於 systemd 管理業務處理程序，相比於簡單的單處理程序容器而言，可以更進一步地調配傳統應用。存量傳統應用可以在不改變任何業務程式、運行維護程式的情況下遷移到富容器中。富容器架構如圖 4.12 所示。

PouchContainer 實現的富容器相比於單處理程序容器，主要區別是內部處理程序分為以下幾類。

（1）pid=1 的 init 處理程序：富容器並沒有將容器鏡像中指定的 CMD 作為容器內 pid=1 的處理程序，而是支援了 systemd、sbin/init、dumb-init 等類型的 init 處理程序，從而更加友善地管理容器內部的多處理程序服務，如 crond 系統服務、syslogd 系統服務等。

（2）容器鏡像的 CMD：容器鏡像的 CMD 代表業務應用，是整個富容器的核心部分，在富容器內透過 systemd 啟動該業務應用。

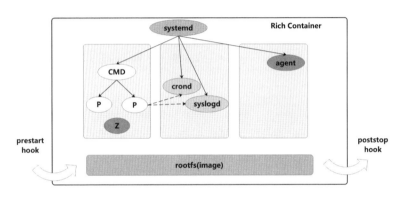

▲ 圖 4.12　富容器架構圖

（3）容器內系統 service 處理程序：很多傳統業務開發長期依賴於裸金屬或虛擬機器中 Linux 作業系統，對系統服務有較強的依賴性。舉例來說，java log4j 的設定方式依賴於 syslogd 的執行；很多週期性業務依賴於 crond 系統服務。

（4）使用者自訂運行維護元件：除了系統服務，企業運行維護團隊可能還需要針對基礎設施設定自訂的運行維護元件。舉例來說，企業運行維護團隊需要統一化地為業務應用貼近設定監控元件；運行維護團隊必須透過自訂的日誌 agent 來管理容器內部的應用日誌；運行維護團隊需要自訂基礎運行維護工具，以便要求應用執行環境符合內部的稽核要求等。

3 · firecracker-containerd

firecracker-containerd 是 AWS 基於 containerd 開放原始碼的支援 Firecracker 的 CRI 專案。而 Firecracker 是 AWS 開放原始碼的輕量化虛擬機器管理（virtual machine manager，VMM）方案，以其極致的輕量化和超高的超賣率著稱。

1）輕量化

- 啟動速度快：極簡裝置模型。Firecracker 沒有 BIOS 和 PCI，甚至不需要裝置直通。

- 密度高：記憶體銷耗低。Firecracker 中每個 MicroVM 約為 3MB。

- 水平擴充：Firecracker 微虛機可以在每個主機上以每秒 150 個實例的速率擴充。

2）超賣率

Firecracker 超高的超賣率也是其一大亮點。記憶體和 CPU 的超賣率最高可達 20 倍，生產環境中的超賣率為 10 倍（AWS Lambda）。

Firecracker 的整體架構如圖 4.13 所示。

firecracker-containerd 架構（見圖 4.14）基於 containerd 進行修改調配，僅支援 Firecracker 引擎，整體特性 80% 相容 containerd，熟悉 containerd 的使用者可以很容易設定 firecracker- containerd 的設定。

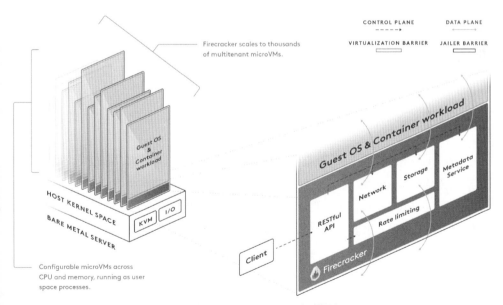

▲ 圖 4.13 Firecracker 架構圖

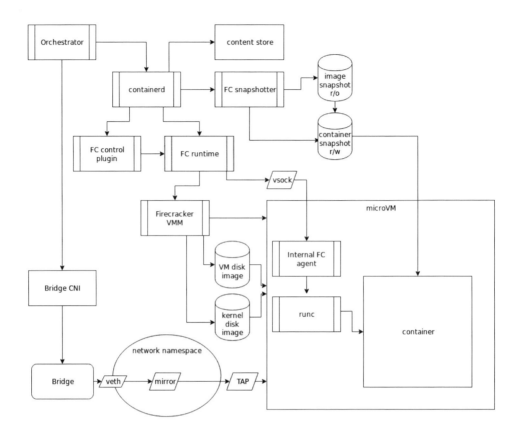

▲　圖 4.14　firecracker-containerd 架構圖 [1]

4 · virtlet

　　virtlet 是 Mirantis（收購 Docker 的公司）推出的基於 Kubernetes 管理虛擬機器的方案。virtlet 實現了一套 VM 的 CRI 與 kubelet 進行互動，不需要額外的控制器，因為一些 VM 特定的資訊無法完全用 pod 來描述，virtlet 借助了 pod 的註解（annotation）來表達更多 VM 的資訊。virtlet 的架構如圖 4.15 所示。

---

[1]　來源於 **https://github.com/firecracker-microvm/firecracker-containerd/blob/main/docs/architecture.md**。

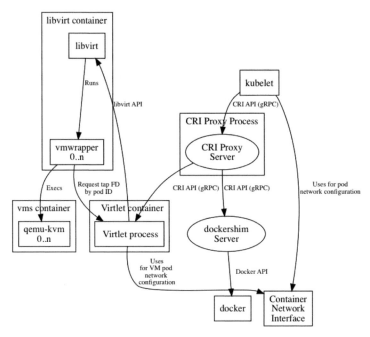

▲ 圖 4.15 virtlet 架構圖

在圖 4.15 中，CRI Proxy 也是 Mirantis 開放原始碼的用於 Kubernetes 叢集中支援多個 CRI 實現的方案，作為代理，可以實現在一個節點上支援多種 CRI。

kubelet 會呼叫 CRI Proxy，由 CRI Proxy 根據 pod image 首碼（預設 virtlet. cloud）決定將請求發給 virtlet process 還是 dockershim server，從而建立虛擬機器或容器。

每個節點上會由 daemonset 負責啟動 virtlet pod，該 virtlet pod 包括以下 3 個容器。

- virtlet：接收 CRI 呼叫，管理 VM，virtlet 透過 libvirt 管理 qemu。
- libvirt：接收 virtlet 的請求，建立、停止或銷毀 VM。
- VMs：所有 virtlet 管理的 VM 都會在這個容器的命名空間中。

5．rktlet

在 4.1.2 節中曾提到過 rktlet。在 CRI 演進過程中，rocket 第一時間在外部獨立倉庫實現的 CRI Server，即 rktlet。rktlet 的架構如圖 4.16 所示。

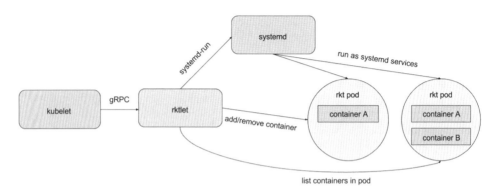

▲ 圖 4.16　rktlet 架構圖

該專案隨著 rocket 專案的停止而停止了，感興趣的讀者可以在 GitHub 上查詢相關資訊。

6．Frakti

Frakti 是一個基於 kubelet CRI 的執行時期，它提供了 hypervisor 等級的隔離性。

隨著 runV 和 Clear Containers 合而為 kata containers 專案，CRI 對接 kata containers 的流程已經整合在了 containerd-shim 生態中。當前 Frakti 已經歸檔，不推薦使用。

▋ 4.2　containerd 與 CRI Plugin

4.2.1　containerd 中的 CRI Plugin

CRI Plugin 是 Kubernetes 容器執行時期介面 CRI 的具體實現，在 containerd 1.0 版本之前是作為獨立的二級制形式存在的（GitHub 位址為 https://github.com/

containerd/cri，該倉庫已於 2022 年 3 月 9 日歸檔，當前為唯讀狀態）。如圖 4.17 所示，它透過 gRPC 請求分別與 kubelet 和 containerd 互動。

▲ 圖 4.17 cri-containerd + containerd

cri-containerd 在 containerd 1.1 版 本 中 合 入 了 containerd 主 幹 程 式（ 由 containerd/cri/pkg[1] 移入 containerd/containerd/pkg/cri[2]），內建在 containerd 中，作為 containerd 的原生外掛程式並預設開啟。CRI Plugin 合入 containerd 主線後，透過 kubelet 呼叫 containerd 的呼叫鏈如圖 4.18 所示。

▲ 圖 4.18 CRI Plugin 合併到 containerd

CRI Plugin 外 掛 程 式 實 現 了 kubelet CRI 中 的 ImageService 和 Runtime-Service，其架構如圖 4.19 所示。其中，ImageServer 和 RuntimeService 透過 containerd Client SDK 呼叫 containerd 介面來管理容器和鏡像；RuntimeService 透過 CNI 外掛程式給 pod 設定容器網路，go-cni 為 containerd 封裝的呼叫 CNI 外掛程式的 go 程式庫[3]。

---

[1] **https://github.com/containerd/cri**。

[2] **https://github.com/containerd/containerd/tree/master/pkg/cri**。

[3] 參考網址 **https://github.com/containerd/go-cni**。

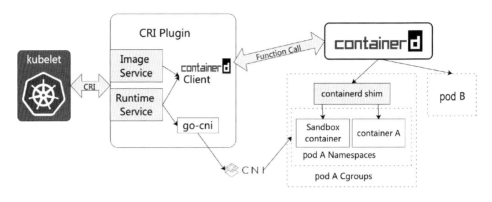

▲ 圖 4.19　CRI Plugin 架構圖

下面透過一個單容器的 pod 舉例說明 pod 啟動時 CRI Plugin 的工作流程。

（1）kubelet 透過 CRI 呼叫 CRI Plugin 中的 RunSandbox API，建立 pod 對應的 Sandbox 環境。

（2）建立 Pod Sandbox 時，CRI Plugin 會建立 pod 網路命名空間，然後透過 CNI 設定容器網路；之後會為 Sandbox 建立並啟動一個特殊的容器，即 Pause 容器，然後將該容器加入上述的網路命名空間中。

（3）建立完 Pod Sandbox 後，kubelet 呼叫 CRI Plugin 的 ImageService API 拉取容器鏡像，如果 node 上不存在該鏡像，則 CRI Plugin 會呼叫 containerd 的介面去拉取鏡像。

（4）kubelet 利用剛剛拉取的鏡像呼叫 CRI Plugin 的 RuntimeService API，在 Pod Sandbox 中建立並啟動容器。

（5）CRI Plugin 最終透過 containerd client sdk 呼叫 containerd 的介面建立容器，並在 pod 所在的 Cgroups 和 namespace 中啟動容器。

經過上述過程之後，pod 和 pod 內的容器就正常啟動了。

4.2.2 CRI Plugin 中的重要設定

CRI Plugin 作 為 containerd 中 的 外 掛 程 式，同 樣 是 透 過 containerd configuration 設 定 的。containerd configuration 路 徑 為 /etc/containerd/config. toml。

首先來看 CRI Plugin 的設定項。透過 containerd config default 可以查看 containerd 中預設的全部設定項，下面看其中 CRI Plugin 外掛程式的設定。

```
root@zjz:~# containerd config default
version = 2
... 省略其他設定 ...
  [plugins."io.containerd.grpc.v1.cri"]
    device_ownership_from_security_context = false
    disable_apparmor = false
    disable_cgroup = false
    disable_hugetlb_controller = true
    disable_proc_mount = false
    disable_tcp_service = true
    enable_selinux = false
    enable_tls_streaming = false
    enable_unprivileged_icmp = false
    enable_unprivileged_ports = false
    ignore_image_defined_volumes = false
    max_concurrent_downloads = 3
    max_container_log_line_size = 16384
    netns_mounts_under_state_dir = false
    restrict_oom_score_adj = false
    sandbox_image = "registry.k8s.io/pause:3.6"
    selinux_category_range = 1024
    stats_collect_period = 10
    stream_idle_timeout = "4h0m0s"
    stream_server_address = "127.0.0.1"
    stream_server_port = "0"
    systemd_cgroup = false
    tolerate_missing_hugetlb_controller = true
    unset_seccomp_profile = ""
```

```
[plugins."io.containerd.grpc.v1.cri".cni]
  bin_dir = "/opt/cni/bin"
  conf_dir = "/etc/cni/net.d"
  conf_template = ""
  ip_pref = ""
  max_conf_num = 1
[plugins."io.containerd.grpc.v1.cri".containerd]
  default_runtime_name = "runc"
  disable_snapshot_annotations = true
  discard_unpacked_layers = false
  ignore_rdt_not_enabled_errors = false
  no_pivot = false
  snapshotter = "overlayfs"
  [plugins."io.containerd.grpc.v1.cri".containerd.default_runtime]
    base_runtime_spec = ""
    cni_conf_dir = ""
    cni_max_conf_num = 0
    container_annotations = []
    pod_annotations = []
    privileged_without_host_devices = false
    runtime_engine = ""
    runtime_path = ""
    runtime_root = ""
    runtime_type = ""
    [plugins."io.containerd.grpc.v1.cri".containerd.default_runtime.
options]
    [plugins."io.containerd.grpc.v1.cri".containerd.runtimes]
    [plugins."io.containerd.grpc.v1.cri".containerd.runtimes.runc]
      base_runtime_spec = ""
      cni_conf_dir = ""
      cni_max_conf_num = 0
      container_annotations = []
      pod_annotations = []
      privileged_without_host_devices = false
      runtime_engine = ""
      runtime_path = ""
      runtime_root = ""
      runtime_type = "io.containerd.runc.v2"
```

```
        [plugins."io.containerd.grpc.v1.cri".containerd.runtimes.runc. options]
          BinaryName = ""
          CriuImagePath = ""
          CriuPath = ""
          CriuWorkPath = ""
          IoGid = 0
          IoUid = 0
          NoNewKeyring = false
          NoPivotRoot = false
          Root = ""
          ShimCgroup = ""
          SystemdCgroup = false
      [plugins."io.containerd.grpc.v1.cri".containerd.untrusted_
workload_runtime]
          base_runtime_spec = ""
          cni_conf_dir = ""
          cni_max_conf_num = 0
          container_annotations = []
          pod_annotations = []
          privileged_without_host_devices = false
          runtime_engine = ""
          runtime_path = ""
          runtime_root = ""
          runtime_type = ""
          [plugins."io.containerd.grpc.v1.cri".containerd.untrusted_
workload_runtime.options]
    [plugins."io.containerd.grpc.v1.cri".image_decryption]
      key_model = "node"
    [plugins."io.containerd.grpc.v1.cri".registry]
      config_path = ""
      [plugins."io.containerd.grpc.v1.cri".registry.auths]
      [plugins."io.containerd.grpc.v1.cri".registry.configs]
      [plugins."io.containerd.grpc.v1.cri".registry.headers]
      [plugins."io.containerd.grpc.v1.cri".registry.mirrors]
    [plugins."io.containerd.grpc.v1.cri".x509_key_pair_streaming]
      tls_cert_file = ""
      tls_key_file = ""
```

CRI Plugin 外掛程式的設定基本上是 containerd 中最複雜的設定了，可以看到 CRI Plugin 的全域設定項在 [plugins."io.containerd.grpc.v1.cri"] 中，按照功能模組分為以下幾個部分。

（1）CNI 容器網路設定，該設定在 [plugins."io.containerd.grpc.v1.cri".cni] 專案下，主要是 cni 外掛程式的路徑、conf 範本等。

（2）CRI 中 containerd 的設定，如各種 runtime 設定、預設的 runtime 設定、預設的 snapshotter 等，該設定在 [plugins."io.containerd.grpc.v1.cri".containerd] 項目下。

（3）CRI 中的鏡像和倉庫設定，該設定在 [plugins."io.containerd.grpc.v1.cri".image_ decryption] 和 [plugins."io.containerd.grpc.v1.cri".registry] 項目下。

注意：

CRI Plugin 的設定項僅作用於 CRI Plugin 外掛程式，對於透過其他方式的呼叫，如 ctr、nerdctl、Docker 等，均不起作用。

下面介紹 containerd 中的幾項重要設定：Cgroup Driver 設定、snapshotter 設定、RuntimeClass 設定、鏡像倉庫設定、鏡像解密設定以及 CNI 設定。

1 · Cgroup Driver 設定

儘管 containerd 和 Kubernetes 都預設適用 cgroupfs 來管理 cgroup，但是基於「一個系統採用一個 cgroup 管理器」的原則（2.2.3 節中「Kubernetes 為什麼使用 systemd 而非 cgroupfs」中講過），推薦在生產環境中將 cgroup 驅動設定為 systemd。

1）設定 containerd cgroup 驅動

containerd 中的設定以下（以 runc 場景為例）所示。

```
version = 2
[plugins."io.containerd.grpc.v1.cri".containerd.runtimes.runc.options]
  SystemdCgroup = true
```

2）設定 kubelet cgroup 驅動

除了 containerd，在 Kubernetes 環境中還需要為 kubelet 設定 Kubelet-
Configuration 來使用 systemd 驅動。KubeletConfiguration 設定選項的位置是 /
var/lib/kubelet/config.yaml，設定範例如下。

```
kind: KubeletConfiguration
apiVersion: kubelet.config.k8s.io/v1beta1
cgroupDriver: "systemd"
```

如果是使用 kubeadm 安裝的使用者，則需要設定 kubeadm 初始化時使用
systemd cgroup 驅動。

下面是一個最小化設定的範例（kubeadm-config.yaml），其中顯示了設定
的 cgroupDriver 欄位。

```
# kubeadm-config.yaml
kind: ClusterConfiguration
apiVersion: kubeadm.k8s.io/v1beta3
KubernetesVersion: v1.21.0
---
kind: KubeletConfiguration
apiVersion: kubelet.config.k8s.io/v1beta1
cgroupDriver: systemd
```

注意：

如果是 v1.22 之前的版本，需要手動指定 KubeletConfiguration 中設定的
cgroupDriver 欄位。v1.22 及之後的版本，如果使用者不設定 cgroupDriver 欄位，
kubeadm 會將它設定為預設值 systemd。

接下來就可以使用 kubeadm 命令初始化叢集了。

```
kubeadm init --config kubeadm-config.yaml
```

kubeadm 對叢集所有的節點使用相同的 KubeletConfiguration。Kubelet-
Configuration 存放於 kube-system 命名空間下的某個 ConfigMap 物件中。

執行 init、join 和 upgrade 等子命令會促使 kubeadm 將 KubeletConfiguration 寫入檔案 /var/lib/kubelet/config.yaml 中，繼而把它傳遞給本地節點的 kubelet（參 考 Kubernetes 官方文件 [1]）。

2．snapshotter 設定

snapshotter 是 containerd 中為容器準備 rootfs 的儲存外掛程式，在第 6 章會 重點介紹。containerd 中預設的 snapshotter 是 overlayfs（同 Docker 的 overlay2 儲存驅動）。overlayfs snapshotter 在 CRI Plugin 中的設定如下。

```
version = 2
[plugins."io.containerd.grpc.v1.cri".containerd]
  snapshotter = "overlayfs"
```

containerd 中 支 援 的 snapshotter 有 aufs、btrfs、devmapper、native、 overlayfs、zfs 幾種，而且支援自訂的 snapshotter。

3．RuntimeClass 設定

RuntimeClass 是 Kubernetes 中內建的一種資源，在 Kubernetes v1.14 中被 正式支援。

使用 RuntimeClass，可以為不同的 pod 選擇不同的容器執行時期，以提供 安全性與性能之間的平衡。舉例來說，可以為對安全性要求高的負載設定虛擬 化的容器執行時期，如 kata 或 Firecracker 等。

除了設定不同的容器執行時期，利用 RuntimeClass 還可以執行具有相同容 器執行時期但具有不同設定的 pod。

RuntimeClass 設定如下。

```
apiVersion: node.k8s.io/v1
kind: RuntimeClass
```

---

[1]　**https://Kubernetes.io/zh-cn/docs/tasks/administer-cluster/kubeadm/ configure-cgroup-driver/**。

```
metadata:
  name: myclass
handler: myhandler        # 對應的 CRI 設定的名稱
scheduling:               # 可選項目，Pod 排程屬性
  nodeSelector:
    runtime: kata
overhead:                 # 可選項目，容器執行時期的額外銷耗
  podFixed:
    memory: "500Mi"
    cpu: "500m"
```

下面對 RuntimeClass 設定說明。

（1）RuntimeClass 是一個全域資源，沒有 namespace 的概念，用來表示一個容器執行時期。

（2）handler：表示 CRI 設定中容器執行時期的 handler 名稱，最終由該 handler 來處理 pod。

（3）scheduling：排程屬性。使用者把 pod 排程到支援該 RuntimeClass 的節點上。pod 引用該 RuntimeClass 後，pod 中原有的 nodeSelector 會和該 nodeSelector 合併，除了 nodeSelector，scheduling 還支援 tolerations。tolerations 的處理方式與 nodeSelector 相同，也會與 pod 原有的 tolerations 做一次合併。

（4）overhead：主要是為虛擬化容器執行時期引入的，對於 kata、Firecracker 等基於硬體虛擬化的容器時而言，guest-kernel 執行時期附帶的一些元件（如 kata-agent）是佔用一些銷耗的，例如會超過 100MB，這些銷耗是無法忽略的。overhead 中的 podFixed 代表各種資源的佔用量，如 CPU、記憶體、其他資源等。podFixed 中的內容為鍵值對結構，其中鍵的內容是 ResourceName，值的內容是 Quantity。每一個 Quantity 代表的是一個資源的使用量。podFixed 中資源使用量同 pod request/limit 中的資源使用量相似。

containerd 中容器執行時期 handler 的設定如下，其中 ${HANDLER_NAME} 與 RuntimeClass 中的 handler 保持一致。

```
[plugins."io.containerd.grpc.v1.cri".containerd.runtimes.${HANDLER_NAME}]
```

如果沒有設定 RuntimeClass，containerd 中預設的容器執行時期 handler 是 runc，設定如下。

```
version = 2
[plugins."io.containerd.grpc.v1.cri".containerd]
  default_runtime_name = "runc"
```

下面介紹在 containerd 中如何設定自訂容器執行時期（如 crun、gvisor 和 kata），程式如下。

```
version = 2
[plugins."io.containerd.grpc.v1.cri".containerd]
  default_runtime_name = "crun"
  [plugins."io.containerd.grpc.v1.cri".containerd.runtimes]
    # crun: https://github.com/containers/crun
    [plugins."io.containerd.grpc.v1.cri".containerd.runtimes.crun]
      runtime_type = "io.containerd.runc.v2"
      [plugins."io.containerd.grpc.v1.cri".containerd.runtimes.crun.
options]
        BinaryName = "/usr/local/bin/crun"
    # gVisor: https://gvisor.dev/
    [plugins."io.containerd.grpc.v1.cri".containerd.runtimes.gvisor]
      runtime_type = "io.containerd.runsc.v1"
    # Kata Containers: https://katacontainers.io/
    [plugins."io.containerd.grpc.v1.cri".containerd.runtimes.kata]
      runtime_type = "io.containerd.kata.v2"
```

除了 containerd，還要為 Kubernetes 叢集設定並建立 RuntimeClass。

```
apiVersion: node.k8s.io/v1
kind: RuntimeClass
metadata:
  name: crun
handler: crun
---
apiVersion: node.k8s.io/v1
kind: RuntimeClass
metadata:
  name: gvisor
```

```
handler: gvisor
---
apiVersion: node.k8s.io/v1
kind: RuntimeClass
metadata:
  name: kata
handler: kata
```

pod 引用某容器執行時期，則透過 runtimeClassName 來指定。

```
apiVersion: v1
kind: Pod
spec:
  runtimeClassName: crun # 或 kata、gvisor
```

4·鏡像倉庫設定

在 containerd 1.5 之後，設定項中為 ctr 使用者端、containerd image 服務的使用者端以及 CRI 的使用者端（如 kubelet 或 crictl）增加了設定鏡像倉庫的能力。

在 containerd 中可以為每個鏡像倉庫指定一個 hosts.toml 設定檔來完成對鏡像倉庫的設定，如使用的憑證、mirror 鏡像倉庫等。

CRI Plugin 中透過 config_path 來指定 hosts.toml 檔案所在的資料夾，如下所示。

```
version = 2
[plugins."io.containerd.grpc.v1.cri".registry]
   config_path = "/etc/containerd/certs.d"
```

/etc/containerd/certs.d 目錄中的檔案以下（以 docker 的 config 為例）。

```
$ tree /etc/containerd/certs.d
/etc/containerd/certs.d
└── docker.io
    └── hosts.toml

$ cat /etc/containerd/certs.d/docker.io/hosts.toml
server = "https://docker.io"
```

```
[host."https://registry-1.docker.io"]
  capabilities = ["pull", "resolve"]
```

為 docker 設定代理位址，則 host.toml 內容如下。

```
$ tree /etc/containerd/certs.d
/etc/containerd/certs.d
 └── docker.io
       └── hosts.toml
$ cat /etc/containerd/certs.d/docker.io/hosts.toml
server = "https://registry-1.docker.io"          # 對位址 registry-1.docker.io
進行鏡像代理
[host."https://public-mirror.example.com"]
  capabilities = ["pull"]
[host."https://docker-mirror.internal"]
  capabilities = ["pull", "resolve"]
  ca = "docker-mirror.crt"                        # 或使用 /etc/containerd/certs.
d/docker.io/docker-mirror.crt
```

為 containerd 的所有鏡像倉庫設定代理位址，則設定如下。

```
$ tree /etc/containerd/certs.d
/etc/containerd/certs.d
 └── _default
       └── hosts.toml
$ cat /etc/containerd/certs.d/_default/hosts.toml
server = "https://registry.example.com"
[host."https://registry.example.com"]
  capabilities = ["pull", "resolve"]
```

將鏡像位址代理至本地倉庫，如 192.168.31.250:5000，則設定如下。

```
$ tree /etc/containerd/certs.d
/etc/containerd/certs.d
 └── docker.io
       └── hosts.toml

$ cat /etc/containerd/certs.d/docker.io/hosts.toml
server = "https://registry-1.docker.io"
```

```
[host."http://192.168.31.250:5000"]
  capabilities = ["pull", "resolve", "push"]
  ca = ["/etc/certs/test-1-ca.pem", "/etc/certs/special.pem"]
  client = [["/etc/certs/client.cert", "/etc/certs/client.key"], ["/etc/
certs/client.pem", ""]]
```

如果是忽略憑證驗證，則上述 host.toml 設定如下。

```
server = "https://registry-1.docker.io"
[host."http://192.168.31.250:5000"]
  capabilities = ["pull", "resolve", "push"]
  skip_verify = true
```

5・鏡像解密設定

OCI 鏡像規範中，一個鏡像是由多層鏡像層組成的，鏡像層可以透過加密機制來加密機密資料或程式，以防止未經授權的存取。鏡像加密原理如圖 4.20 所示。

OCI 鏡像加密主要是在原來的 OCI 鏡像規範基礎上，增加了一種新的 mediaType，表示資料檔案被加密；同時在 annotation 中增加具體加密相關資訊。鏡像層加密前的原始資料如下。

```
"layers":[
  {
    "mediaType":"application/vnd.oci.image.layer.v1.tar+gzip",
    "digest":"sha256:7c9d20b9b6cda1c58bc4f9d6c401386786f584437abbe87e589
10f8a9a15386b",
    "size":760770
  }
]
```

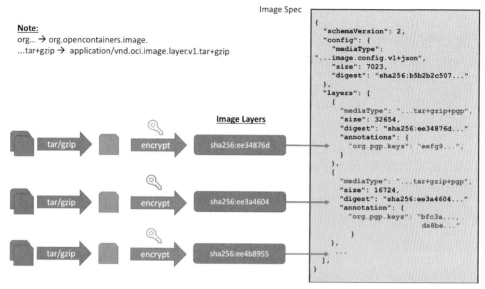

▲ 圖 4.20 鏡像加密原理

加密之後的資料如下。

```
"layers":[
  {
    "mediaType":"application/vnd.oci.image.layer.v1.tar+gzip+encrypted",
    "digest":"sha256:c72c69b36a886c268e0d7382a7c6d885271b6f0030ff022fda
2b6346b2b274ba",
    "size":760770,
    "annotations": {
      "org.opencontainers.image.enc.keys.jwe":"eyJwcm90ZWN0Z...",
      "org.opencontainers.image.enc.pubopts":"eyJjaXBoZXIiOi..."
    }
  }
]
```

在啟動容器時，containerd 透過解密資訊來解密這些加密鏡像。解密資訊包括金鑰、選項和加密中繼資料。這些資訊設定在 CRI Plugin 的 image_decryption 設定項中。此外，還需要設定正確的金鑰模型並確保已正確設定 stream processors 和 containerd imgcrypt 解碼器。

接下來主要介紹如何在 containerd 的 CRI Plugin 中設定鏡像解密。在介紹 CRI Plugin 中的鏡像解密前，先介紹 k8s 中的鏡像加 / 解密和 containerd 中的 stream_processor。

1）k8s 生態的鏡像加 / 解密

Kubernetes 社區支援以下兩種鏡像解密模式。

（1）Node Key Model：將金鑰放在 Kubernetes 工作節點上，以節點為粒度實現解密，如圖 4.21 所示。

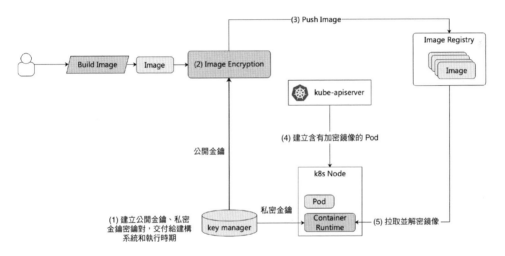

▲ 圖 4.21 鏡像解密模式：Node Key Model

（2）Multi-tenancy Key Model：多租戶模式，以叢集粒度實現解密（當前社區還未實現）。

containerd 中當前支援的是 Node Key Model，這種模式下 containerd 會在可信的節點上拉取鏡像並利用私密金鑰解密鏡像。具體設定如下。

在 containerd 中設定 CRI Plugin 的 image_decryption 選項。

```
version = 2
[plugins."io.containerd.grpc.v1.cri".image_decryption]
  key_model = "node"
```

在 containerd 1.4 及以後的版本中，key_model = "node" 是預設的設定，在之前的版本中，則需要手動設定上述資訊並重新啟動 containerd。除此之外，還需要設定 stream_processors 選項。

2）containerd 中的 stream_processor

stream_processor 是 containerd 中的一種基於內容串流的二進位 API。

傳入的內容流透過 STDIN 傳遞給對應的二進位檔案，經二進位處理後輸出 STDOUT 到 stream_processor，如圖 4.22 所示。

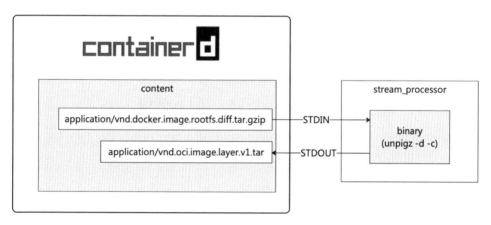

▲ 圖 4.22　stream_processor 處理流程

stream_processor 是對二進位的呼叫，相當於針對每層鏡像都進行了 unpiz 操作，等價於：

```
<tar image layer>=`unpiz -d -c <tar.gzip image layer>`
```

其中：

- <tar.gzip image layer> 為輸入的 targzip 格式的鏡像層。
- <tar image layer> 為執行 unpiz -d -c 之後的 stdout 輸出，即解壓的結果。

該範例的 stream_processors 設定如下。

```
version = 2
[stream_processors]
  [stream_processors."io.containerd.processor.v1.pigz"]
      accepts = ["application/vnd.docker.image.rootfs.diff.tar.gzip"]
      returns = "application/vnd.oci.image.layer.v1.tar"
      path = "unpigz"
      args = ["-d", "-c"]
```

stream_processors 中支援的設定有：

- ID： 即 範 例 中 的 "io.containerd.processor.v1.pigz"， 透 過 stream_pro-cessors.<Process ID> 來指定某個 processor 的設定。

- accepts：該 processor 能處理的格式。

- returns：該 processor 處理之後的格式。

- path：該 processor 對應的可執行二進位檔案的路徑。

- args：該 processor 處理時所需的參數。path 和 args 組成該 processor 的處理步驟，例如上述範例是 unpigz -d -c。

此外，processor 還支援 env 設定，格式為 ["key1=value1","key2=value2"]。

containerd 中的鏡像解密利用了 stream_processor 機制，containerd/imgcrypt（https:// github.com/containerd/imgcrypt）中的二進位 ctd-decoder 對每層鏡像進行解密。具體設定如下。

```
version = 2
[plugins."io.containerd.grpc.v1.cri".image_decryption]
  key_model = "node"
[stream_processors]
  [stream_processors."io.containerd.ocicrypt.decoder.v1.tar.gzip"]
    accepts = ["application/vnd.oci.image.layer.v1.tar+gzip+encrypted"]
    returns = "application/vnd.oci.image.layer.v1.tar+gzip"
    path = "ctd-decoder"
    args = ["--decryption-keys-path", "/etc/containerd/ocicrypt/keys"]
    env= ["OCICRYPT_KEYPROVIDER_CONFIG=/etc/containerd/ocicrypt/ocicrypt_
keyprovider.conf"]
```

```
[stream_processors."io.containerd.ocicrypt.decoder.v1.tar"]
  accepts = ["application/vnd.oci.image.layer.v1.tar+encrypted"]
  returns = "application/vnd.oci.image.layer.v1.tar"
  path = "ctd-decoder"
  args = ["--decryption-keys-path", "/etc/containerd/ocicrypt/keys"]
  env= ["OCICRYPT_KEYPROVIDER_CONFIG=/etc/containerd/ocicrypt/ocicrypt_
keyprovider.conf"]
```

上述設定中，利用二進位 ctd-decoder 透過參數 --decryption-keys-path 指定
鏡像解密私密金鑰，分別對 tar 格式和 tar.gzip 格式進行解密。

6．CNI 設定

containerd 中透過設定項 [plugins."io.containerd.grpc.v1.cri".cni] 對 CNI 進
行設定。CNI 設定中支援的設定項有：

- bin_dir：指定 CNI 外掛程式二進位所在的目錄，如 flannel、ipvlan、
  macvlan、host-local 這些 CNI 常用的二進位。

- conf_dir：CNI conf 檔案所在的目錄，預設為「/etc/cni/net.d」。

- max_conf_num：指定要從 CNI 設定目錄載入的 CNI 外掛程式設定檔的
  最大數量。預設情況下，只會載入 1 個 CNI 外掛程式設定檔。如果設定
  為 0，則會從 conf_dir 中載入所有 CNI 外掛程式設定檔。

- ip_pref：指定選擇 pod 主 IP 位址時使用的策略。當前有 3 種策略。

  ＊IPv4：選擇第一個 IPv4 位址，該策略是預設策略。

  ＊IPv6：選擇第一個 IPv6 位址。

  ＊cni：使用 CNI 外掛程式傳回的順序，傳回結果中的第一個 IP 位址。

- conf_template：該設定主要是為 kubenet 使用者（尚未在生產中使用 CNI
  daemonset 的使用者）提供一種臨時向後相容解決方案。conf_template
  是用於生成 CNI 設定的 golang template 的檔案路徑。containerd 將根據
  該範本生成一個 CNI 設定檔。當 kubenet 被棄用時，該選項將被棄用。

conf_template 範本檔案中支援的值有：

- .PodCIDR：分配給 Node 的第一個 CIDR。

- .PodCIDRRanges：分配給 Node 的 CIDR 列表，通常用於 IPv4 和 IPv6 雙堆疊的支援。

- .Routes：所有的路由，格式為字串陣列，可以支援雙堆疊（IPv4+IPv6）或單堆疊，單堆疊是 IPv4 還是 IPv6 則是由執行時期決定的。

舉例來說，可以使用下面的範本在 CNI 設定中為雙堆疊增加 CIDR 和路由設定。

```
"ipam": {
  "type": "host-local",
  "ranges": [{{range $i, $range := .PodCIDRRanges}}{{if $i}}, {{end}}
[{"subnet": "{{$range}}"}]{{end}}],
  "routes": [{{range $i, $route := .Routes}}{{if $i}}, {{end}}{"dst":
"{{$route}}"}{{end}}]
}
```

4.2.3 CRI Plugin 中的設定項全解

上一節重點說明了 CRI Plugin 中 Cgroup Driver、snapshotter、RuntimeClass 以及鏡像倉庫等的設定。除此之外，CRI Plugin 支援多項設定，可以透過 containerd config default 命令查看 containerd 預設的設定。

接下來對 containerd 中 CRI Plugin 的設定做一個詳細的說明（注意，本文 containerd 的版本為 1.6.10）。

```
# 推薦使用版本 version 2，相比於 version 1，version 2 支援更多的設定項
# 注意，version 2 採用的外掛程式名稱與 version 1 中略有不同，version 2 採用更長的表述。
# 舉例來說，使用 "io.containerd.grpc.v1.cri" 而非 "cri"
version = 2

# 外掛程式 'plugins."io.containerd.grpc.v1.cri"' 設定項包含了所有 CRI Server 端的設定
[plugins."io.containerd.grpc.v1.cri"]
```

```
# 是否禁用 TCP Server，如果在 [grpc] 部分設定了 TCPAddress，
# 那麼 TCP Server 將自動啟用，預設情況下是禁用的
disable_tcp_service = true

# streaming server 監聽的 IP 位址
stream_server_address = "127.0.0.1"

# streaming server 監聽的通訊埠，預設的是 0，即由作業系統動態指定可用的通訊埠
stream_server_port = "0"

# stream_idle_timeout 表示的是 streaming connnection 在關閉前允許的
# 最長的閒置時間，時間格式是 golang 支援的 duration 格式，
# 參考 https://golang.org/pkg/time/#ParseDuration
stream_idle_timeout = "4h"

# enable_selinux 表示啟用 selinux
enable_selinux = false

# category 的最大範圍，表示被許可存取的最大範圍，如果不設定或設為 0，則
# 會採用預設最大範圍 1024，感興趣的讀者可以深入閱讀 selinux 中
# Multi-Category Security 技術
selinux_category_range = 1024

# sandbox_image 是 sandbox container 所用的鏡像，
# "registry.aliyuncs.com/google_containers/pause:3.7"
sandbox_image = "k8s.gcr.io/pause:3.7"

# stats_collect_period 表示的是 snapshot 狀態擷取的週期，單位是 s
# 預設是 10s
stats_collect_period = 10

# stats_collect_period 表示是否啟用 streaming server 的 tls 支援
# containerd 會生成自簽證的憑證，除非在下面的 "x509_key_pair_streaming" 中
# 設定了 cert 和 key
enable_tls_streaming = false

# 若將 tolerate_missing_hugetlb_controller 設定為 false，建立和更新附帶
# 有 hugepage limit 的 container 時，如果 hugepage cgroup controller
```

```
# 存在則會顯示出錯，該設定預設是 true。該選項可以極佳地支援低於 1.18 版本的
# Kubernetes
tolerate_missing_hugetlb_controller = true


# ignore_image_defined_volumes 設定決定是否忽略鏡像中定義的臨時卷冊（volume）
# 在使用 ReadOnlyRootFilesystem 時，對於實現更好的資源隔離、安全性和早期檢測掛
# 載設定中的問題會很有用，因為容器不會靜默掛載臨時卷冊
ignore_image_defined_volumes = false


# netns_mounts_under_state_dir 將網路名稱空間的掛載放在 StateDir/netns 下，
# 而非放置在 Linux 預設的目錄 /var/run/netns 下。如果更改此設定需要刪除所有容器
netns_mounts_under_state_dir = false


# 該設定會設定合法的 x509 金鑰對來啟用 streaming server 的 tls 傳輸
[plugins."io.containerd.grpc.v1.cri".x509_key_pair_streaming]

   # tls_cert_file 表示的是 tls cert 憑證所在檔案路徑
tls_cert_file = ""

   # tls_key_file 表示的是 tls key 憑證所在檔案路徑
tls_key_file = ""

 # max_container_log_line_size 是容器的最大日誌行大小（以位元組為單位）
 # 超過限制的日誌行將被分成多行。-1 表示沒有限制
 max_container_log_line_size = 16384


# disable_cgroup 表示禁用 cgroup 支援。這在守護處理程序無權存取 cgroup 時很有用
disable_cgroup = false


# disable_apparmor 表示禁用 apparmor 的支援，當守護處理程序無權存取 apparmor 時
# 很有用
disable_apparmor = false


# resrict_oom_score_adj 表示在建立容器時將 OOMScoreAdj 的下界限制為
# containerd 當前的 OOMScoreAdj。這在 containerd 沒有降低 OOMScoreAdj
# 的許可權時很有用
restrict_oom_score_adj = false
```

```
# max_concurrent_downloads 限制每個鏡像的併發下載數
max_concurrent_downloads = 3


# disable_proc_mount 禁用 Kubernetes 中的 ProcMount 支援。當 containerd
# 與 Kubernetes 1.11 之前的版本一起使用時,必須將其設定為 true
disable_proc_mount = false


# unset_seccomp_profile 是指在 CRI 請求中沒有設定 seccomp 設定檔時,CRI Plugin
# 所採用的設定

unset_seccomp_profile = ""


# enable_unprivileged_ports 會為所有未使用主機網路且未被 PodSandboxConfig
# 覆蓋的容器設定 net.ipv4.ip_unprivileged_port_start=0
# 注意,當前預設設定為已禁用,希望將來可以設定這個參數,請參閱相關
# issue(https://github.com/Kubernetes/Kubernetes/issues/102612)
enable_unprivileged_ports = false


# enable_unprivileged_icmp 會為所有未使用主機網路且未被 PodSandboxConfig
# 覆蓋的容器設定 net.ipv4.ping_group_range="0 2147483647"
# 注意,當前預設設定為已禁用,不過目標同 enable_unprivileged_ports 一樣,
# 希望將來可以設定該參數
enable_unprivileged_icmp = false


# enable_cdi 可以啟用對容器裝置介面(CDI)的支援
# 關於 CDI 以及 CDI 規範檔案語法的更多詳細資訊,請參考
# https://github.com/container-orchestrated-devices/container-device-interface
enable_cdi = false


# cdi_spec_dirs 是用於掃描 CDI 規範檔案的目錄清單
cdi_spec_dirs = ["/etc/cdi", "/var/run/cdi"]


# 'plugins."io.containerd.grpc.v1.cri".containerd' 包含 containerd
# 相關的設定
[plugins."io.containerd.grpc.v1.cri".containerd]

  # snapshotter 是 containerd 用於所有執行時期的預設 snapshotter,
  # 如果在執行時期設定中也設定了 snapshotter,則會覆蓋該預設設定
```

```
snapshotter = "overlayfs"

    # no_pivot 禁用 pivot-root（僅限 Linux），當使用 runc 在 RamDisk 中執行
    # 容器時需要。該設定僅適用於執行時期類型 io.containerd.runtime.v1.linux
no_pivot = false

    # disable_snapshot_annotations 會禁用向 snapshotters 傳遞額外的
    # annotation（與鏡像相關的資訊）。這些註釋是 stargz snapshotter
    # （https://github.com/containerd/stargz-snapshotter）所需的
disable_snapshot_annotations = true

    # discard_unpacked_layers 允許 GC 在將這些層成功解壓縮到 snapshotter 後，
    # 從內容儲存中刪除這些層
discard_unpacked_layers = false

    # containerd 預設的執行時期是 runc
default_runtime_name = "runc"

    # ignore_blockio_not_enabled_errors 在未啟用 blockio 支援時禁用與
    # blockio 相關的 error。預設情況下，如果未啟用 blockio，則嘗試透過註釋
    # 設定容器的 blockio 類別會產生錯誤。此設定選項實際上啟用了 blockio 的
    # 「軟」模式，在這種模式下，這些錯誤將被忽略，並且容器不會獲得 blockio 類別
ignore_blockio_not_enabled_errors = false

    # ignore_rdt_not_enabled_errors 在未啟用 RDT 支援時禁用與 RDT 相關的錯誤
    # 英特爾 RDT 是一種快取和記憶體頻寬管理技術。預設情況下，如果未啟用 RDT，則嘗試
    # 透過註釋設定容器的 RDT 類別會產生錯誤。此設定選項實際上啟用了 RDT 的「軟」模式，
    # 在這種模式下，這些錯誤將被忽略，並且容器不會獲得 RDT 類別
ignore_rdt_not_enabled_errors = false

    # 在 containerd 中使用的預設執行時期
    # 已棄用：請改用 default_runtime_name 和
    # plugins."io.containerd.grpc.v1.cri".containerd.runtimes
[plugins."io.containerd.grpc.v1.cri".containerd.default_runtime]

    # 該設定是用於執行不受信任工作負載的執行時期
    # 已棄用：請改用 plugins."io.containerd.grpc.v1.cri".containerd.runtimes
    # 中的 untrusted 執行時期
```

```
[plugins."io.containerd.grpc.v1.cri".containerd.untrusted_workload_runtime]

    # [plugins."io.containerd.grpc.v1.cri".containerd.runtimes.${HANDLER_NAME}]
    # 該選項設定的是執行時期 ${HANDLER_NAME} 的參數
    # 此處設定的是 runc
[plugins."io.containerd.grpc.v1.cri".containerd.runtimes.runc]

    # runtime_type 是在 containerd 中使用的執行時期類型
    # 自 containerd 1.4 起，預設值為 "io.containerd.runc.v2"
    # 在 containerd 1.3 中，預設值為 "io.containerd.runc.v1"
    # 在之前的版本中，預設值為 "io.containerd.runtime.v1.linux"
    runtime_type = "io.containerd.runc.v2"

    # runtime_path 是一個可選欄位，可用於覆蓋指向 shim 執行時期二進位檔案的路徑
    # 當指定時，containerd 在解析 shim 二進位路徑時將忽略
    # ${HANDLER_NAME}（即 runc）欄位
    # 該欄位必須是一個絕對路徑
    runtime_path = ""

    # runtime_engine 是 containerd 使用的執行時期引擎名稱
    # 這僅適用於執行時期類型 "io.containerd.runtime.v1.linux"
    # 該欄位已棄用：請改用 Options。在 shim v1 被棄用時刪除
    runtime_engine = ""

    # runtime_root 是 containerd 用於執行時期狀態的目錄
    # 該欄位已棄用：請改用 Options。在 shim v1 被棄用時刪除
    # 這僅適用於執行時期類型 "io.containerd.runtime.v1.linux"
    runtime_root = ""

    # pod_annotations 是傳遞給 pod sandbox 以及容器 OCI annotation
    # 的 pod annotation 列表。pod_annotations 還支援 golang 路徑匹配模式
    # - https://golang.org/pkg/path/#Match。例如 ["runc.com."]，
    # [".runc.com"]，["runc.com/*"]。
    # 關於註釋鍵的命名約定，請參考：
    # * Kubernetes：https://Kubernetes.io/docs/concepts/overview/working-
with-objects/annotations/#syntax-and-character-set
    #  * OCI：https://github.com/opencontainers/image-spec/blob/master/
annotations.md
```

```
    pod_annotations = []

    # container_annotations is a list of container annotations passed
through to the OCI config of the containers.
    # Container annotations in CRI are usually generated by other Kubernetes
node components (i.e., not users).
    # Currently, only device plugins populate the annotations.
    # container_annotations 是傳遞給容器 OCI 設定的容器註釋清單
    # CRI 中的容器註釋通常由其他 Kubernetes 節點元件（即非使用者）生成
    # 目前，只有 k8s 的裝置外掛程式（device plugins）會填充該註釋
    container_annotations = []

    # privileged_without_host_devices 允許覆蓋將主機裝置傳遞給特權容器的
    # 預設行為。當使用執行時期時，如果特權容器不需要主機裝置，將會非常有用
    # 預設為 false，即將主機裝置傳遞特權容器
    privileged_without_host_devices = false

    # 當啟用 privileged_without_host_devices 時，
    # privileged_without_host_devices_all_devices_allowed 允許將所有裝置
    # 列入允許列表。在普通的特權模式下，所有主機裝置節點都被增加到容器的規格中，
    # 所有裝置都被放入容器的裝置允許列表中。此標識用於修改
    # privileged_without_host_devices 選項，以便即使沒有將主機裝置隱式增加到
    # 容器中，仍然啟用所有裝置的允許列表。需要啟用
    # privileged_without_host_devices。預設值為 false
    privileged_without_host_devices_all_devices_allowed = false

    # base_runtime_spec 是一個指向 JSON 檔案的檔案路徑，該檔案包含將作為
    # 所有容器建立基礎的 OCI 規範。使用 containerd 的
    # ctr oci spec > /etc/containerd/cri-base.json 來輸出初始規範檔案。
    # 規範檔案在啟動時載入，因此在修改預設規範時必須重新開機 containerd 守護處理程序。
    # 修改預設規範後僅作用於新建立的容器，仍在執行的容器和重新啟動的容器仍將繼續使用建立
    # 該容器執行時期的原始規範
    base_runtime_spec = ""

    # conf_dir 是管理員放置 CNI 設定的目錄
    # 當使用不同的執行時期時，可以為容器網路設定不同的 CNI 設定
    # 預設的目錄是 "/etc/cni/net.d"
    cni_conf_dir = "/etc/cni/net.d"
```

```
# cni_max_conf_num 指定要從 CNI 設定目錄載入的 CNI 外掛程式設定檔的最大數量。
# 預設情況下，只會載入 1 個 CNI 外掛程式設定檔。如果想要載入多個 CNI 外掛程式
# 設定檔，請將 max_conf_num 設定為所需的數量。將 cni_max_config_num
# 設定為 0 表示不希望設定限制，將導致從 CNI 設定目錄載入所有 CNI 外掛程式設定檔
cni_max_conf_num = 1

# 此處的 snapshotter 若不為空，則會覆蓋 containerd 的全域預設
# snapshotter 設定，該設定僅作用於當前執行時期
snapshotter = ""

# 'plugins."io.containerd.grpc.v1.cri".containerd.runtimes.runc.options'
# 是針對 "io.containerd.runc.v1" 和 "io.containerd.runc.v2" 的設定選項
# 其對應的選項類型為：
# https://github.com/containerd/containerd/blob/v1.3.2/runtime/v2/
runc/options/oci.pb.go#L26
[plugins."io.containerd.grpc.v1.cri".containerd.runtimes.runc.
options]
    # NoPivotRoot 在建立容器時禁用 pivot root
    NoPivotRoot = false

    # NoNewKeyring 將禁止為新建立的容器生成新的 keyring，如果為 false，
    # 則為每個容器生成一個新的 keyring
    # keyring 是 Linux 支援的金鑰保留服務，具體參考核心 doc 文件
    # https://man7.org/linux/man-pages/man7/keyrings.7.html
    NoNewKeyring = false

    # ShimCgroup 表示把 shim 放在哪個 cgroup 下，如果是 cgroup v1，
    # 則 cgroup 路徑為 "/sys/fs/cgroup/<subsystem>/<Shimgroup>"；
    # 如果是 cgroup v2，則 cgroup 路徑為 "/sys/fs/cgroup/<Shimgroup>"
    ShimCgroup = ""

    # IoUid 表示的是容器 IO 管道的 uid，即容器處理程序 stderr、stdout 對應的 uid
    IoUid = 0

    # IoGid 表示的是容器 IO 管道的 uid，即容器處理程序 stderr、stdout 對應的 gid
    IoGid = 0
```

```
        # BinaryName 執行時期可執行二進位的名稱，如 runc，確保該二進位在 PATH 中，
        # 如果不在 PATH 中，則使用絕對路徑
        BinaryName = ""

        # Root 是 runc 的 root 目錄，若為空則預設值為
        # <containerd state path>/runc/k8s.io
        Root = ""

        # CriuPath 是用於對容器進行狀態備份（checkpoint）和恢復的 criu 二進位檔案的路徑
        CriuPath = ""

        # SystemdCgroup 將啟用 systemd 來管理 cgroup，鑑於一個系統一個
        # cgroup 管理器的原則，推薦使用 systemd 來管理 cgroup。預設是 false，
        # 即預設透過 cgroupfs 來管理 cgroup
        SystemdCgroup = false

        # CriuImagePath 是儲存 criu 鏡像檔案的路徑
        CriuImagePath = ""

        # CriuWorkPath 是 criu 臨時工作檔案和記錄檔的路徑
        CriuWorkPath = ""

  # 'plugins."io.containerd.grpc.v1.cri".cni' 設定的是 CNI 相關的設定
  [plugins."io.containerd.grpc.v1.cri".cni]
    # bin_dir 是存放 cni 外掛程式的目錄
bin_dir = "/opt/cni/bin"

    # conf_dir 是管理員放置 CNI 設定的目錄
conf_dir = "/etc/cni/net.d"

    # max_conf_num 指定要從 CNI 設定目錄載入的 CNI 外掛程式設定檔的最大數量。
    # 預設情況下，只會載入 1 個 CNI 外掛程式設定檔。如果想要載入多個 CNI 外掛程式設定檔，
    # 請將 max_conf_num 設定為所需的數量。將 max_config_num 設定為 0 表示不希望
    # 設定限制，將導致從 CNI 設定目錄載入所有 CNI 外掛程式設定檔 max_conf_num = 1

    # conf_template 是用於生成 CNI 設定的 golang 範本的檔案路徑。
    # 如果設定了此項，containerd 將根據範本生成一個 CNI 設定檔。不然
    # containerd 將等待系統管理員或 CNI 守護程式將設定檔放入 conf_dir。
```

```
    # 這是為尚未在生產中使用 CNI daemonset 的 kubenet 使用者提供的一種臨時向後相容解決方案
    # 當 kubenet 被棄用時，將會被棄用。
    # 詳情可以參考 4.2.2 節中的 CNI 設定
conf_template = ""

    # ip_pref 指定選擇 pod 主 IP 位址時使用的策略。
    # 可選項包括：
    # * ipv4, "" -（預設）選擇第一個 ipv4 位址
    # * ipv6 - 選擇第一個 ipv6 位址
    # * cni - 使用 CNI 外掛程式傳回的順序，傳回結果中的第一個 IP 位址
ip_pref = "ipv4"

  # 'plugins."io.containerd.grpc.v1.cri".image_decryption' 包含與處理
  # 加密容器鏡像解密相關的設定。詳情可以參考 4.2.2 節中的鏡像解密設定
  [plugins."io.containerd.grpc.v1.cri".image_decryption]
    # key_model 定義了用於 CRI Plugin 獲取金鑰模型的名稱，該金鑰是用於
    # 解密加容器鏡像的
    # 可用字串選項集：{"", "node"}
    # 省略此欄位預設為空字串 ""，表示沒有金鑰模型，禁用鏡像解密。
    # 為了使用解密功能，還需要進行其他設定。
    # 可以參考 4.2.2 節中的鏡像解密設定部分了解如何使用適當的
    # 金鑰模型設定串流處理器和 containerd imgcrypt 解碼器的資訊
key_model = "node"

  # 'plugins."io.containerd.grpc.v1.cri".registry' 主要是設定鏡像倉庫
  # 詳情可以參考 4.2.2 節中的鏡像倉庫設定部分
  [plugins."io.containerd.grpc.v1.cri".registry]
    # config_path 指定 hosts.toml 檔案所在的資料夾。
    # 如果存在，CRI Plugin 將根據 config_path 目錄中的 hosts.toml 進行設定。
    # 如果未提供 config_path，則使用預設值 /etc/containerd/certs.d。
    # 注意 containerd 1.4 中的 registry.configs 和 registry.mirrors 現在已被棄用，
    # 只有在未指定 config_path 時才會使用這兩個選項
    config_path = ""
```

▎ 4.3　crictl 的使用

　　第 3 章中介紹了 containerd 的兩種 CLI 工具：ctr 和 nerdctl，本節介紹 CRI 的 CLI 工具—crictl。

4.3.1 crictl 概述

crictl 是 Kubernetes 社區提供的相容 CRI 的命令列工具，可以用它來檢查和偵錯 Kubernetes 節點上的容器執行時期和應用狀態。

crictl 同 kubelet 存取路徑一樣，透過 CRI API 可以直接存取 containerd 中的 CRI Plugin，如圖 4.23 所示。

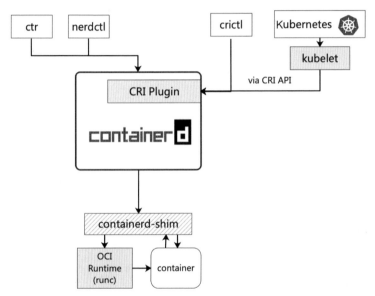

▲ 圖 4.23 crictl 透過 CRI API 存取 CRI Plugin

4.3.2 crictl 的安裝和設定

下面介紹 crictl 的安裝和設定。

1．下載和安裝 crictl

筆者的測試環境為 Linux-AMD64，如有需要，讀者可以在發行版本介面（https://github. com/Kubernetes-sigs/cri-tools/releases）下載其他平臺（如 Windows、macOS 等）的安裝套件。

安裝指令稿執行以下命令。

```
VERSION="v1.26.0" # 可以在發行版本介面選擇合適的版本進行替換
wget https://github.com/Kubernetes-sigs/cri-tools/releases/download/
$VERSION/crictl-$VERSION-linux-amd64.tar.gz
sudo tar zxvf crictl-$VERSION-linux-amd64.tar.gz -C /usr/local/bin
rm -f crictl-$VERSION-linux-amd64.tar.gz
```

2 · 設定 crictl

1）crictl 連接 containerd

預設情況下（沒有設定 crictl 設定檔），crictl 在 Linux 節點下會透過以下幾種 sock 連接執行時期的 endpoint。

- docker：" unix:///var/run/dockershim.sock"。

- containerd：" unix:///run/containerd/containerd.sock"。

- crio：" unix:///run/crio/crio.sock"。

- cri-containerd：" unix:///var/run/cri-dockerd.sock"。

注意：

如果是 Windows 節點，則會預設連接到 containerd。

- npipe:////./pipe/dockershim。

- npipe:////./pipe/containerd-containerd。

- npipe:////./pipe/cri-dockerd。

如果要自訂設定 crictl 的連接資訊，則有以下 3 種形式。

（1）透過 crictl --runtime-endpoint 和 --runtime-image-endpoint 來設定。

（2）透過設定環境變數 CONTAINER_RUNTIME_ENDPOINT 和 IMAGE_ SERVICE_ ENDPOINT 來設定。

（3）透過指定 crictl --config=/etc/crictl.yaml 來設定設定檔，如果不指定 --config，crictl 會預設查詢 /etc/crictl.yaml 和環境變數 CRI_CONFIG_FILE 中設定的 config 檔案。

2）crictl config 設定

crictl 支援的設定資訊可以透過 crictl config 來查看。

```
root@zjz:~# crictl config
NAME:
   crictl config - Get and set crictl client configuration options

USAGE:
   crictl config [command options] [<crictl options>]

EXAMPLE:
   crictl config --set debug=true

CRICTL OPTIONS:
   runtime-endpoint:      Container runtime endpoint
   image-endpoint:        Image endpoint
   timeout:               Timeout of connecting to server (default: 2s)
   debug:                 Enable debug output (default: false)
   pull-image-on-create:  Enable pulling image on create requests (default:
false)
   disable-pull-on-run:  Disable pulling image on run requests (default:
false)

OPTIONS:
   --get value   show the option value
   --set value   set option (can specify multiple or separate values with
commas: opt1=val1,opt2=val2)  (accepts multiple inputs)
   --help, -h    show help (default: false)
```

下面是一個 criclt 設定資訊的範例，路徑為 /etc/crictl.yaml。

```
$ cat /etc/crictl.yaml
runtime-endpoint: unix:///run/containerd/containerd.sock
image-endpoint: unix:///run/containerd/containerd.sock
timeout: 2
debug: false
pull-image-on-create: false
disable-pull-on-run: false
```

當前支援以下設定項。

- runtime-endpoint：RuntimeService 所對應的 endpoint。

- image-endpoint：ImageService 所對應的 endpoint，如果為空，採用與 runtime- endpoint 相同的值。

- timeout：crictl 連接 containerd CRI Plugin 時的逾時時間，預設是 2s。

- debug：是否列印 debug 日誌，預設為 false。

- pull-image-on-create：是否在建立容器時就拉取鏡像，預設是 false。該 選項可以設定為在建立容器時就可以拉取鏡像，從而可以更快地啟動容 器。

- disable-pull-on-run：是否在執行容器時禁止拉取鏡像，預設是 false。

注意：

除了手動建立 /etc/crictl.yaml 檔案，還可以透過 crictl config --set<key> =<value> 自動生成 /etc/crictl.yaml 檔案，其中，<key> 為設定項名稱，<value> 為設定項的內容。例如：

```
root@zjz:~# crictl config --set debug=true
root@zjz:~# cat /etc/crictl.yaml
runtime-endpoint: ""
image-endpoint: ""
timeout: 0
debug: true
pull-image-on-create: false
disable-pull-on-run: false
```

4.3.3　crictl 使用說明

下面介紹 crictl 的使用。透過 crictl -h 查看支援的命令。

```
root@zjz:~# crictl -h
NAME:
   crictl - client for CRI

USAGE:
```

```
crictl [global options] command [command options] [arguments...]
```

VERSION:
    1.24.1

COMMANDS:
    Attach   Attach to a running container
    Create   Create a new container
    Exec   Run a command in a running container
    Version   Display runtime version information
    images, image, img List images
    inspect   Display the status of one or more containers
    inspecti   Return the status of one or more images
    imagefsinfo   Return image filesystem info
    inspect   Display the status of one or more pods
    logs   Fetch the logs of a container
    port-forward   Forward local port to a pod
    ps   List containers
    pull   Pull an image from a registry
    run   Run a new container inside a sandbox
    runp   Run a new pod
    rm   Remove one or more containers
    rmi   Remove one or more images
    rmp   Remove one or more pods
    pods   List pods
    start   Start one or more created containers
    info   Display information of the container runtime
    stop   Stop one or more running containers
    stop   Stop one or more running pods
    update   Update one or more running containers
    config   Get and set crictl client configuration options
    stats   List container(s) resource usage statistics
    statsp   List pod resource usage statistics
    completion   Output shell completion code
    help, h   Shows a list of commands or help for one command

GLOBAL OPTIONS:
    --config value, -c value   Location of the client config file. If
not specified and the default does not exist, the program's directory is
searched as well (default: "/etc/crictl.yaml") [$CRI_CONFIG_FILE]
```
```

```
    --debug, -D                       Enable debug mode (default: false)
    --image-endpoint value, -i value  Endpoint of CRI image manager service
(default: uses 'runtime-endpoint' setting) [$IMAGE_SERVICE_ENDPOINT]
    --runtime-endpoint value, -r value  Endpoint of CRI container runtime
service (default: uses in order the first successful one of [unix:///
var/run/dockershim.sock unix:///run/containerd/containerd.sock unix:///
run/crio/crio.sock unix:///var/run/cri-dockerd.sock]). Default is now
deprecated and the endpoint should be set instead. [$CONTAINER_RUNTIME_
ENDPOINT]
    --timeout value, -t value         Timeout of connecting to the server in
seconds (e.g. 2s, 20s.). 0 or less is set to default (default: 2s)
    --help, -h                        show help (default: false)
    --version, -v                     print the version (default: false)
```

crictl 用法如下。

```
crictl [global options] command [command options] [arguments...]
```

　　crictl 中的指令（command）操作主要跟 CRI、API 相關，如表 4.3 所示，細心的讀者可以比對其中的指令操作和 CRI、API 有什麼不同。

▼ 表 4.3　crictl 支援的指令操作

分　　類	指令（**command**）	說　　明
pod 相關 （sandbox）	runp	運行一個新的 pod
	stopp	停止一個或多個正在執行的 pod
	rmp	刪除一個或多個 pod
	pods	列出 pods
	inspectp	以指定格式顯示一個或多個 pod 的狀態和詳細資訊，支援的格式有 json、yaml、go-template、table
	statsp	列出一個或多個 pod 的資源使用率（cpu、memory）

（續表）

分　類	指令（command）	說　明
容器相關	create	在 sandbox 中建立容器
	start	啟動一個或多個容器
	stop	停止一個或多個執行的容器
	rm	刪除一個或多個容器
	run	在 sandbox 中建立並啟動容器，等價於 create + start
	ps	列出正在執行的容器，透過 -a 列出所有的容器
	inspect	以指定格式顯示一個或多個容器的狀態和詳細資訊，支援的格式有 json、yaml、go-template、table
	update	更新一個或多個正在執行的容器
	stats	列出一個或多個容器的資源使用率（cpu、memory）
	pull	拉取鏡像
	images，image，img	列出所有的鏡像
	inspecti	以指定格式顯示一個或多個鏡像的狀態和詳細資訊，支援的格式有 json、yaml、go-template、table
	rmi	刪除一個或多個鏡像
Streaming	attach	attach 到正在執行的容器中，連接到容器內輸入輸出串流（stdin 和 stdout），會在輸入 exit 後終止處理程序
	exec	在正在執行的容器中執行指令
	port-forward	將本地通訊埠轉發到 pod 上
	logs	獲取容器的日誌

分　類	指令（command）	說　明
其他	version	列印 runtime 的版本資訊
	imagefsinfo	列印鏡像檔案系統的資訊
	info	獲取 runtime 的資訊（CRI + CNI 的狀態）
	config	獲取或設定 crictl 的設定資訊
	completion	輸出自動補全提示的 shell
	help，h	列印說明資訊

下面透過範例介紹 crictl 中的幾個常見操作。

1・pod 操作

1）查看 pod

可透過 crictl pods 查看該節點上的 pod。

```
root@zjz:~# crictl pods
POD ID               CREATED          STATE          NAME
NAMESPACE            ATTEMPT          RUNTIME
fe19197490ffd        8 weeks ago      Ready          coredns-7ff77c879f-dqdrs
kube-system          0                (default)
b48b0a55d20ad        8 weeks ago      Ready          coredns-7ff77c879f-c9vm7
kube-system          0                (default)
1ad3cd69b53cb        8 weeks ago      Ready          kube-flannel-ds-d669g
kube-flannel         0                (default)
```

crictl pods 還支援多種篩選條件，如下所示。

```
root@zjz:~# crictl pods -h
NAME:
   crictl pods - List pods

USAGE:
   crictl pods [command options] [arguments...]

OPTIONS:
```

```
    --id value             filter by pod id
    --label value          filter by key=value label  (accepts multiple inputs)
    --last value, -n value   Show last n recently created pods. Set 0 for
unlimited (default: 0)
    --latest, -l             Show the most recently created pod (default: false)
    --name value             filter by pod name regular expression pattern
    --namespace value        filter by pod namespace regular expression pattern
    --no-trunc               Show output without truncating the ID (default:
false)
    --output value, -o value  Output format, One of: json|yaml|table (default:
"table")
    --quiet, -q              list only pod IDs (default: false)
    --state value, -s value  filter by pod state
    --verbose, -v            show verbose info for pods (default: false)
    --help, -h               show help (default: false)
```

其中，透過 crictl pods--no-trunc 可以列印 64 個字元長度的名稱，預設情況下只列印 13 個字元長度，這在排除問題時比較有用。

2）透過 pod sandbox config 啟動 pod sandbox

注意：

儘量不要在安裝有 Kubernetes 叢集的節點上透過 crictl 啟動 pod。如果節點上正在執行 kubelet，透過 crictl 啟動 pod sandbox 或 pod sandbox 內的容器時，要先停掉 kubelet，否則 pod 會由於 k8s 叢集中不存在對應的 pod 資訊而被 kubelet 停止並刪除。

首先建立 pod sandbox config 檔案（podsandbox 結構定義參考 CRI 定義中的 PodSandboxConfig[1]）。

```
root@zjz:~# cat pod-config.json
{
  "metadata": {
    "name": "busybox-sandbox",
```

---

[1] https://github.com/Kubernetes/cri-api/blob/v0.26.3/pkg/apis/runtime/v1/api.pb.go#L1300。

```
    "namespace": "default",
    "attempt": 1
  },
  "log_directory": "/tmp",
  "linux": {
  }
}
```

透過 crictl runp 啟動 pod sandbox。

```
root@zjz:~# crictl runp  pod-config.json
64cafde645f1fd2176f2216db9b02157f7aa4f8ecbc5d2fa948e45c82661954b
```

透過 crictl pods 查看 pod sandbox 狀態。

```
root@zjz:~# crictl pods
POD ID                    CREATED               STATE               NAME
NAMESPACE                 ATTEMPT               RUNTIME
6387479188cef             9 minutes ago         Ready               busybox-sandbox
default                   1                     (default)
```

3）透過指定 runtimeHandler 啟動 pod sandbox

透過 crictl runp --runtime 指定 runtimeHandler 來啟動 pod sandbox。

```
root@zjz:~# crictl runp --runtime=kata pod-config.json
13fdf87001d43104d4177497b1bb27df55c6e04eefe1967873f003000b085df3
root@zjz:~# crictl inspectp 13fdf87001d43104d4177497b1bb27df55c6e04eefe
1967873f003000b085df3
...
    "info": {
    "runtimeHandler": "kata",
    "runtimeType": "io.containerd.kata.v2",
    "runtimeOptions": null,
    },
...
```

2 · 鏡像操作

crictl 僅支援鏡像的列印和拉取，不支援鏡像推送，這一點與 ctr 和 nerdctl 是有區別的。

可以透過 crictl image/images/img 列印鏡像，該命令會列印 containerd k8s.io namespace 下所有帶有鏡像 tag 的鏡像，等效於 ctr 或 nerdctl 的下述命令。

```
ctr  -n k8s.io image ls |grep -v none
```

或：

```
nerdctl  -n k8s.io image ls |grep -v none
```

上述命令中的 grep -v none 主要是排除鏡像名稱和 tag 都是 none 的虛懸鏡像（dangling image）。

1）列印所有鏡像

列印所有鏡像的命令如下。

```
root@zjz:~# crictl image
IMAGE                                              TAG
IMAGE ID           SIZE
docker.io/flannel/flannel-cni-plugin               v1.1.2
7a2dcab94698c      3.84MB
docker.io/flannel/flannel                          v0.20.2
b5c6c9203f83e      20.9MB
docker.io/library/busybox                          latest
7cfbbec8963d8      2.6MB
docker.io/library/ubuntu                           latest
08d22c0ceb150      29.5MB
```

2）只列印鏡像 ID

透過 crictl image -q 命令只列印鏡像 ID。

```
root@zjz:~# crictl image -q
sha256:7a2dcab94698c786e7e41360faf8cd0ea2b29952469be75becc34c61902240e0
```

```
sha256:b5c6c9203f83e9a48e9d0b0fb7a38196c8412f458953ca98a4feac3515c6abb1
sha256:7cfbbec8963d8f13e6c70416d6592e1cc10f47a348131290a55d43c3acab3fb9
sha256:08d22c0ceb150ddeb2237c5fa3129c0183f3cc6f5eeb2e7aa4016da3ad02140a
```

3）拉取鏡像

透過 crictl pull 命令拉取鏡像。

```
root@zjz:~# crictl pull busybox
Image is up to date for
sha256:7cfbbec8963d8f13e6c70416d6592e1cc10f47a348131290a55d43c3acab3fb9
```

3 · 容器操作

1）建立容器

不同於 nerdctl 和 ctr，crictl 不能直接建立容器，需要先建立 sandbox，所有的容器都必須在 sandbox 中建立，sandbox 其實也就是 pod 的概念。

首先準備好 pod sandbox config 檔案和容器 config 檔案（容器 config 檔案定義參考 CRI 定義中的 ContainerConfig[1]）。

```
$ cat pod-config.json
{
    "metadata": {
        "name": "busybox-sandbox",
        "namespace": "default",
        "attempt": 1,
        "uid": "hdishd83djaidwnduwk28bcsb"
    },
    "log_directory": "/tmp",
    "linux": {
    }
}
$ cat container-config.json
```

---

[1]　https://github.com/Kubernetes/cri-api/blob/v0.26.3/pkg/apis/runtime/v1/api.pb.go#L4676。

```
{
  "metadata": {
      "name": "busybox"
  },
  "image":{
      "image": "busybox"
  },
  "command": [
      "top"
  ],
  "log_path":"busybox.0.log",
  "linux": {
  }
}
```

有兩種啟動容器的方式。

（1）透過 crictl create 和 crictl start 啟動容器：首先透過 crictl runp 基於 pod sandbox config 檔案單獨啟動 pod sandbox，然後透過 crictl create 基於 container config 檔案建立容器，再透過 crictl start 啟動容器。

（2）透過 crictl run 同時啟動 pod sandox 和容器：直接透過 crictl run 基於 pod sandbox config 檔案和 container config 檔案建立並啟動容器。

下面分別透過兩種方式建立並啟動容器。

（1）透過 crictl create 和 crictl start 啟動容器。

首先基於 pod sandbox config 檔案啟動 pod sandbox。

```
# pod sandbox config 檔案
root@zjz:~# cat pod-config.json
{
    "metadata": {
        "name": "busybox-sandbox",
        "namespace": "default",
        "attempt": 1,
        "uid": "hdishd83djaidwnduwk28bcsb"
    },
```

```
    "log_directory": "/tmp",
    "linux": {
    }
}
# 啟動 pod sandbox
root@zjz:~# crictl runp pod-config.json
b9b3b97413749e59ecbd9b43beb04b2d47ae1fdfe63d6660eaee2a3a9eb5072e
```

接下來透過下面的命令拉取鏡像。

```
root@zjz:~# crictl pull busybox
Image is up to date for
sha256:7cfbbec8963d8f13e6c70416d6592e1cc10f47a348131290a55d43c3acab3fb9
```

然後透過 crictl create <pod id> container-config.json pod-config.json 建立容器。

```
# container config 檔案
root@zjz:~# cat container-config.json
{
  "metadata": {
      "name": "busybox"
  },
  "image":{
      "image": "busybox"
  },
  "command": [
      "top"
  ],
  "log_path":"busybox.0.log",
  "linux": {
  }
}
# 根據 pod sandbox id 、container-config.json 、pod-config.json 建立容器
root@zjz:~# crictl create b9b3b97413749e59ecbd9b43beb04b2d47ae1fdfe63d6
660eaee2a3a9eb5072e container-config.json pod-config.json
e5bbbb37a4a0a5fcc9b5d9b436de9d47fca021aa04aa90663e186c0d4e5cccb7
```

最後透過下面的命令啟動容器。

```
root@zjz:~# crictl start e5bbbb37a4a0a5fcc9b5d9b436de9d47fca021aa04aa906
63e186c0d4e5cccb7
e5bbbb37a4a0a5fcc9b5d9b436de9d47fca021aa04aa90663e186c0d4e5cccb7
root@zjz:~# crictl ps -a
CONTAINER       IMAGE       CREATED          STATE       NAME        POD ID
e5bbbb37a4a0a   busybox       11 seconds ago       Running       busybox
d5a2e95200300
```

（2）透過 crictl run 同時啟動 pod sandbox 和容器。

基於 pod sandbox config 檔案和 container config 檔案，透過下面的命令啟動 pod sanbox 和容器。

```
crictl run container-config.json pod-config.json
root@zjz:~# crictl run container-config.json pod-config.json
53fe81640c0c022bcc8bc86260cd57e6292b0ea8740b5b1dc21b08180a12d093
root@zjz:~# crictl pods
POD ID                  CREATED        STATE   NAME        NAMESPACE       ATTEMPT
        RUNTIME
51ac8b18cb135   9 seconds ago           Ready   busybox-sandbox     default
        1       (default)
root@zjz:~# crictl ps
CONTAINER       IMAGE       CREATED        STATE   NAME    ATTEMPT         POD ID
53fe81640c0c0   busybox       12 seconds ago   Running busybox         0
        51ac8b18cb135
```

2）列印容器

透過 crictl ps 列印正在執行的容器。

```
root@zjz:~# crictl ps
CONTAINER       IMAGE           CREATED         STATE           NAME
ATTEMPT         POD ID          POD
3dde90b293e3f           e7c545a60706c           31 hours ago    Running
kube-controller-manager         3               9ce2f820de8e6
kube-controller-manager-us-dev
9e7680857d282           67da37a9a360e           8 weeks ago     Running
```

```
Coredns                         0                      fe19197490ffd
coredns-7ff77c879f-dqdrs
1a28fdaa4dd8e       67da37a9a360e          8 weeks ago        Running
Coredns                         0                      b48b0a55d20ad
coredns-7ff77c879f-c9vm7
5a238d2a1e2af       b5c6c9203f83e          8 weeks ago        Running
kube-flannel                    0                      1ad3cd69b53cb
kube-flannel-ds-d669g
4398e6068878a       27f8b8d51985f          2 months ago       Running
kube-proxy                      1                      bce7294e700f4
kube-proxy-ksqmw
```

透過 crictl ps -a 可列印所有容器，含退出的容器，結合 crictl logs 可以定位容器退出的問題。

如下所示，透過 crictl ps -a 列印的容器清單中含有多個 Exited 狀態的容器。

```
root@zjz:~# crictl ps -a
CONTAINER          IMAGE            CREATED               STATE
NAME               ATTEMPT         POD ID                POD
35c4f30d36e50   ec992797e4207       About a minute ago      Exited
lxcfs              362             2fdcc74fd575e          lxcfs-gv2rh
194ccdd81b85c   303ce5db0e90d       31 hours ago           Running
etcd               5               872a888774e41          etcd-us-dev
4d1439ad565ce   7d8d2960de696       31 hours ago           Running
kube-apiserver     2               95ef5a166d9b3       kube-apiserver-us-dev
c5b6e0b282ca3   303ce5db0e90d       31 hours ago           Exited
etcd               4               872a888774e41          etcd-us-dev
5ec67420af983   a05a1a79adaad       31 hours ago           Running
kube-scheduler     3               76af523d9cbe9       kube-scheduler-us-dev
```

3）進入容器執行命令

透過 crictl exec 進入容器執行命令。

```
root@zjz:~# crictl exec -it 038d366f3c788 ls
bin  dev  etc  home  proc  root  sys  tmp  usr  var
```

4）列印容器日誌

透過 critl logs <container id> 列印容器日誌。

```
# 獲取容器 ID
root@zjz:~# crictl ps
CONTAINER           IMAGE            CREATED          STATE
NAME                ATTEMPT          POD ID           POD
8b3fb2b5532bf       67da37a9a360e    24 hours ago     Running
coredns             1                53a4a56ce787a    coredns-7ff77c879f-c9vm7
# 列印日誌
root@zjz:~# crictl logs 8b3fb2b5532bf
.:53
[INFO] plugin/reload: Running configuration MD5 =
4e235fcc3696966e76816bcd9034ebc7
CoreDNS-1.6.7
linux/amd64, go1.13.6, da7f65b
```

5）更新容器

透過 crictl update 可以動態修改容器的 cpu 和 memory。

```
root@zjz:~# crictl update -h
NAME:
   crictl update - Update one or more running containers

USAGE:
   crictl update [command options] CONTAINER-ID [CONTAINER-ID...]

OPTIONS:
   --cpu-count value      (Windows only) Number of CPUs available to the
container (default: 0)
   --cpu-maximum value   (Windows only) Portion of CPU cycles specified as
a percentage * 100 (default: 0)
   --cpu-period value    CPU CFS period to be used for hardcapping (in usecs).
0 to use system default (default: 0)
   --cpu-quota value     CPU CFS hardcap limit (in usecs). Allowed cpu time
in a given period (default: 0)
   --cpu-share value     CPU shares (relative weight vs. other containers) (default: 0)
   --cpuset-cpus value   CPU(s) to use
```

```
--cpuset-mems value    Memory node(s) to use
--memory value         Memory limit (in bytes) (default: 0)
--help, -h             show help (default: false)
```

　　修改容器的 cpu 和 memory 非常有用。k8s 1.27 版本之前的 VPA 需要重建 pod 進行擴充，即修改 pod.spec 中的 cpu 和 memory，然後重建 pod 進行 cpu 和 memory 擴充。但是透過 crictl update 可以在不重新啟動 pod 的情況下為 pod 擴充 cpu 和 memory，這在生產環境中是非常有用的。舉例來說，線上實例臨近記憶體溢位，但是又不能重新啟動 pod，此時可以透過 crictl update 修改容器的 memory limit，如下。

```
# 1024*1024*1024=1073741824
# 調整 pod memory limit 到 1GiB
root@zjz:~# crictl update --memory=1073741824 <container id>
```

第 **5** 章

containerd 與容器網路

　　本章主要介紹 containerd 中的容器網路。containerd 完全相容了雲端原生網路 CNI（container network interface，容器網路介面）的架構，因此可採用的網路外掛程式很多，符合 CNI 規範的網路外掛程式都可以使用。本章主要從 CNI 規範、常見的 CNI 外掛程式，以及如何在 containerd 中指定容器網路建立容器等方面介紹。

學習摘要：

- 容器網路介面
- CNI 外掛程式
- containerd 中 CNI 的使用

■ 5.1 容器網路介面

5.1.1 CNI 概述

CNI 是 CoreOS 發起的容器網路規範，最初是為 rkt 容器引擎建立的，隨著不斷的發展，CNI 已經成為容器網路的標準，目前已被 Kubernetes、containerd、cri-o、OpenShift、Apache Mesos、CloudFoudry、Amazon ECS、Singularity、OpenSVC 等許多專案採用。2017 年，CNI 被託管到 CNCF 社區。

CNI 作為一個統一的介面層，提出了一種基於外掛程式的通用網路解決方案。採用 CNI 規範的執行時期無須關注網路實現的具體細節，只需要按照 CNI 規範來呼叫 CNI 即可實現容器網路的設定。

為了清晰地闡述，CNI 規範中定義了以下幾個術語[1]。

（1）容器（container）：是一個獨立的網路隔離域，可以是一個 Linux network namespace，或是一台虛擬機器。

（2）網路（network）：是一組具有唯一位址且可以相互通訊的實體的集合，這些實體可以是一個單獨的容器（如上述）、一台虛擬機器，或一台路由器等。容器可以加入一個或多個網路，也可以從一個或多個網路中移除。

（3）容器執行時期（container runtime）：負責呼叫 CNI 外掛程式。

（4）CNI 外掛程式（CNI Plugin）：執行特定網路設定功能的程式。

---

[1]　**https://www.cni.dev/docs/spec**。

CNI 規範文件主要用來說明容器執行時期和 CNI 外掛程式之間的介面，如圖 5.1 所示。

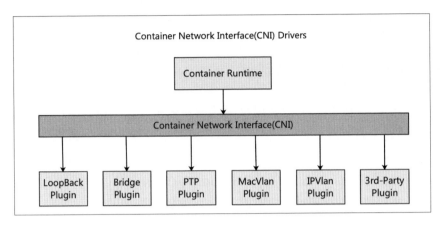

▲ 圖 5.1 容器執行時期與 CNI 外掛程式的對話模式

注意：

在 Kubernetes 系統中連線 CNI 主要是為了解決 dockershim 不支援 CNI 的問題。在 Kubernetes 1.24 之前，CNI 外掛程式也可以由 kubelet 使用命令列參數 cni-bin-dir 和 network-plugin 管理。在 Kubernetes 1.24 正式移除了 Dockershim 之後，Kubernetes 中也移除了這些命令列參數，CNI 的管理不再是 kubelet 的工作，而是由對應的容器執行時期（如 containerd）來進行 CNI 的管理。CRI 中定義的 PodSandbox 概念代表的就是容器執行的網路環境，kubelet 透過 CRI 間接地進行容器網路的管理。

CNI 規範定義了容器執行時期和網路外掛程式互動的標準規範，主要包含以下內容。

（1）CNI 設定檔的格式。

（2）容器執行時期與 CNI 外掛程式互動的協定，即容器執行時期是如何呼叫 CNI 外掛程式的。

（3）基於 CNI 設定檔呼叫 CNI 外掛程式的流程。

（4）CNI 外掛程式的連鎖呼叫。

（5）CNI 外掛程式傳回給容器執行時期的資料格式。

接下來對 CNI 規範的內容進行詳細介紹。

5.1.2 CNI 設定檔的格式

CNI 透過 JSON 格式的設定檔來描述網路設定資訊，預設放在 /etc/cni/net.
d 中，由網路系統管理員進行設定。這些設定檔也叫作外掛程式設定檔（plugin
configuration）。在外掛程式執行時，執行時期會將此設定格式解釋並轉為要傳
遞給外掛程式的形式，即執行格式（execution configuration），5.1.4 節會介紹。
而 CNI 外掛程式二進位預設放在路徑 /opt/cni/bin 下。

注意：

關於 CNI 設定檔的路徑以及 CNI 二進位的路徑，CRI Plugin 以及 nerdctl 等
都可以進行設定，在本章中會依次介紹。

首先看一下 CNI 外掛程式設定檔的範例。範例中定義了名為 dbnet 的網路，
設定了外掛程式 bridge 和 tuning。

```
# /etc/cni/net.d/10-db-mynet.conf
{
  "cniVersion": "1.0.0",
  "name": "dbnet",
  "plugins": [
   {
     "type": "bridge",
     // plugin specific parameters
     "bridge": "mycni0",
     "isGateway": true,
     "keyA": ["some more", "plugin specific", "configuration"],
     "ipam": {
       "type": "host-local",
       // ipam specific
       "subnet": "10.1.0.0/16",
       "gateway": "10.1.0.1",
       "routes": [
```

```
            {"dst": "0.0.0.0/0"}
        ]
      },
      "dns": {
        "nameservers": [ "10.1.0.1" ]
      }
    },
    {
      "type": "tuning",
      "capabilities": {
        "mac": true
      },
      "sysctl": {
        "net.core.somaxconn": "500"
      }
    },
    {
      "type": "portmap",
      "capabilities": {"portMappings": true}
    }
  ]
}
```

CNI 設定檔中的設定欄位由主設定欄位和外掛程式設定欄位組成，如表 5.1 和表 5.2 所示。

▼ 表 5.1 CNI 設定檔的主設定欄位

欄位名稱	格　式	含　義
cniVersion	string	CNI 規範使用的版本，如版本為 1.0.0
name	string	網路（network）的名稱，在宿主機要保持唯一，必須以字母或數字字元開頭，可以選擇後跟一個或多個字母或數字字元的任意組合
disableCheck	boolean	設定容器執行時期是否禁用對 CNI 外掛程式的 CHECK 呼叫
plugins	list	CNI 外掛程式清單，格式為 CNI 外掛程式設定欄位，見表 5.2

對於 CNI 外掛程式設定欄位而言，不同的外掛程式所需的欄位也不同，具體如表 5.2 所示。

▼ 表 5.2　CNI 設定檔的外掛程式設定欄位

是否必選	欄位名稱	格　式	含　義
是	type	string	主機上 CNI 外掛程式二進位的名稱，如 bridge、macvlan、host-local 等
否	capabilities	map	是否啟用某些 capabilities，格式為 map，key 為 capability，值為 boolean，例如 "capabilities": {"portMappings": true}。 支援的 capabilities 有 portMappings、ipRanges、bandwidth、dns、ips、mac、infinibandGUID、deviceID、aliases、cgroupPath，具體資訊可以參考 5.1.4 節
否	ipMasq	boolean	為目標網路配上出口流量的 Masquerade（位址偽裝），即由容器內部透過閘道向外發送資料封包時，對資料封包的來源 IP 位址進行修改。 當容器以宿主機作為閘道時，這個參數是必須要設定的。如果不設定，IP 資料封包的來源位址是容器內網位址，外部網路無法辨識，也就無法被目標網段辨識，這些資料封包最終會被丟棄
否	ipam	map	IPAM（IP adderss management）即 IP 位址管理，提供了一系列方法用於對 IP 和路由進行管理和分配。對應的是由 CNI 提供的一組標準 IPAM 外掛程式，如 host-local、dhcp、static 等。 其中 ipam map 中包含的欄位中必需的值為 type，用於指定 ipam 外掛程式的名稱，其他欄位則根據不同的外掛程式而不同

（續表）

是否必選	欄位名稱	格 式	含 義
否	dns	map	dns 設定資訊，包含的設定項以下（即容器中的 /etc/resolv.conf）： ☑ nameservers：(string 列表,可選)，是按優先順序排列的 DNS 伺服器地址的列表。 ☑ domain：(string, 可選)，定義域名的搜索域列表，當存取的域名不能被 DNS 解析時，會把該域名與搜索域清單中的域依次進行組合，並重新向 DNS 發起請求，直到域名被正確解析或嘗試完搜索域列表為止。 ☑ search：(string 列表,可選)，用來補全 hostname，如果在 nameserver 查找不到域名就進行 search 補全。 ☑ options：定義域名解析設定檔的其他選項，常見的有 timeout、ndots 等

5.1.3 容器執行時期對 CNI 外掛程式的呼叫

CNI 協定基於容器執行時期對 CNI 外掛程式的二進位呼叫（exec）。CNI 定義了容器執行時期與 CNI 二進位外掛程式之間進行互動的規範，CNI 外掛程式則負責以某種方式設定容器的網路介面。外掛程式分為兩大類。

（1）介面外掛程式（interface plugin）：用來在容器中建立網路介面，並確定介面連通性，如範例中的 bridge。

（2）連鎖外掛程式（chained plugin）：用來調整已建立好的網路介面，如範例中的 tuning。chained plugin 一定是在 interface plugin 之後被呼叫。

容器執行時期將參數透過設定檔（JSON 格式）和環境變數傳遞給 CNI 外掛程式，其中設定檔會透過標準輸入（stdin）的形式傳遞給 CNI 外掛程式。CNI 外掛程式設定完容器介面以及網路之後，基於 stdout 回饋成功。如果有錯誤，則基於 strerr 回饋。stdin 的設定和 stdout 的結果都是 JSON 格式。容器執行時期呼叫 CNI 外掛程式等價於下面的命令。

```
CNI_COMMAND=ADD param_1=value1 param_2=value3 ./bridge < config.json
```

為了便於容器執行時期呼叫 CNI 外掛程式，CNI 將上述的二進位呼叫過程透過 go 進行了封裝，對外提供了 libcni，封裝了一些符合 CNI 規範的標準操作。

容器執行時期與 CNI 外掛程式的互動如圖 5.2 所示。

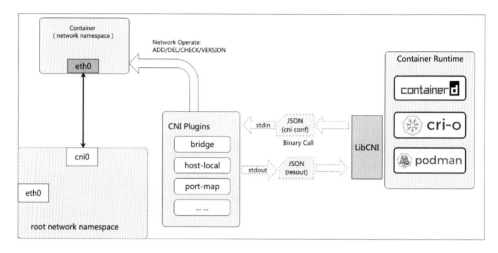

▲ 圖 5.2　容器執行時期呼叫 CNI 示意圖

1 · CNI 外掛程式入參

CNI 協定的參數透過環境變數傳遞給 CNI 外掛程式。CNI 外掛程式支援的入參有以下環境變數。

（1）CNI_COMMAND：定義期望的操作，包括 ADD、DEL、CHECK 和 VERSION。

（2）CNI_CONTAINERID：容器 ID，由容器執行時期管理的容器唯一識別碼，不為空。

（3）CNI_NETNS：容器網路命名空間的路徑，如 "/run/netns/[nsname]"。注意，容器網路命名空間由容器執行時期建立。

（4）CNI_IFNAME：需要被建立的網路介面名稱，即容器內的網路卡名稱，如 eth0。

（5）CNI_ARGS：執行時期呼叫時傳入的額外參數，格式為分號分隔的鍵值對（key=value），如 "FOO=BAR;ABC=123"。

（6）CNI_PATH：CNI 外掛程式可執行檔的路徑，如 "/opt/cni/bin"。

2 · CNI 外掛程式操作

CNI 定義了 4 種操作：ADD、DEL、CHECK 和 VERSION。這些操作透過 CNI_ COMMAND 環境變數傳遞給 CNI 外掛程式。

1）ADD：增加容器網路

CNI 外掛程式接收到 ADD 操作後，會在容器的網路命名空間 CNI_NETNS 中建立或調整 CNI_IFNAME 網路卡裝置。例如透過 ADD 操作將容器網路連線主機的橋接器中。

輸入：容器執行時期會提供一個 json 物件作為 CNI 外掛程式的標準輸入（stdin），其中的參數如表 5.3 所示。

▼ 表 5.3 CNI 外掛程式 ADD 指令引數

是 否 必 選	參　　數
是	CNI_COMMAND
是	CNI_CONTAINERID
是	CNI_NETNS
是	CNI_IFNAME
否	CNI_ARGS
否	CNI_PATH

輸出：ADD 操作的輸出會透過標準輸出（stdout）傳回給容器執行時期。關於輸出資訊的格式，將在 5.1.6 節中介紹。

2）DEL：刪除容器網路

CNI 外掛程式接收到 DEL 操作後，會刪除容器網路命名空間 CNI_NETNS 中的容器網路卡 CNI_IFNAME，或撤銷 ADD 修改操作。DEL 操作是 ADD 操作的逆操作。舉例來說，透過 DEL 將容器網路介面從主機橋接器中刪除。

輸入：同 ADD 操作，容器執行時期會提供一個 json 物件作為 CNI 外掛程式的標準輸入（stdin），其中的參數如表 5.4 所示。

▼ 表 5.4　CNI 外掛程式 DEL 指令引數

是 否 必 選	參　　數
是	CNI_COMMAND
是	CNI_CONTAINERID
是	CNI_IFNAME
否	CNI_NETNS
否	CNI_ARGS
否	CNI_PATH

3）CHECK：檢查容器網路

CNI 外掛程式接收到 CHECK 操作後，會探測容器網路是否正常執行。如果網路出現問題，則傳回回應的錯誤。注意，CHECK 是在 ADD 之後進行的操作，如果網路還沒被 ADD 或已經被 DEL，則無須進行 CHECK。

CHECK 操作的入參同 ADD，參見表 5.3。

4）VERSION：輸出 CNI 的版本

CNI 外掛程式接收到 VERSION 操作後，會列印自身版本到標準輸出（stdout）。

輸入：透過標準輸入傳遞以下 JSON（包含 cniVersion 欄位，表明要使用的 CNI 協定版本）給 CNI 外掛程式，同時傳遞 CNI_COMMAND=CHECK 的環境變數。

```
{
    "cniVersion": "1.0.0"
}
```

5.1.4 CNI 外掛程式的執行流程

本節主要介紹容器執行時期如何對 CNI 設定檔進行解析，轉為執行 CNI 外掛程式時的執行設定，作為 CNI 外掛程式的入參，並呼叫 CNI 外掛程式的 ADD、DEL、CHECK 等介面。

1 · CNI 中的 Attachment

容器執行時期透過 CNI 外掛程式對容器中的網路進行設定的操作（如 ADD、DEL 和 CHECK 操 作），在 CNI 中 叫 作 Attachment（ 附 加 ）。 一 個 Attachment 可以由 CNI_CONTAINERID、CNI_IFNAME 這兩個元素唯一確定。容器執行時期操作 Attachment 的流程如圖 5.3 所示。

Attachment 有 3 种操作：ADD、DEL、CHECK

▲ 圖 5.3　CNI 中的 Attachment 互動流程

圖 5.3 中 Attachment 參數具體如表 5.5 所示。讀者可以將其與 5.1.3 節中 CNI 外掛程式的環境變數入參做對比。

▼ 表 5.5　Attachment 參數列表

入　參	含　義
Container ID	每個容器的唯一識別碼，由執行時期進行分配，不能為空。在外掛程式執行過程中，透過 CNI_CONTAINERID 環境變數來傳遞
Namespace	作為容器獨立的網路隔離域表示方式，如果使用 network namespace，則為 network namespace 的路徑（如 /run/netns/[nsname]）。在外掛程式執行過程中，透過 CNI_NETNS 環境變數來傳遞
Container interface name	在容器中要建立的網路介面的名稱。在外掛程式執行過程中，透過 CNI_IFNAME 環境變數來傳遞
Generic Arguments	額外的參數，每個 CNI 外掛程式可能會不一樣，格式為分號分隔的鍵值對，如 "FOO=BAR;ABC=123"。在外掛程式執行過程中，透過 CNI_ARGS 環境變數來傳遞
Capability Arguments	也是鍵值對的形式，不過值是特定的 JSON 格式。Capability Arguments 也叫 Runtime configuration，由容器執行時期呼叫外掛程式時動態插入 CNI 設定中的 runtimeConfig 欄位中

　　與 5.1.3 節中 CNI 外掛程式的環境變數入參對比，會發現多了 Capability Arguments。Capability Arguments 是由容器執行時期產生的，在呼叫 CNI 外掛程式時將資訊動態插入執行設定中的 runtimeConfig 欄位中。該參數是和 CNI 外掛程式設定的 capabilities 欄位結合使用的。CNI 設定檔中透過 plugins[x].capabilities 欄位表明執行時期需要插入的 capability，如果 portmap 外掛程式啟用了 porMappings 的 capability，則設定如下。

```
# 節選自 5.1.2 節中的 CNI 設定範例
{
  "cniVersion": "1.0.0",
  "name": "dbnet",
  "plugins": [
    {
      "type": "portmap",
      "capabilities": {"portMappings": true}
      ...
```

```
    }]
    ...
}
```

執行時期呼叫 CNI 外掛程式時，則會動態插入以下設定。

```
{
  ...
  "type" : "portmap",
  "runtimeConfig": { // 容器執行時期動態插入的欄位
    "portMappings": [
      {"hostPort": 8080, "containerPort": 80, "protocol": "tcp"}
    ]
  }
}
```

CNI 支援執行時期插入的 capability，如表 5.6 所示。

▼ 表 5.6 CNI 支援執行時期插入的 capabilities

capabilities 設定欄位	描　述	範例	實現該能力的 CNI 外掛程式
portMappings	將主機上的通訊埠轉發到容器網路命名空間內的通訊埠，格式為陣列	runtimeConfig. portMappings:[[{ "subnet": "10.1.2.0/24", "rangeStart": "10.1. 2.3", "rangeEnd": 10.1.2.99", "gateway": "10.1. 2.254" }]]	portmap
ipRanges	為外掛程式動態分配 IP 位址提供位址集區，該範圍由容器執行時期提供。格式為子網的陣列，為兩層清單，外層列表是要分配的 IP 數，內層列表是要分配某個 IP 所用的 IP 位址集區	runtimeConfig. ipRanges: [[{ "subnet": "10.1.2.0/24", "rangeStart": "10.1.2.3", "rangeEnd": "10.1.2.99", "gateway": "10. 1.2.254" }]]	host-local

capabilities 設定欄位	描　述	範例	實現該能力 的 CNI 外掛程式
bandwidth	動態設定網路介面的頻寬限制。速率（Rate）以 bits/second 為單位，突發值（Burst）以 bits 為單位	runtimeConfig. bandwidth:{ "ingressRate": 2048, "ingressBurst": 1600, "egressRate": 4096, "egressBurst": 1600 }	bandwidth
dns	由容器執行時期來動態分配 dns。格式為 dns server 設定的字典值	runtimeConfig.dns: {"searches": ["internal.yoyodyne. net", "corp.tyrell. net"] "servers": ["8.8.8.8", "10.0.0. 10"] }	win-bridge、 win-overlay
ips	為容器網路介面動態分配 IP。具有位址分配能力的容器執行時期可以將該介面傳遞給 CNI 外掛程式。與 ipRanges 不同，ips 是由容器執行時期對 IP 進行動態分配的。格式為 IP 列表	runtimeConfig.ips:["10.10.0.1/24", "3ffe: ffff:0:01ff::1/64"]	static
mac	同 ips，容器執行時期為容器網路介面分配 mac 位址，格式為 mac 位址的字串	runtimeConfig.mac: "c2:11:22: 33:44:55"	tuning
infinibandGUID	將 Infiniband（無限頻寬技術，縮寫為 IB）GUID 動態分配給網路介面。容器執行時期可以將其傳遞給需要 Infiniband GUID 作為輸入的外掛程式	runtimeConfig. infinibandGUID: "c2:11: 22:33:44:55:66:77"	ib-sriov-cni（https://github.com/k8snet workplum-bingwg/ib-sriov-cni）

capabilities 設定欄位	描　述	範例	實現該能力 的 CNI 外掛程式
deviceID	提供網路裝置的唯一識別碼，便於 CNI 外掛程式執行裝置相關的網路設定	runtimeConfig. deviceID: "0000:04:00.5"	host-device
aliases	提供映射到分配到此介面的 IP 位址的別名，即同一個網路上的其他容器可以透過別名來存取該 IP 位址，格式為字串陣列	runtimeConfig.aliases: ["my-container", "primary-db"]	alias

2 · CNI 外掛程式的執行過程

容器網路的設定需要一個或多個外掛程式的共同操作來完成，因此外掛程式有一定的執行順序。例如前面的 dbnet 的 CNI 範例設定中，要先由 bridge 外掛程式建立介面，才能對介面進行設定。流程如圖 5.4 所示。

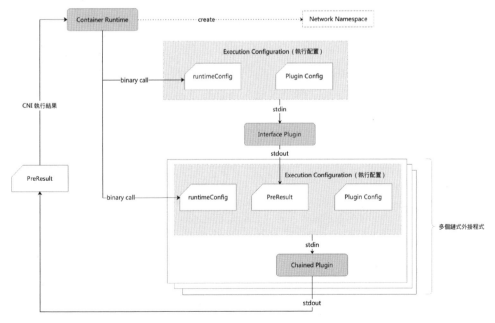

▲ 圖 5.4 CNI 外掛程式的執行過程

下面以 ADD Attachment 操作為例，介紹 CNI 外掛程式的執行流程。

（1）由圖中的容器執行時期（container runtime）建立 network name-space，同時載入 Plugin Configuration 檔案（5.1.2 節中介紹的 JSON 檔案）。

（2）首先執行的是介面外掛程式（interface plugin），然後執行連鎖外掛程式（chained plugin）。對於第一個執行的外掛程式，會將 CNI 網路設定（5.1.2 節中介紹的 JSON 檔案）和容器執行時期輸出的參數作為輸入的一部分，重新組裝執行設定。以 bridge 為例，CNI 外掛程式設定如下。

```
{
    "bridge": "cni0",
    "keyA": ["some more", "plugin specific", "configuration"],
    "ipam": {},
    "dns": {}
}
```

容器執行時期會將上述的 JSON 插入兩種內容，重新傳遞給 bridge 外掛程式。

- 插入 CNI 設定檔主設定中的 cniVersion 和 name 兩個欄位，即 "cniVersion": "1.0.0" 和 "name": "dbnet"。

- 插入 runtimeConfig 欄位（該欄位由外掛程式中的 capabilities 來決定），同時移除 capabilities 欄位。舉例來說，執行 tunning 外掛程式時，會插入 runtimeConfig.mac 欄位及值，並移除 capabilities。CNI 外掛程式設定範例如下。

```
{
  "type": "myPlugin",
  "capabilities": {
    "portMappings": true
  }
}
```

容器執行時期插入 runtimeConfig 並移除 capabilities 之後，如下所示。

```
{
  "type": "myPlugin",
  "runtimeConfig": {
    "portMappings": [ { "hostPort": 8080, "containerPort": 80, "protocol": "tcp" } ]
  }
  ...
}
```

經過上述容器執行時期的轉換，傳遞給第一個介面外掛程式時，執行設定
如下。

```
{
    "cniVersion": "1.0.0",        // 容器執行時期插入的欄位
    "name": "dbnet" ,             // 容器執行時期插入的欄位
    "type": "bridge",
    "bridge": "cni0",
    "keyA": ["some more", "plugin specific", "configuration"],
    "ipam": {        // 被代理呼叫的 ipam 外掛程式
        "type": "host-local",
        "subnet": "10.1.0.0/16",
        "gateway": "10.1.0.1"
    },
    "dns": {
        "nameservers": [ "10.1.0.1" ]
    }
}
```

（3）如果不是第一個執行的外掛程式，除了插入第（2）步中的欄位，還
會將前一個 CNI 外掛程式的輸出（格式為 PrevResult，5.1.6 節會講）與當前
CNI 外掛程式的外掛程式設定聚合作為下一個外掛程式的輸入。以鍵 prevResult
來表示，以下（以 tuning 為例）所示。

```
{
    "cniVersion": "1.0.0",        // 容器執行時期插入的欄位
    "name": "dbnet",              // 容器執行時期插入的欄位
    "type": "tuning",
```

```
    "runtimeConfig":                  // 容器執行時期插入的欄位
    {
      "portMappings" : [{ "hostPort": 8080, "containerPort": 80, "protocol":
"tcp" }]
    },
    "prevResult":{xxx}                // 上一個 CNI 外掛程式的執行結果，由容器執行時期插入
}
```

（4）外掛程式可以將前一個外掛程式的 PrevResult（PrevResult 的格式參見 5.1.6 節）作為自己的輸出，也可以結合自身的操作對 PrevResult 進行更新。最後一個外掛程式的輸出 PrevResult 作為 CNI 的執行結果傳回給容器執行時期，容器執行時期會儲存該 PrevResult 作為後續操作（如 DEL）的輸入。

DEL 的執行與 ADD 的順序正好相反，要先移除介面上的設定或釋放已經分配的 IP，才能刪除容器網路介面。與 ADD 不同的是，DEL 操作的執行設定中，prevResult 始終是 ADD 操作的結果。

注意：

容器執行時期對 CNI 外掛程式設定進行轉換時，操作的欄位如下。

- cniVersion：從 CNI 設定檔的主設定中 cniVersion 欄位複製而來。
- name：從 CNI 設定檔的主設定中 name 欄位複製而來。
- runtimeConfig：由 容 器 執 行 時 期 提 供 的 JSON 結 構， 由 Plugin Configuration 中的 capabilities 欄位控制。
- prevResult：JSON 結構，是容器執行時期對前一個 CNI 外掛程式的執行結果。
- capabilities：容器執行時期會刪除 Plugin Configuration 中的該欄位，替換為上述的 runtimeConfig。

5.1.5　CNI 外掛程式的委託呼叫

在 CNI 中，無論是介面外掛程式，還是連結外掛程式，都是由容器執行時期直接呼叫的。而有些操作是不能作為獨立的連結外掛程式來實現的，必須在

一個外掛程式中將某些功能委託給另一個外掛程式實現。一個常見的例子是 IP 位址管理（IP address management，IPAM），它主要是為容器介面分配 / 回收 IP 位址、管理路由等。CNI 外掛程式中的委託呼叫如圖 5.5 中的虛線所示。

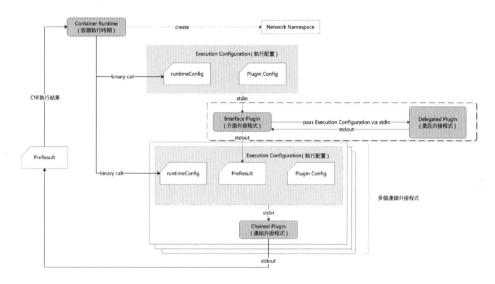

▲ 圖 5.5　CNI 外掛程式中的委託呼叫

如圖 5.5 所示，委託呼叫是在 CNI 外掛程式中呼叫另一個 CNI 外掛程式，外掛程式的呼叫形式也是二進位呼叫（exec），參數透過環境變數和標準輸入傳遞。注意，傳遞給委託外掛程式的參數並不會進行參數轉換，而是直接將呼叫方接收到的所有參數（環境變數和執行設定）原封不動地傳遞給委託外掛程式。

注意：

為了減輕 CNI 外掛程式中進行 IP 位址管理的負擔，將 IP 位址管理的功能解耦出來，CNI 設計了第三種外掛程式—IPAM 外掛程式。CNI 外掛程式可以在恰當的時機呼叫 IPAM 外掛程式，IPAM 外掛程式會將執行的結果傳回給委託方。IPAM 外掛程式會根據指定的協定（如 dhcp）、本地檔案中的資料或網路設定檔中 ipam 欄位的資訊來完成分配 IP、設定閘道和路由等操作。

5.1.6　CNI 外掛程式介面的輸出格式

CNI 外掛程式傳回的格式有以下 3 種。

（1）Success：即 PrevResult。CNI 外掛程式執行成功後傳回的 JSON 結構，同時會作為 PrevResult 傳回給下一個 CNI 外掛程式或容器執行時期。舉例來說，ADD 操作後的 PrevResult 傳回給容器執行時期。

（2）Error：包含必要的錯誤訊息資訊。

（3）Version：VERSION 操作的傳回結果。

1·Success

CNI 外掛程式在執行成功之後，必須傳回特定格式的 JSON 結構，範例如下（以 CNI 1.0.0 為例）。

```
{
  "cniVersion": "1.0.0",
  "interfaces": [                        // 網路介面陣列，IPAM 外掛程式的傳回會忽略該欄位
    {
        "name": "<name>",                // 網路介面的名稱
        "mac": "<MAC address>",          // 網路介面的 mac 位址
        "sandbox": "<netns path or hypervisor identifier>" // 網路命名空間
或虛擬機器的唯一識別碼
    }
  ],
  "ips": [                               // 分配給容器的 IP 位址清單
    {
        "address": "<ip-and-prefix-in-CIDR>",            // IP 位址
        "gateway": "<ip-address-of-the-gateway>",        // 可選，子網的閘道
        "interface": <numeric index into 'interfaces' list> // 介面清單的
index
    },
    ...
  ],
  "routes": [                                            // 可選，路由
    {
```

```
            "dst": "<ip-and-prefix-in-cidr>",         // 可選，路由的目的位址，可以是子網，
也可以是首碼
            "gw": "<ip-of-next-hop>"                   // 可選，路由的下一次轉發
        },
        ...
    ]
    "dns": {
      "nameservers": <list-of-nameservers>         // 可選，dns 設定的伺服器清單
      "domain": <name-of-local-domain>             // 可選，dns 設定的 domain
      "search": <list-of-additional-search-domains> // 可選，dns 設定的 search
      "options": <list-of-options>                 // 可選，dns 設定的 options
    }
}
```

注意：

委託外掛程式並不會傳回完整的 JSON 結構，如 IPAM 外掛程式會忽略 interfaces 欄位，以及 ips 中的 interface 欄位。

2 · Error

CNI 外掛程式在執行失敗時同樣會傳回 JSON 結構，相比於 Success，Error 對應的結構比較簡單，僅含有 4 個欄位。

- cniVersion：CNI 的版本。

- code：錯誤碼。

- msg：簡短的錯誤描述。

- details：詳細的錯誤描述。

Error 傳回的範例如下。

```
{
  "cniVersion": "1.0.0",
  "code": 7,
  "msg": "Invalid Configuration",
  "details": "Network 192.168.0.0/31 too small to allocate from."
}
```

3・Version

對於 VERSION 操作，CNI 外掛程式同樣會傳回一個 JSON 結構，該 JSON 結構包含兩個欄位。

- cniVersion：CNI 的版本。

- supportedVersions：支援的 CNI 版本列表。

Version 傳回的範例如下。

```
{
    "cniVersion": "1.0.0",
    "supportedVersions": [ "0.1.0", "0.2.0", "0.3.0", "0.3.1", "0.4.0",
"1.0.0" ]
}
```

5.1.7　手動設定容器網路

上面介紹了 CNI 規範及呼叫流程，下面透過範例為指定容器建立網路介面、分配 IP 並增加通訊埠映射，以了解 CNI 外掛程式的工作原理。由於我們是直接呼叫的 CNI 外掛程式，由 5.1.4 節可知，我們扮演的是「容器執行時期」的角色。

首先要安裝 CNI 外掛程式。由於在 3.1 節中安裝 containerd 時選擇的是 cri-containerd-cni 安裝套件，該安裝套件預設安裝了 CNI 官方外掛程式，因此不必重新安裝。若沒有選擇並安裝 cri-containerd-cni 安裝套件，則需要執行下面的命令安裝 CNI 外掛程式（此處下載的是 v1.2.0 版本）。

```
CNI_PATH=/opt/cni/bin/
mkdir -p ${CNI_PATH}
wget https://github.com/containernetworking/plugins/releases/download/v1.2.0/
cni-plugins-linux-amd64-v1.2.0.tgz
tar xvzf cni-plugins-linux-amd64-v1.2.0.tgz  -C ${CNI_PATH}
```

1．建立網路

下面將透過扮演「容器執行時期」的角色，採用 5.1.2 節中的 CNI 設定範例 dbnet，呼叫相關 CNI 外掛程式（直接呼叫 bridge 外掛程式，連鎖呼叫 tuning 和 portmap 外掛程式），完成容器網路的設定。

（1）利用 nerdctl 啟動一個不附帶網路的容器，啟動容器時將自動建立容器的 network namespace。執行下面的命令得到容器 id 和 network namespace 路徑。

```
root@zjz:~# CONTAINERID=$(nerdctl  run -d --network none nginx)
root@zjz:~# PID=$(nerdctl inspect $CONTAINERID -f '{{ .State.Pid }}')
root@zjz:~# NET_NS_PATH=/proc/$PID/ns/net
```

（2）查看容器網路命名空間中的網路介面，可以看到網路命名空間內只有一個網路回環介面 lo，並沒有其他任何設定。

```
root@zjz:~# nsenter -t $PID -n ip a
1: lo: <LOOPBACK,UP,LOWER_UP> mtu 65536 qdisc noqueue state UNKNOWN group default qlen
1000
    link/loopback 00:00:00:00:00:00 brd 00:00:00:00:00:00
    inet 127.0.0.1/8 scope host lo
       valid_lft forever preferred_lft forever
    inet6 ::1/128 scope host
       valid_lft forever preferred_lft forever
```

注意：

使用 nsenter 可以進入指定處理程序的 namespace，透過指定 -t 選定處理程序號，透過 -n 進入 network namespace，當然不只 network namespace，2.2 節中介紹的 namespace 都可以透過此種方式進入。除了使用 nsenter -t $PID -n ip a 進入 network namespace，還有以下兩種方式。

（1）使用 ip netns exec <network namespace > <shell> 命令。該命令需要指定 network namespace 的名稱，即 ip netns list 顯示的名稱。其實就是 /var/run/netns 目錄下的檔案，可以透過 mount--bind/proc/$PID/ns/net/var/run/netns/<network namespace> 來建立。完整命令如下所示。

```
root@zjz:~# mount --bind /proc/$PID/ns/net /var/run/netns/zjz
root@zjz:~# ip netns exec zjz ip a
... 省略結果 ...
```

（2）使用 ip -n <network namespace > a 命令。該命令類似於（1）中命令，需要指定 network namespace 名稱，如下所示。

```
root@zjz:~# ip -n zjz ip a
```

（3）準備 bridge 外掛程式的執行設定。

5.1.4 節中講過，容器執行時期會將外掛程式設定轉為執行設定。此處我們扮演的是「容器執行時期」角色，因此需要手動進行這個轉換。準備 bridge 外掛程式的執行設定，即從外掛程式設定中得到 bridge 的設定 bridge.json，並增加 cniVersion 和 name 欄位，如下所示。

```
// bridge.json
{
    "cniVersion": "1.0.0",
    "name": "dbnet",
    "type": "bridge",
    "bridge": "mycni0",
    "isGateway": true,
    "keyA": ["some more", "plugin specific", "configuration"],
    "ipam": {
        "type": "host-local",
        "subnet": "10.1.0.0/16",
        "routes": [
            {"dst": "0.0.0.0/0"}
        ]
    },
    "dns": {
      "nameservers": [ "10.1.0.1" ]
    }
}
```

（4）透過下面的命令呼叫 bridge 外掛程式。

```
CNI_COMMAND=ADD CNI_CONTAINERID=$CONTAINERID CNI_NETNS=$NET_NS_PATH
CNI_IFNAME=eth0 CNI_PATH=/opt/cni/bin /opt/cni/bin/bridge < ~/bridge.json
```

（5）呼叫 bridge 外掛程式後，bridge 外掛程式會委託呼叫 ipam 外掛程式
分配 IP。委託呼叫成功後，bridge 外掛程式會將 ipam 傳回的結果進行整合，傳
回輸出到標準輸出 stdout，結果以下（其中 ips、routes、dns 為 ipam 委託呼叫傳
回的結果，interfaces 為 bridge 外掛程式組裝的結果）。

```
root@zjz:~# CNI_COMMAND=ADD CNI_CONTAINERID=$CONTAINERID CNI_NETNS=$NET_
NS_PATH CNI_IFNAME=eth0 CNI_PATH=/opt/cni/bin /opt/cni/bin/bridge < ~/
bridge.json
{
    "cniVersion": "1.0.0",
    "interfaces": [                     // bridge 外掛程式組裝的內容
        {
            "name": "mycni0",
            "mac": "42:19:2e:fd:c7:76"
        },
        {
            "name": "veth8ff25940",
            "mac": "9e:29:57:cb:7d:5e"
        },
        {
            "name": "eth0",
            "mac": "1a:8f:04:1e:a1:84",
            "sandbox": "/proc/2200769/ns/net"
        }
    ],
    "ips": [                            // ipam 外掛程式傳回的內容
        {
            "interface": 2,
            "address": "10.1.0.2/16",
            "gateway": "10.1.0.1"
        }
    ],
    "routes": [                         // ipam 外掛程式傳回的內容
```

```
        {
            "dst": "0.0.0.0/0"
        }
    ],
    "dns": {
      "nameservers": [ "10.1.0.1" ]
    }                                   // ipam 外掛程式傳回的內容
}
```

從 bridge 傳回的結果中可以看到分配出來 10.1.0.2 的 IP 位址，此時進入容
器的網路命名空間查看，可以看到 eth0 介面已經被建立成功，並設定了 IP 位址
10.1.0.2。

```
root@zjz:~# nsenter -t $PID -n ip a
1: lo: <LOOPBACK,UP,LOWER_UP> mtu 65536 qdisc noqueue state UNKNOWN group
default qlen 1000
    link/loopback 00:00:00:00:00:00 brd 00:00:00:00:00:00
    inet 127.0.0.1/8 scope host lo
       valid_lft forever preferred_lft forever
    inet6 ::1/128 scope host
       valid_lft forever preferred_lft forever
2: eth0@if51863: <BROADCAST,MULTICAST,UP,LOWER_UP> mtu 1500 qdisc noqueue
state UP group default
    link/ether 1a:8f:04:1e:a1:84 brd ff:ff:ff:ff:ff:ff link-netnsid 0
    inet 10.1.0.2/16 brd 10.1.255.255 scope global eth0
       valid_lft forever preferred_lft forever
    inet6 fe80::c0a2:2dff:fe04:b828/64 scope link
       valid_lft forever preferred_lft forever
```

由於設定了 isGateway=true 參數，bridge 已經設定好閘道 mycni0 的子網和
IP，同時核心基於該閘道增加了預設路由，如下所示。

```
# 查看閘道
root@zjz:~# ip a
51915: mycni0: <BROADCAST,MULTICAST,UP,LOWER_UP> mtu 1500 qdisc noqueue
state UP group default qlen 1000
    link/ether 42:19:2e:fd:c7:76 brd ff:ff:ff:ff:ff:ff
    inet 10.1.0.1/16 brd 10.1.255.255 scope global mycni000
       valid_lft forever preferred_lft forever
```

```
... 省略 ...
# 查看路由
root@zjz:~# ip route
10.1.0.0/16 dev mycni0 proto kernel scope link src 10.1.0.1
```

（6）此時透過 IP 位址存取我們執行的 nginx 容器。

```
root@zjz:~# curl 10.1.0.2
<!DOCTYPE html>
<html>
<head>
<title>Welcome to nginx!</title>
... 省略 ...
<p><em>Thank you for using nginx.</em></p>
</body>
</html>
```

上面的範例步驟中我們扮演「容器執行時期」的角色對介面外掛程式進行了直接呼叫，接下來我們繼續扮演「容器執行時期」的角色對連鎖外掛程式進行呼叫。

（7）採用 5.1.2 節中的範例 dbnet 對 tuning 外掛程式進行呼叫。5.1.4 節中講過，對連鎖外掛程式進行呼叫時，容器執行時期對入參進行轉換的過程中會額外增加 prevResult 和 runtimeConfig 並刪除 capabilities。因此，我們對外掛程式設定進行轉換後結果以下（儲存為 tuning.json）。

```
// tuning.json
{
  "cniVersion": "1.0.0",
  "name": "dbnet",
  "type": "tuning",        // 二進位外掛程式
  "sysctl": {
    "net.core.somaxconn": "500"
  },
  "runtimeConfig": {       // 替換 capabilities，將 eth0 的 mac 調整為測試值
    "mac": "00:11:22:33:44:66"
  },
  "prevResult": {          // bridge 外掛程式的傳回
```

```
    "ips": [
        {
            "address": "10.1.0.2/16",
            "gateway": "10.1.0.1",
            "interface": 2
        }
    ],
    "routes": [
        {
            "dst": "0.0.0.0/0"
        }
    ],
    "interfaces": [
        {
            "name": "mycni0",
            "mac": "42:19:2e:fd:c7:76"
        },
        {
            "name": "veth8ff25940",
            "mac": "9e:29:57:cb:7d:5e"
        },
        {
            "name": "eth0",
            "mac": "1a:8f:04:1e:a1:84",
            "sandbox": "/proc/2200769/ns/net"
        }
    ],
    "dns": {
        "nameservers": [ "10.1.0.1" ]
    }
  }
}
```

（8）執行下面的命令呼叫 tuning 外掛程式。

```
CNI_COMMAND=ADD CNI_CONTAINERID=$CONTAINERID CNI_NETNS=$NET_NS_PAT HCNI_
IFNAME=eth0 CNI_PATH=/opt/cni/bin /opt/cni/bin/tuning < ~/tuning.json
```

tuning 外掛程式的傳回結果如下。

```
root@zjz:~# CNI_COMMAND=ADD CNI_CONTAINERID=$CONTAINERID CNI_NETNS=$NET_
NS_PATH CNI_IFNAME=eth0 CNI_PATH=/opt/cni/bin /opt/cni/bin/tuning < ~/
tuning.json
{
    "cniVersion": "1.0.0",
    "interfaces": [
        {
            "name": "mycni0",
            "mac": "42:19:2e:fd:c7:76"
        },
        {
            "name": "veth8ff25940",
            "mac": "9e:29:57:cb:7d:5e"
        },
        {
            "name": "eth0",
            "mac": "00:11:22:33:44:66",
            "sandbox": "/proc/2200769/ns/net"
        }
    ],
    "ips": [
        {
            "interface": 2,
            "address": "10.1.0.2/16",
            "gateway": "10.1.0.1"
        }
    ],
    "routes": [
        {
            "dst": "0.0.0.0/0"
        }
    ],
    "dns": {
        "nameservers": [
            "10.1.0.1"
        ]
    }
}
```

（9）查看 eth0 的 mac 是否正常修改完成。可以看到，已經修改為設定的 00:11:22:33:44:66。

```
root@zjz:~# nsenter -t $PID -n ip a
1: lo: <LOOPBACK,UP,LOWER_UP> mtu 65536 qdisc noqueue state UNKNOWN group
default qlen 1000
    link/loopback 00:00:00:00:00:00 brd 00:00:00:00:00:00
    inet 127.0.0.1/8 scope host lo
       valid_lft forever preferred_lft forever
    inet6 ::1/128 scope host
       valid_lft forever preferred_lft forever
4: eth0@if62960: <BROADCAST,MULTICAST,UP,LOWER_UP> mtu 1500 qdisc noqueue
state UP group default
    link/ether 00:11:22:33:44:66 brd ff:ff:ff:ff:ff:ff link-netnsid 0
    inet 10.1.0.2/16 brd 10.2.255.255 scope global eth0
       valid_lft forever preferred_lft forever
    inet6 fe80::188f:4ff:fe1e:a184/64 scope link
       valid_lft forever preferred_lft forever
```

（10）接下來呼叫 portmap 外掛程式。同樣將 tuning 外掛程式的輸出作為 prevResult 插入，同時替換 capabilities 為 runtimeConfig.portMappings，轉換完後執行設定如下。

```
// portmap.json
{
  "cniVersion": "1.0.0",
  "name": "dbnet",
  "type": "portmap",
  "runtimeConfig": {
    "portMappings" : [
      { "hostPort": 8080, "containerPort": 80, "protocol": "tcp" }
    ]
  },
  "prevResult": {
    "ips": [
        {
          "address": "10.1.0.2/16",
          "gateway": "10.1.0.1",
          "interface": 2
```

```
        }
    ],
    "routes": [
      {
        "dst": "0.0.0.0/0"
      }
    ],
    "interfaces": [
        {
            "name": "mycni0",
            "mac": "42:19:2e:fd:c7:76"
        },
        {
            "name": "veth8ff25940",
            "mac": "9e:29:57:cb:7d:5e"
        },
        {
            "name": "eth0",
            "mac": "00:11:22:33:44:66",
            "sandbox": "/proc/2200769/ns/net"
        }
    ],
    "dns": {
      "nameservers": [ "10.1.0.1" ]
    }
  }
}
```

（11）執行下面的命令呼叫 portmap 外掛程式，執行成功後結果如下。

```
root@zjz:~# CNI_COMMAND=ADD CNI_CONTAINERID=$CONTAINERID CNI_NETNS=$NET_
NS_PATH CNI_IFNAME=eth0 CNI_PATH=/opt/cni/bin /opt/cni/bin/portmap < ~/
portmap.json
# 輸出以下
{
    "cniVersion": "1.0.0",
    "interfaces": [
        {
            "name": "mycni0",
```

```
            "mac": "42:19:2e:fd:c7:76"
        },
        {
            "name": "veth8ff25940",
            "mac": "9e:29:57:cb:7d:5e"
        },
        {
            "name": "eth0",
            "mac": "00:11:22:33:44:66",
            "sandbox": "/proc/2200769/ns/net"
        }
    ],
    "ips": [
        {
            "interface": 2,
            "address": "10.2.0.3/16",
            "gateway": "10.2.0.1"
        }
    ],
    "routes": [
        {
            "dst": "0.0.0.0/0"
        }
    ],
    "dns": {
        "nameservers": [
            "10.1.0.1"
        ]
    }
```

該外掛程式的作用是將宿主機上的 8080 通訊埠轉發到容器 IP 的 80 通訊埠。
下面在宿主機上執行 curl 127.0.0.1:8080 查看通訊埠轉發是否生效。可以看到，
請求已經正常轉發到了 nginx 容器內。

```
root@zjz:~# curl 127.0.0.1:8080
<!DOCTYPE html>
<html>
<head>
<title>Welcome to nginx!</title>
```

```
... 省略 ...
<p><em>Thank you for using nginx.</em></p>
</body>
</html>
```

2．刪除網路

建立網路時，容器執行時期按照順序依次呼叫 bridge、tuning、portmap 外掛程式，而刪除網路時，則按照相反的順序依次呼叫 portmap、tuning、bridge 外掛程式。執行刪除操作時，所有外掛程式的執行設定中 prevResult 均為建立容器網路操作傳回的結果。

（1）刪除 portmap。執行設定如下。

```
// portmap_del.json
{
  "cniVersion": "1.0.0",
  "name": "dbnet",
  "type": "portmap",
  "runtimeConfig": {
    "portMappings" : [
      { "hostPort": 8080, "containerPort": 80, "protocol": "tcp" }
    ]
  },
  "prevResult": {
      "ips": [
        {
          "address": "10.1.0.2/16",
          "gateway": "10.1.0.1",
          "interface": 2
        }
      ],
      "routes": [
        {
          "dst": "0.0.0.0/0"
        }
      ],
      "interfaces": [
        {
```

```
            "name": "mycni0",
            "mac": "42:19:2e:fd:c7:76"
        },
        {
            "name": "veth8ff25940",
            "mac": "9e:29:57:cb:7d:5e"
        },
        {
            "name": "eth0",
            "mac": "00:11:22:33:44:66",
            "sandbox": "/proc/2200769/ns/net"
        }
    ],
    "dns": {
      "nameservers": [ "10.1.0.1" ]
    }
  }
}
```

命令列操作如下。外掛程式執行 DEL 操作成功後無輸出（退出碼為 0）。

```
root@zjz:~# CNI_COMMAND=DEL CNI_CONTAINERID=$CONTAINERID CNI_NETNS=$NET_
NS_PATH CNI_IFNAME=eth0 CNI_PATH=/opt/cni/bin /opt/cni/bin/portmap < ~/
portmap_del.json
```

（2）對 tuning 外掛程式執行 DEL 命令。執行設定如下。

```
// tuning_del.json
{
  "cniVersion": "1.0.0",
  "name": "dbnet",
  "type": "tuning",
  "sysctl": {
    "net.core.somaxconn": "500"
  },
  "runtimeConfig": {
    "mac": "00:11:22:33:44:66"
  },
  "prevResult": {
```

```
    "ips": [
      {
        "address": "10.1.0.2/16",
        "gateway": "10.1.0.1",
        "interface": 2
      }
    ],
    "routes": [
      {
        "dst": "0.0.0.0/0"
      }
    ],
    "interfaces": [
        {
          "name": "mycni0",
          "mac": "42:19:2e:fd:c7:76"
        },
        {
          "name": "veth8ff25940",
          "mac": "9e:29:57:cb:7d:5e"
        },
        {
          "name": "eth0",
          "mac": "00:11:22:33:44:66",
          "sandbox": "/proc/2200769/ns/net"
        }
    ],
    "dns": {
      "nameservers": [ "10.1.0.1" ]
    }
  }
}
```

命令列操作如下。

```
root@zjz:~# CNI_COMMAND=DEL CNI_CONTAINERID=$CONTAINERID CNI_NETNS=$NET_
NS_PATH CNI_IFNAME=eth0 CNI_PATH=/opt/cni/bin /opt/cni/bin/tuning < ~/
tuning_del.json
```

（3）呼叫 bridge 外掛程式。bridge 外掛程式的執行設定如下。

```json
// bridge_del.json
{
  "cniVersion": "1.0.0",
  "name": "dbnet",
  "type": "bridge",
  "bridge": "mycni0",
  "isGateway": true,
  "keyA": ["some more", "plugin specific", "configuration"],
  "ipam": {
    "type": "host-local",
    "subnet": "10.1.0.0/16",
    "gateway": "10.1.0.1"
  },
  "dns": {
    "nameservers": [ "10.1.0.1" ]
  },
  "prevResult": {
  "ips": [
      {
        "address": "10.1.0.2/16",
        "gateway": "10.1.0.1",
        "interface": 2
      }
    ],
    "routes": [
      {
        "dst": "0.0.0.0/0"
      }
    ],
    "interfaces": [
      {
        "name": "mycni0",
        "mac": "42:19:2e:fd:c7:76"
      },
      {
        "name": "veth8ff25940",
        "mac": "9e:29:57:cb:7d:5e"
      },
```

```
        {
            "name": "eth0",
            "mac": "00:11:22:33:44:66",
            "sandbox": "/proc/2200769/ns/net"
        }
    ],
    "dns": {
      "nameservers": [ "10.1.0.1" ]
    }
  }
}
```

命令列操作如下。

```
root@zjz:~# CNI_COMMAND=DEL CNI_CONTAINERID=$CONTAINERID CNI_NETNS=$NET_
NS_PATH CNI_IFNAME=eth0 CNI_PATH=/opt/cni/bin /opt/cni/bin/bridge < ~/
bridge_del.json.json
```

bridge 外掛程式在傳回結果前首先會委託呼叫 host-local 外掛程式執行 DEL 操作。

5.2 CNI 外掛程式介紹

透過 5.1 節的介紹，我們了解了 CNI 規範的定義和 CNI 外掛程式執行的原理。其實，CNI 專案中除了 CNI 規範的定義，還提供了多種 CNI 外掛程式的官方實現。本節將介紹 CNI 專案中內建的標準實現。

當前 CNI 官方專案中共有 3 種類型的外掛程式 [1]。

（1）main 類：main 類外掛程式主要用於建立網路裝置，即 5.1 節介紹的介面外掛程式。

（2）ipam 類：ipam 類外掛程式用於管理 IP 和相關網路資料，設定網路卡、IP、路由等。ipam 類外掛程式通常由 main 類外掛程式委託呼叫。

---

[1] **https://github.com/containernetworking/plugins**。

（3）meta 類：其他外掛程式，該類外掛程式主要是調整介面，並非單獨使用，即 5.1 節介紹的連鎖外掛程式。

5.2.1　main 類外掛程式

main 類外掛程式主要是指用於為容器建立介面的外掛程式（即 interface plugin），下面介紹 CNI 專案中常用的幾種 main 類外掛程式。

1 · bridge 外掛程式

Linux bridge（橋接器）是 Linux 中用純軟體實現的虛擬交換機，有著和物理交換機相同的功能，如二層交換、MAC 位址學習等。可以把 tun/tap、veth pair 等裝置綁定到橋接器上，就像把裝置連接到物理交換機上一樣。此外，它和 tun/tap、veth pair 一樣，也是一種虛擬網路裝置，具有虛擬裝置的所有特性，如設定 IP、MAC 位址等。

bridge 外掛程式透過在宿主機上建立一個 Linux bridge 裝置，然後透過 veth pair 將該橋接器和容器網路命名空間中的介面連接起來，達到容器網路互通以及容器網路和主機網路通訊的目的，如圖 5.6 所示。

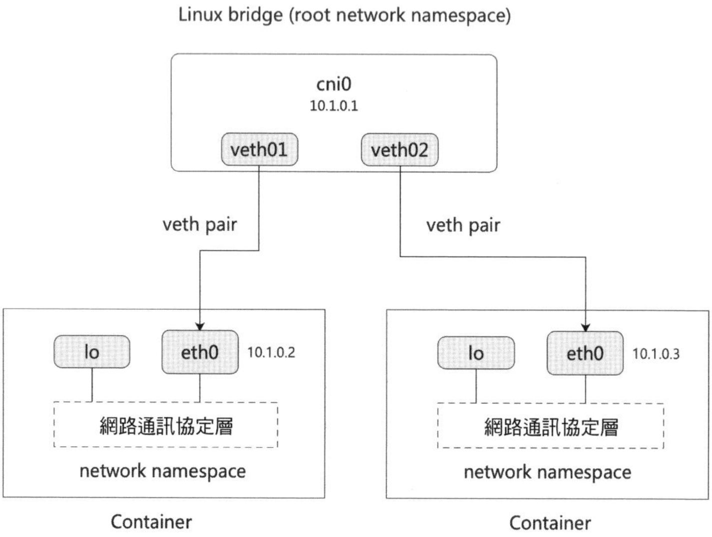

▲ 圖 5.6　bridge 外掛程式透過 Linux bridge + veth Pair 連接宿主機網路和容器網路

如圖 5.6 所示，bridge 外掛程式會建立一個 cni0 的 Linux bridge 裝置，然後建立一對 veth pair，其一端插入容器網路命名空間中並設定 IP 位址（如 10.1.0.2），另一端插在 cni0，插入 cni0 的 veth pair 一端不設定 IP，因為 cni0 本身有 IP 位址，cni0 作為容器網路的閘道。

bridge 外掛程式內部透過委託呼叫方式呼叫 ipam 外掛程式。bridge 外掛程式設定的範例如下。

```
{
    "cniVersion": "1.0.0",
    "name": "mynet",
    "type": "bridge",
    "bridge": "mynet0",
    "isDefaultGateway": true,
    "forceAddress": false,
    "ipMasq": true,
    "hairpinMode": true,
    "ipam": {
        "type": "host-local",
        "subnet": "10.1.0.0/16"
    }
}
```

bridge 外掛程式支援的設定參數如表 5.7 所示。

▼ 表 5.7 bridge 外掛程式設定參數

欄位	格式	含　義
name	字串	必選，網路設定的名稱
type	字串	必選，網路外掛程式名稱，即 bridge
isGateway	布林值	可選，將要使用或建立的 bridge 裝置名稱，預設是 cni0
isDefaultGateway	布林值	可選，isDefaultGateway 需要與 isGateway 結合使用。設定 isGateway 和 isDefaultGateway 都為 true，會將分配的閘道位址設定為預設路由。isDefaultGateway 預設值為 false

（續表）

欄位	格式	含　義
forceAddress	布林值	可選，表示如果先前設定的值已變更，是否應設定新的 IP 位址，預設值是 false
ipMasq	布林值	可選，在主機上設定 IP Masquerade 以便實現自動 SNAT 來源位址的填充。預設值是 false
mtu	整數	可選，設定 MTU（maximum transmission unit）為指定值，若為空，則預設值為核心設定的值
hairpinMode	布林值	可選，是否在 bridge 的介面上開啟 hairpin 模式（允許從這個通訊埠收到的封包仍然從這個通訊埠發出），預設值是 false
ipam	字典值	必選，對 ipam 的設定。如果是 L2-only 的網路，則該值為空，即 {}
promiscMode	布林值	可選，是否開啟 bridge 的混雜模式，開啟後接收所有經過網路卡的資料封包，包括不是發給本機的封包，即不驗證 MAC 位址。預設值是 false
vlan	整數	可選，指定 VLAN tag 值，預設為空
vlanTrunk	列表	可選，指定 VLAN trunk tag 值，預設為空。範例："vlanTrunk": [{ "id": 101 }, { "minID": 200, "maxID": 299 }]
enabledad	布林值	可選，為容器端 veth 啟用重複位址檢測。預設值是 false
macspoofchk	布林值	可選，啟用 MAC 欺騙檢查，將來自容器的流量限制為介面的 MAC 位址。預設值是 false

　　bridge 外掛程式設定的僅是單機網路通訊，即容器同宿主機通訊，以及同宿主機上容器之間的通訊，如圖 5.7 中的 Host A 或 Host B。

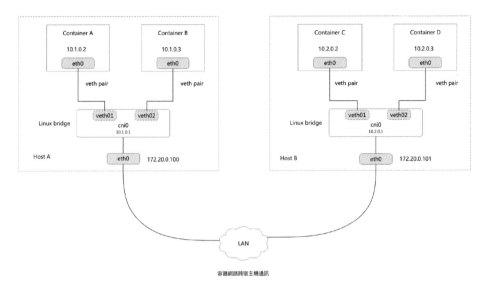

容器網路跨宿主機通訊

▲ 圖 5.7 基於 Linux bridge 的容器網路通訊與跨主機通訊

如圖 5.7 所示，基於 bridge 外掛程式設定的容器網路可以實現同宿主機上的容器網路通訊。不過要實現跨宿主機之間容器網路通訊，如圖 5.7 中 Container A 和 Container B，則需要額外設定。

跨主機容器網路進行通訊，通常有 Overlay 網路和 Underlay 主機路由兩種方式。

1）Overlay 網路方式

Overlay 網路和 Underlay 網路是一組相對概念。Overlay 網路是建立在 Underlay 網路上的邏輯網路。相互連接的 Overlay 裝置之間建立隧道，資料封包準備傳輸出去時，裝置為資料封包增加新的 IP 頭部和隧道頭部，並且遮罩掉內層的 IP 頭部，資料封包根據新的 IP 頭部進行轉發。當資料封包傳遞到另一個裝置後，外部的 IP 表頭和隧道表頭將被丟棄，得到原始的資料封包，在這個過程中 Overlay 網路並不能感知 Underlay 網路，如圖 5.8 所示。

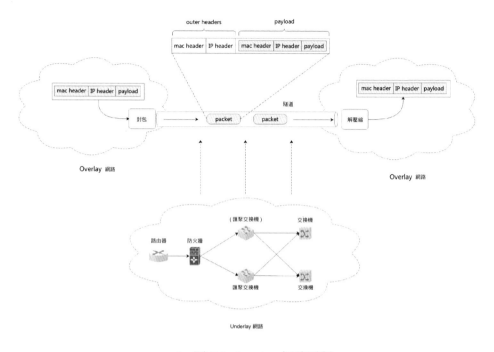

▲ 圖 5.8　Overlay 網路通訊

　　圖 5.8 所示是一個典型的 L2 Overlay 網路，本質上是 L2 Over IP 的隧道技術。將原始 L2 封包進行封裝，增加外層 mac header 和 IP header，原始封包則作為 payload 封裝在資料封包中。在接收端進行封包的解壓縮，剝離外層 header，暴露原始 L2 封包。

　　典型的 L2 Overlay 技術有 VXLAN（L2 over UDP）、NVGRE（L2 over GRE）、STT（L2 over TCP）。容器 Overlay 網路拓樸中常用的為 VXLAN。VXLAN 協定是目前最流行的 Overlay 網路隧道協定之一，它是由 IETF 定義的 NVO3（Network Virtualization over Layer 3）標準技術之一，採用 L2 over L4（MAC-in-UDP）的封包封裝模式，將二層封包用三層協定進行封裝，可實現二層網路在三層範圍內進行擴充，令「二層域」突破規模限制形成「大二層域」。主流的第三方 CNI 外掛程式如 Flannel、Calico、Canal 等均支援 VXLAN 模式。

當然除了 L2 Overlay，還有 L3 Overlay。舉例來說，Flannel 的 UDP 模式即為 L3 Overlay。相比於 L2 Overlay，L3 Overlay 封裝的內層原始封包中僅有 IP header 和 payload，沒有 mac header，如圖 5.9 所示。

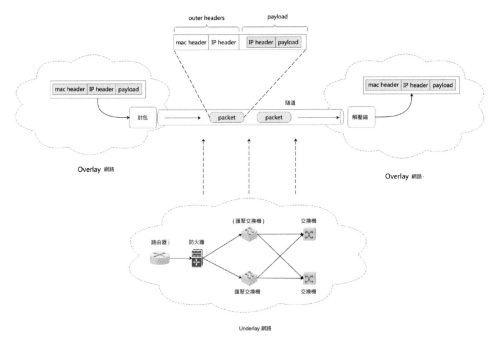

▲ 圖 5.9 L3 Overlay 網路通訊

2）Underlay 主機路由方式

另外一種跨主機網路通訊方式是 Underlay 網路下基於路由實現的模式。這種方式沒有任何的資料封裝，純路由實現，資料只經過協定層一次，因此性能比 Overlay 更高。典型的實現是 Flannel 的 host-gw 模式，如圖 5.10 所示。

host-gw 模式中最核心的是路由規則中的下一次轉發。以 Host A 中的第二筆路由規則為例，ip route 看到的為：

```
$ ip route
...
10.2.0.0/16 via 172.20.0.101 dev eth0
```

這條路由規則的含義是：目的 IP 位址屬於 10.2.0.0/16 網段的 IP 封包，應該經過本機的 eth0 裝置發出去（即 dev eth0）；它的下一次轉發位址（next-hop）是 172.20.0.101（即 via 172.20.0.101）。

一旦設定了下一次轉發位址，那麼接下來，當 IP 封包從網路層進入鏈路層封裝成幀時，eth0 裝置就會使用下一次轉發位址對應的 MAC 位址作為該資料幀的目的 MAC 位址。顯然，這個 MAC 位址正是 Node 2 的 MAC 位址。這樣，這個資料幀就會從 Host A 透過宿主機的二層網路順利到達 Host B 上。

支援主機路由模式的還有 Calico 的 BGP 模式。Calico 的 BGP 模式和 Flannel 的 host-gw 模式類似，只不過主機上路由的維護是利用 BGP 協定進行的，如圖 5.11 所示。

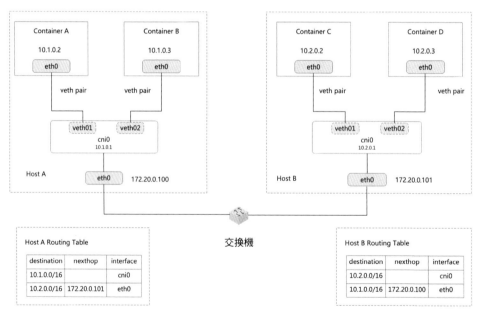

▲ 圖 5.10　基於 host-gw 實現的跨主機通訊模式

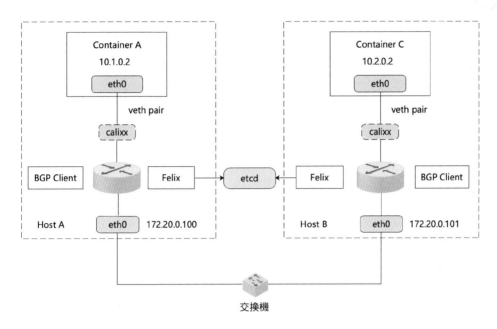

▲ 圖 5.11 Calico 的 BGP 模式

Calico 的 BGP 模式與 Flannel 的 host-gw 模式的另一個不同之處是，它不會在宿主機上建立任何橋接器裝置。Calico 透過設定路由規則，將資料封包直接路由到對應 veth 裝置，Flannel 則是先路由到橋接器，再從橋接器轉發到對應 veth 裝置。

注意：

無論是 Flannel 的 host-gw 模式還是 Calico 的 BGP 模式，都需要宿主機之間二層互通才能正常執行，即宿主機在一個子網內。這導致主機路由模式無法適用於叢集規模較大且需要對節點進行網段劃分的場景。

2 · macvlan 外掛程式

macvlan 外掛程式利用 Linux macvlan 能力為容器設定容器網路。macvlan 類似於 Linux bridge，本質上也是 Linux 系統提供的網路虛擬化解決方案，能將一片物理網路卡虛擬成多片虛擬網路卡，同時每個 macvlan 子介面有自己獨立的 mac 位址（這一點與後面將要介紹的 ipvlan 外掛程式有些區別），如圖 5.12 所示。

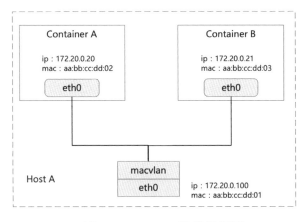

▲ 圖 5.12　macvlan 與容器網路

如圖 5.12 所示，透過將不同的 macvlan 子介面連線不同的 network namespace 內，並設定指定的 ip 位址，實現 macvlan 場景下的容器網路通訊。

macvlan 支援 5 種工作模式。

（1）bridge：屬於同一個父介面的 macvlan 子介面掛到同一個 bridge 上，子介面間可以二層互通。此時父介面類別似於一個橋接器，可以用來轉發多個同網段子網路卡之間的資料封包，並且相比於橋接器裝置，每個子 macvlan 裝置的 mac 位址對於父網路卡而言都是已知的，不用學習即可轉發。

（2）vepa（virtual ethernet port aggregator）：macvlan 介面簡單地將資料轉發到 master 裝置中，完成資料匯聚功能，子介面之間的通訊流量需要導到外部支援 hairpin 功能的交換機（可以是物理的或虛擬的）上，經由外部交換機轉發，再繞回來。

（3）private：同一主介面下的子介面之間彼此隔離，不能通訊。即使從外部的物理交換機導流，也會被無情地丟掉。

（4）passthru：只允許單一子介面連接主介面，且必須設定成混雜模式，一般用於子介面橋接和建立 vlan 子介面的場景。這種模式每個父介面只能和一個 macvlan 虛擬網路卡介面進行捆綁，並且 macvlan 虛擬網路卡介面繼承父介面的 mac 位址。

（5）source：寄生在物理裝置中的這類 macvlan 裝置，只能接收指定的來源 mac source 的資料封包，不接收其他資料封包。

macvlan 外掛程式的設定範例如下。

```
{
    "cniVersion":"1.0.0",
    "name": "mynet",
    "type": "macvlan",
    "master": "eth0",
    "mode": "bridge",
    "ipam": {
        "type": "host-local",
        // macvlan 子介面與主機口必須位於同一個子網中
        "subnet": "172.20.0.0/24",
        "rangeStart": "172.20.0.20",
        "rangeEnd": "172.20.0.99",
        "gateway": "172.20.0.1",
        "routes": [
        { "dst": "0.0.0.0/0" }
        ]
    }
}
```

由於 macvlan 有自己獨立的 mac 位址，因此可以配合已有的 DHCP 伺服器一起使用。範例如下。

```
{
    "cniVersion":"1.0.0",
    "name": "mynet",
    "type": "macvlan",
    "master": "eth0",
    "linkInContainer": false,
    "ipam": {
            "type": "dhcp"
    }
}
```

macvlan 外掛程式支援的設定參數如表 5.8 所示。

▼ 表 5.8　macvlan 外掛程式設定參數

欄位	格式	含　義
name	字串	必選，網路設定的名稱
type	字串	必選，網路外掛程式名稱，即 macvlan
master	字串	可選，指定進行 macvlan 虛擬化的主介面
mode	字串	可選，設定 macvlan 子介面的工作模式，當前支援 bridge、private、vepa、passthru 4 種，預設是 bridge 模式
mtu	整數	可選，設定 MTU（maximum transmission unit）為指定值，若為空，則預設值為核心設定的值。指定值的合法區間是 [0, 主介面的 MTU]
ipam	字典值	必選，對 ipam 的設定。對於沒有 ip 位址的介面，則該值為空，即 {}
linkInContainer	布林值	可選，指定主介面是在容器網路命名空間中，還是在主網路命名空間中

3 · ipvlan 外掛程式

顧名思義，ipvlan 外掛程式利用 Linux ipvlan 能力為容器設定容器網路。和 macvlan 一樣，ipvlan 也是把主機網路卡虛擬化為多個子網路卡的技術。唯一比較大的區別是 ipvlan 虛擬出的子介面都有相同的 mac 位址（與物理介面共用同個 mac 位址），但可設定不同的 ip 位址，如圖 5.13 所示。由於沒有獨立的 mac 位址，因此 ipvlan 不適用於採用 DHCP 來分配 ip 位址，這一點要和 macvlan 區分開。

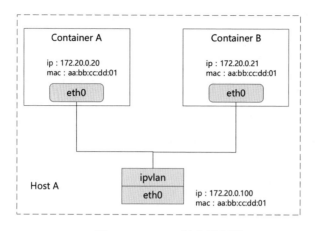

▲ 圖 5.13 ipvlan 與容器網路

如圖 5.13 所示，ipvlan 與 macvlan 明顯的區別是子介面 mac 位址與主介面一致，無法獨立設定 mac 位址。

ipvlan 有 3 種工作模式：l2 模式、l3 模式和 l3s 模式（同一張父網路卡同一時間只能使用一種模式）。

（1）l2 模式：ipvlan l2 模式和 macvlan bridge 模式工作原理相似，工作在 l2 模式下的 ipvlan 充當了父介面與子介面之間的二層裝置（交換機），虛擬裝置接收並回應位址解析通訊協定（ARP）請求。同一個網路的子介面可以透過父介面來轉發資料，而如果想發送到其他網路，封包則會透過父介面的路由轉發出去。工作在 l2 模式下的 ipvlan 會將廣播封包 / 多點傳輸封包發送至所有子介面上。

（2）l3 模式：工作在 l3 模式下的 ipvlan 充當父介面和子介面之間的三層裝置（路由器），虛擬裝置只處理 l3 以上的流量。虛擬裝置不回應 ARP 請求。l3 模式下的 ipvlan 在子介面之間路由封包，提供三層網路之間的全連接。每個子介面都必須設定不同的子網網段。例如不可以在多個子介面上設定相同的 10.10.40.0/24 網段。

（3）l3s 模式：在 l3s 模式中，虛擬裝置處理方式與 l3 模式中的處理方式相同，但相關子介面的出口和入口流量都位於預設網路命名空間中的 netfilter 鏈上。l3s 模式的行為方式和 l3 模式相似（l3 模式僅有子介面出口流量位於預設網路命名空間中的 netfilter POSTROUTING 和 OUTPUT 鏈上），但提供了對網路的更大控制。

ipvlan 外掛程式支援的設定參數如表 5.9 所示。

▼ 表 5.9　ipvlan 外掛程式設定參數

欄位	格式	含　義
name	字串	必選，網路設定的名稱
type	字串	必選，網路外掛程式名稱，即 ipvlan
master	字串	可選，指定進行 ipvlan 虛擬化的主介面
mode	字串	可選，設定 ipvlan 子介面的工作模式，當前支援 l2、l3、l3s 3 種，預設是 l2 模式
mtu	整數	可選，設定 MTU（maximum transmission unit）為指定值，若為空，則預設值為核心設定的值
ipam	字典值	必選，對 ipam 的設定
linkInContainer	布林值	可選，指定主介面是在容器網路命名空間中，還是在主網路命名空間中

注意：

一個主介面不能同時設定為 macvlan 和 ipvlan，只能選擇其中一種虛擬化的方式。另外，無論是 ipvlan 還是 macvlan 都完美地支援 VLAN（virtual local area network，虛擬區域網路）能力。

4 · VLAN 外掛程式

VLAN 外掛程式在 Linux 主機網路介面上建立 VLAN 子介面，並將 VLAN 子介面放在容器網路命名空間內，如圖 5.14 所示。注意，每個容器必須使用不同的 master 和 VLAN ID 對，即要麼是相同的 master、不同的 VLAN ID，要麼是不同的 master、相同的 VLAN ID。

如圖 5.14 所示，在 Linux 主介面上，透過不同的 VLAN ID 劃分出多個 VLAN 子介面。

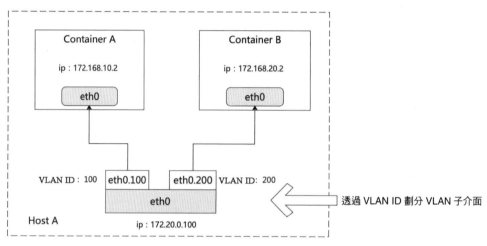

▲ 圖 5.14 在 Linux 主介面上劃分不同 VLAN 子介面

注意：

同一個主機上的子介面屬於不同的 VLAN（這也是每個容器必須使用不同的 master 和 VLAN ID 對的原因），子介面分別處在不同的廣播域中。這一點和 macvlan、ipvlan 是有區別的，macvlan、ipvlan 也支援 VLAN，但是同一個主介面虛擬出來的子介面允許位於同一廣播域中。

VLAN 用於在乙太網中隔離不同的廣播域。它誕生的時間很早，1995 年，IEEE 就發表了 802.1Q 標準定義了在乙太網資料幀中 VLAN 的格式，在乙太網資料幀中加入 4 個位元組的 VLAN 標籤（又稱 VLAN Tag，簡稱 Tag），用以標識 VLAN 資訊，如圖 5.15 所示。

傳統乙太網資料幀

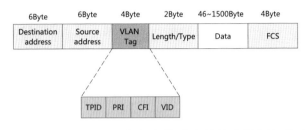

VLAN 資料幀

▲ 圖 5.15　VLAN 資料框架格式和傳統資料框架格式

　　由於 VLAN 隔離了廣播域，導致不同 VLAN 間是無法透過二層網路直接通訊的，vlan CNI 外掛程式在同一主介面上建立的子介面屬於不同的 VLAN，那麼容器網路之間如何互訪呢？答案是透過三層裝置，如圖 5.16 所示。

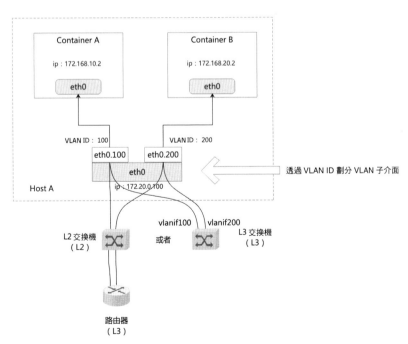

▲ 圖 5.16　不同 VLAN 的容器網路之間透過三層路由裝置進行通訊

如圖 5.16 所示，可透過路由器方式或三層交換機方式設定 VLAN 間路由。

（1）路由器方式：資料封包發送到交換機後，交換機透過資料連結轉發給路由器；路由器收到資料封包後，根據路由表進行資料轉發，將資料封包重新轉發給交換機，交換機再透過比較 VLAN ID 進行轉發。

（2）三層交換機方式：利用 VLAN IF 技術實現，在三層交換機上分別建立多個邏輯介面（vlanif 100 和 vlanif200）作為閘道，交換機內不同 VLAN IF 之間可實現 VLAN 間通訊。

VLAN 外掛程式設定範例如下。

```
{
        "name": "mynet",
        "cniVersion": "1.0.0",
        "type": "vlan",
        "master": "eth0",
        "mtu": 1500,
        "vlanId": 5,
        "linkInContainer": false,
        "ipam": {
                "type": "host-local",
                "subnet": "10.1.1.0/24"
        },
        "dns": {
                "nameservers": [ "10.1.1.1", "8.8.8.8" ]
        }
}
```

VLAN 外掛程式支援的設定參數如表 5.10 所示。

▼ 表 5.10 VLAN 外掛程式設定參數

欄位	格式	含　義
name	字串	必選，網路設定的名稱
type	字串	必選，網路外掛程式名稱，即 vlan
master	字串	必選，指定進行 vlan 劃分的主介面，預設值是主機上預設路由對應的介面
vlanId	字串	必選，VLAN ID
mtu	整數	可選，設定 MTU（maximum transmission unit）為指定值，若為空，則預設值為核心設定的值
ipam	字典值	必選，對 ipam 的設定
dns	字典值	可選，DNS 設定資訊
linkInContainer	布林值	可選，指定主介面是在容器網路命名空間中，還是在主網路命名空間中

5・host-device 外掛程式

host-device 外掛程式用於將已經存在的網路裝置從主機網路命名空間移動至容器內。此外掛程式也可用於透過 pciBusID 或 runtimeConfig.deviceID 參數指定的 dpdk 裝置。其中裝置可由以下幾個參數中的任意一個來指定。

- device：裝置名稱，如 eth0、can0。
- hwaddr：mac 位址。
- kernelpath：核心裝置 kobj，如 /sys/devices/pci0000:00/0000:00:1f.6。
- pciBusID： 網 路 裝 置 的 pci 位 址， 如 0000:00:1f.6。 還 可 透 過 runtimeConfig.deviceID 來指定網路裝置的 pci 位址。

對於 host-device 外掛程式而言，CNI_IFNAME 參數將被忽略。

下面是 host-device 外掛程式的幾種設定範例。

1）使用 device

```
{
    "cniVersion": "1.0.0",
    "type": "host-device",
    "device": "enp0s1"
}
```

2）使用 pciBusID

```
{
    "cniVersion": "1.0.0",
    "type": "host-device",
    "pciBusID": "0000:3d:00.1"
}
```

3）透過 runtimeConfig.deviceID 來指定網路裝置的 pci 位址

```
{
    "cniVersion": "1.0.0",
    "type": "host-device",
    "runtimeConfig": {
        "deviceID":   "0000:3d:00.1"
    }
}
```

6 · ptp 外掛程式

ptp 外掛程式主要是透過 veth pair 打通容器內的網路和宿主機上的網路。veth pair 一端連在容器網路命名空間內，一端連在宿主機網路命名空間內，透過設定路由規則連通兩端的流量，如圖 5.17 所示。

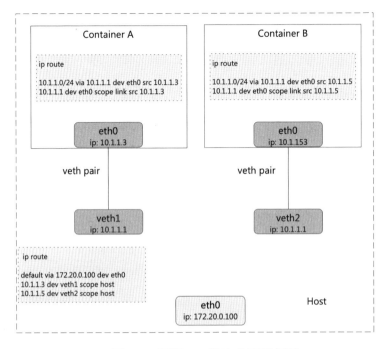

▲ 圖 5.17 透過 ptp 設定的容器網路

如圖 5.17 所示，ptp 外掛程式為每個容器建立了一對 veth pair。與 bridge 模式不同的是，宿主機側的 veth 端並沒有連接在 bridge 上，而是作為獨立的 gateway 存在。透過在宿主機側設定路由，如 10.1.1.3 dev veth1 scope host，將流向容器 ip 的流量路由到容器網路的 veth 對端 gateway 上，進而連通到容器內。

在容器內，則是透過設定兩條路由來實現，如下所示。

```
10.1.1.0/24 via 10.1.1.1 dev eth0 src 10.1.1.3
10.1.1.1 dev eth0 scope link src 10.1.1.3
```

這樣流出容器的流量都會經過 gateway（即 veth 的對端）到達宿主機，同時流量的來源位址設定為容器的 ip。

ptp 的設定範例如下。

```
{
    "cniVersion": "1.0.0",
```

```
        "name": "mynet",
        "type": "ptp",
        "ipam": {
                "type": "host-local",
                "subnet": "10.1.1.0/24"
        },
        "dns": {
                "nameservers": [ "10.1.1.1", "8.8.8.8" ]
        }
}
```

ptp 外掛程式支援的設定參數如表 5.11 所示。

▼ 表 5.11 ptp 外掛程式設定參數

欄位	格式	含　義
name	字串	必選，網路設定的名稱
type	字串	必選，網路外掛程式名稱，即 "ptp"
ipMasq	布林值	可選，在主機上設定 IP masquerade，以便實現自動 SNAT 來源位址的填充。預設為 false
mtu	整數	可選，設定 MTU（maximum transmission unit）為指定值，若為空，則預設值為核心設定的值
ipam	字典值	必選，對 ipam 的設定
dns	字典值	可選，DNS 設定資訊

上面介紹了 CNI 官方專案中幾個常用的 Linux main 外掛程式。除此之外，CNI 專案中還有幾個不常用的 Linux CNI 外掛程式，如 tap 外掛程式、loopback 外掛程式及 dummy 外掛程式，分別用於建立 Linux tap 裝置、loopback 介面以及 dummy 介面。Windows 中有 bridge 外掛程式和 overlay 外掛程式，感興趣的讀者可以參考官方網站詳細了解。

5.2.2 ipam 類外掛程式

ipam（IP address management，IP 位址管理）類外掛程式主要為容器網路分配 IP。ipam 類外掛程式在介面外掛程式中以委託呼叫的方式執行，CNI 專案中主要有 dhcp、host-local、static 3 種 ipam 外掛程式。

（1）dhcp：在宿主機上執行守護處理程序，代表容器向 DHCP（dynamic host configuration protocol，動態主機設定通訊協定）伺服器發送 DHCP 請求。

（2）host-local：維護一個本機資料庫進行 IP 分配。

（3）static：為容器分配指定的 IPv4/IPv6 位址。

1．dhcp 外掛程式

dhcp 外掛程式利用 DHCP 為容器動態申請 IP 位址（如使用 macvlan 外掛程式時）。由於在容器生命週期內需要定期續訂 DHCP 租約，因此 dhcp 外掛程式需要執行單獨的守護處理程序。dhcp 外掛程式的架構如圖 5.18 所示。

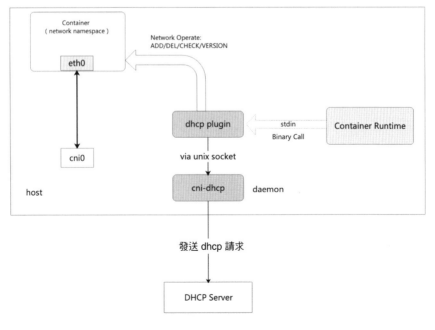

▲ 圖 5.18 dhcp 外掛程式架構圖

dhcp 外掛程式共包含兩個元件：cni-dhcp 守護處理程序和 dhcp plugin。

（1）cni-dhcp 守護處理程序：和 dhcp CNI 外掛程式是同一個二進位，透過 dhcp daemon 啟動，接收來自 dhcp plugin 分配 IP 的請求，並轉為 DHCP 請求發送給 DHCP 伺服器。同時，在 DHCP 租約快到期時定期進行 DHCP 租約續訂。

（2）dhcp plugin：dhcp CNI 外掛程式的實現，透過 unix socket 和 cni-dhcp 守護處理程序通訊。

1）cni-dhcp 守護處理程序

cni-dhcp 守護處理程序透過以下命令啟動（生產環境推薦使用 systemd 啟動）。

```
./dhcp daemon
```

dhcp 守護處理程序模式下支援的參數如表 5.12 所示。

▼ 表 5.12　dhcp 守護處理程序模式下支援的參數

參　數	說　明
-pid <path>	dhcp 守護處理程序啟動後，會將自身處理程序號寫入 <path> 路徑中
-hostprefix <prefix>	指定 dhcp 守護處理程序監聽的 unix socket 檔案路徑首碼，如 <prefix>/run/cni/ dhcp.sock
-broadcast=true （or false）	dhcp 守護處理程序將啟用 DHCP 資料封包上廣播標識，預設值是 false
-timeout <duration>	DHCP client 端的逾時時間設定（即 dhcp 守護處理程序發送 DHCP 請求後多久未回覆則判定逾時）。預設值是 10s
-resendmax	DHCP client 端最大重試間隔時間，預設值是 62s。dhcp 守護處理程序發送 DHCP 請求失敗後會進行重試，每次重試時間 ×2，初始重試時間為 4s，依次遞增

2）dhcp plugin

dhcp 二進位不增加 daemon 參數執行即為標準的 CNI 外掛程式。dhcp plugin 設定範例如下（在介面外掛程式中委託呼叫）。

```
{
    "ipam": {
        "type": "dhcp",
        "daemonSocketPath": "/run/cni/dhcp.sock",
        "request": [
            {
                "skipDefault": false
            }
        ],
        "provide": [
            {
                "option": "host-name",
                "fromArg": "K8S_POD_NAME"
            }
        ]
    }
}
```

dhcp plugin 支援的設定參數如表 5.13 所示。

▼ 表 5.13　dhcp plugin 設定參數

欄位	格式	含　義
type	字串	必選，網路外掛程式名稱，即 dhcp
daemonSocketPath	字串	可選，dhcp 守護處理程序監聽的 unix socket 檔案路徑，如果守護處理程序指定了 -hostprefix，則值為 \<prefix\>/run/cni/dhcp.sock

（續表）

欄位	格式	含　義

request	陣列	可選，向 DHCP 伺服器發送請求時的選項，陣列元素支援兩個參數：
		☑　skipDefault：格式為可選的布林值，指是否跳過預設請求列表。
		☑　option：可選，格式為字串或陣列，即 DHCP option。詳情參見下面的 option 參數。
		範例如下。
		"request": [
		{
		"skipDefault": false
		}
		]

provide	陣列	可選，從 DHCP 伺服器獲取租約時的選項，陣列元素支援 3 個參數：
		☑　option：可選，格式為字串或陣列，即 DHCP option，詳情參見下面的 option 參數。
		☑　value：對應 option 選項的值。
		☑　fromArg：從 CNI_ARGS 中獲取指定參數對應的值。
		範例如下。
		"provide": [
		{
		"option": "host-name",
		"fromArg": "K8S_POD_NAME"
		}
		]

（續表）

欄位	格式	含　義
option	字串	可選，是 request 或 provide 陣列中支援的參數，即 DHCP option（詳情參考 https://www.linux.org/docs/man5/dhcp-options.html）。 注意，並不是所有的 DHCP options 都支援，當前支援 的 有 ip-address、subnet-mask、static-routes、classless-static-routes、routers、dhcp-lease- time、dhcp-renewal-time、dhcp-rebinding-time。 除了使用字串，還可以使用 ID 來代表 option 選項，如 121 表示 classless-static-routes

2 · host-local 外掛程式

host-local 外掛程式從一組位址範圍中分配 IP 位址（IPv4 和 IPv6），並將分配結果存在主機本地檔案系統上，確保單一主機上 IP 位址的唯一性。

host-local 支援多個位址範圍同時分配，當設定多個位址範圍時，host-local 將傳回多個 IP 位址。host-local 設定範例如下。

```
{
    "ipam": {
        "type": "host-local",
        "ranges": [
            [
                {
                    "subnet": "10.10.0.0/16",
                    "rangeStart": "10.10.1.20",
                    "rangeEnd": "10.10.3.50",
                    "gateway": "10.10.0.254"
                },
                {
                    "subnet": "172.16.5.0/24"
                }
            ],
            [
                {
```

```
                              "subnet": "3ffe:ffff:0:01ff::/64",
                              "rangeStart": "3ffe:ffff:0:01ff::0010",
                              "rangeEnd": "3ffe:ffff:0:01ff::0020"
                      }
              ]
      ],
      "routes": [
              { "dst": "0.0.0.0/0" },
              { "dst": "192.168.0.0/16", "gw": "10.10.5.1" },
              { "dst": "3ffe:ffff:0:01ff::1/64" }
      ],
      "dataDir": "/run/my-orchestrator/container-ipam-state"
  }
}
```

如範例中所示，ranges 是一個二維陣列，第一層陣列的長度是將要傳回的 IP 的個數，如範例中第一層陣列的長度是 2，則 host-local 傳回兩個 IP。可以透過下面的測試指令稿進行測試。

```
echo '{ "cniVersion": "1.0.0", "name": "examplenet", "ipam": { "type":
"host-local", "ranges": [ [{"subnet": "203.0.113.0/24"}], [{"subnet":
"2001:db8:1::/64"}]], "dataDir": "/tmp/cni-example"  } }' | CNI_COMMAND=
ADD CNI_CONTAINERID=example CNI_NETNS=/dev/null CNI_IFNAME=dummy0 CNI_
PATH=/opt/cni/bin /opt/cni/bin/host-local
```

傳回結果如下。

```
{
    "ips": [
      {
          "version": "4",
          "address": "203.0.113.2/24",
          "gateway": "203.0.113.1"
      },
      {
          "version": "6",
          "address": "2001:db8:1::2/64",
          "gateway": "2001:db8:1::1"
      }
```

```
    ],
    "dns": {}
}
```

host-local 外掛程式支援的參數如表 5.14 所示。

▼ 表 5.14 host-local 外掛程式設定參數

欄位	格　式	含　　義
type	字串	必選，網路外掛程式名稱，即 host-local
routes	字串	可選，增加到容器命名空間的路由列表。每條路由都是由 dst 和 gw 兩個參數組成的字典值，如果 gw 不被設定，則使用 gateway 欄位。 範例如下。 "routes": [{ "dst": "0.0.0.0/0" }, { "dst": "192.168.0.0/16", "gw": "10.10.5.1" }, { "dst": "3ffe:ffff:0:01ff::1/64" }]
resolvConf	字串	可選，宿主機上 resolv.conf 檔案的路徑，檔案內容將作為容器內 DNS 的設定
dataDir	字串	可選，host-local 外掛程式用於保留已分配 IP 的持久化資料路徑，預設是 /var/lib/cni/networks
ranges	陣列	必選，是一個二維陣列，內層陣列表示位址範圍，外層陣列元素個數表示要分配的 IP 數。 內層陣列支援設定的參數有 4 個。 ☑ subnet：字串，必選值，是要分配的 IP 範圍子網。 ☑ rangeStart：字串，可選值，subnet 內可以分配的起始 IP。預設值是 subnet 內從小到大的第 2 個 IP（".2"）。 ☑ rangeEnd：字串，可選值，subnet 內可以分配的終止 IP。預設值是 subnet 內的 .254 IP(IPv4)，如果是 IPv6，則是 ".255" IP。 ☑ gateway：字串，可選值，subnet 內可以指定為閘道的 IP。預設值是 subnet 內的第一個 IP

host-local 採用簡單的 round-robin 策略，根據參數給予的 IP 範圍，依序回傳一個沒有被使用的 IP。具體實現是每次從本地讀取 /var/lib/cni/networks/<network name>last_reserved_ ip.0 檔案，獲取上一次分配的 IP，然後其下一個 IP 就是要分配出去的，如果沒有上一次分配的 IP，則獲取的第一個 IP 將被分配出去。

注意：

這裡並沒有每次都取最小的未分配的 IP，而是上一次分配的 IP 的下一個 IP。原因是 CNI 外掛程式回收 IP 和容器銷毀是並行的操作，有可能存在老的容器還沒有被完全銷毀，但是 CNI 已經完成了 IP 的釋放，導致新建立的容器重新分配到剛釋放的 IP，從而導致網路流量混亂。

3 · static 外掛程式

static 外掛程式是非常簡單的 ipam 類外掛程式，可以靜態地為容器分配 IPv4 和 IPv6 位址。可以在偵錯場景或在不同 vlan/vxlan 中為容器分配相同 IP 位址的場景使用。

static 外掛程式設定範例如下。

```
{
    "ipam": {
        "type": "static",
        "addresses": [
            {
                "address": "10.10.0.1/24",
                "gateway": "10.10.0.254"
            },
            {
                "address": "3ffe:ffff:0:01ff::1/64",
                "gateway": "3ffe:ffff:0::1"
            }
        ],
        "routes": [
            { "dst": "0.0.0.0/0" },
            { "dst": "192.168.0.0/16", "gw": "10.10.5.1" },
            { "dst": "3ffe:ffff:0:01ff::1/64" }
```

```
            ],
            "dns": {
                    "nameservers" : ["8.8.8.8"],
                    "domain": "example.com",
                    "search": [ "example.com" ]
            }
        }
}
```

static 外掛程式支援的參數如表 5.15 所示。

▼ 表 5.15　static 外掛程式設定參數

欄位	格式	含　義
type	字串	必選，網路外掛程式名稱，即 static
addresses	陣列	可選，是一組位址的列表，該位址會透過 static 外掛程式原封不動地傳回。陣列中支援兩個參數： ☑ address：字串，必選值，透過 CIDR 的格式來指定要分配的 IP 位址，如 10.10.0.1/32。 ☑ gateway：字串，可選值，指定 subnet 中的 IP 為閘道
routes	字串	可選，增加到容器命名空間的路由列表。每條路由都是由 dst 和 gw 兩個參數組成的字典值，如果 gw 不被設定，則使用 gateway 欄位。 範例如下。 "routes": [{ "dst": "0.0.0.0/0" }, { "dst": "192.168.0.0/16", "gw": "10.10.5.1" }, { "dst": "3ffe:ffff:0:01ff::1/64" }]
dns	字典值	可選，DNS 設定資訊

5.2.3 meta 類外掛程式

meta 類外掛程式並不會建立任何網路介面，只針對現有的介面或網路進行一些調整（即連鎖外掛程式），當前支援的外掛程式有以下幾種。

（1）tuning 外掛程式：用於更改現有介面的 sysctl 參數。

（2）portmap 外掛程式：基於 iptables 實現的通訊埠映射外掛程式。將主機位址空間的通訊埠映射到容器 IP 和通訊埠。

（3）bandwidth 外掛程式：使用 TC（traffic control）的 TBF（token bucket filter，權杖桶篩檢程式）佇列實現對出入口流量的限制。

（4）sbr 外掛程式：即 source based routing，基於來源位址進行路由選擇的策略，設定路由時將資料封包發往不同的目的位址。

（5）firewall 外掛程式：一個防火牆外掛程式，該外掛程式使用 iptables 或 firewalld 增加規則來限制或允許流量進出容器。

下面以常用的兩個外掛程式舉例說明其工作流程。

1．tuning 外掛程式

tuning 外掛程式可以用來修改網路介面的參數（混雜模式、多播模式、MTU、mac 位址），以及透過 sysctl 介面修改容器網路命名空間的核心參數。該外掛程式並不會建立介面，也不會修改網路連線性，需要配合其他外掛程式一起使用。

（1）透過 sysctl 修改網路空間的核心參數，設定範例如下。

```
{
    "name": "mytuning",
    "type": "tuning",
    "sysctl": {
            "net.core.somaxconn": "500",
            "net.ipv4.conf.IFNAME.arp_filter": "1"
```

```
    }
}
```

範例中將核心參數 /proc/sys/net/core/somaxconn 設定為 500，/proc/sys/net/
ipv4/conf/ IFNAME/arp_filter 設定為 1（IFNAME 將被替換為傳遞給該外掛程
式的介面名稱）。注意該外掛程式僅支援修改網路命名空間內的參數，即 /proc/
sys/net/* 路徑下的參數[1]。

（2）修改網路介面參數，設定範例如下。

```
{
  "name": "mytuning",
  "type": "tuning",
  "mac": "c2:b0:57:49:47:f1",
  "mtu": 1454,
  "promisc": true,
  "allmulti": true
}
```

該範例將透過 CNI_IFNAME 參數指定要修改的介面參數，支援修改的介面
參數如下。

- mac：將網路介面的 mac 位址修改為指定的 mac 位址。

- mtu：修改網路介面的 MTU。

- promisc：是否設定介面模式為混雜模式。

- allmulti：是否啟用多播（多點傳輸）模式，如果開啟，該介面將接收網
  路上的多點傳輸資料封包。

---

[1]　可以參考以下 Linux 核心文件查看可以修改的參數：www.kernel.org/doc/
Documentation/sysctl/net.txt，www.kernel.org/doc/ Documentation/
networking，www.kernel.org/doc/Documentation/networking/ip-sysctl.txt。

2 · portmap 外掛程式

portmap 外掛程式用於將主機通訊埠上的流量轉發到指定的容器 IP 和通訊埠上,是基於 iptables 來實現的。下面是該外掛程式的設定範例。

```
{
        "type": "portmap",
        "capabilities": {"portMappings": true},
        "snat": true,
        "markMasqBit": 13,
        "externalSetMarkChain": "CNI-HOSTPORT-SETMARK",
        "conditionsV4": ["!", "-d", "192.0.2.0/24"],
        "conditionsV6": ["!", "-d", "fc00::/7"]
}
```

其中 capabilities 中的 portMappings 將被容器執行時期替換為 runtimeConfig. portMappings,如下所示。

```
"runtimeConfig": { // 容器執行時期動態插入的欄位
  "portMappings": [
    {"hostPort": 8080, "containerPort": 80, "protocol": "tcp"}
  ]
}
```

portmap 外掛程式支援的參數如下。

- snat:布林值,預設值是 true。決定是否設定 SNAT 自訂鏈。

- masqAll:布林值,預設值是 false。如果設定為 false 或省略,則對 loopback 介面上的髮卡流量設定 SNAT 規則,否則將對所有流量設定 SNAT 規則。

- markMasqBit:整數,設定值為 0 ~ 31,預設值為 13。決定是否在 SNAT 使用 masquerading 的標識位元。使用 externalSetMarkChain 時該值無法設定。

- externalSetMarkChain：字串，預設值為空。如果已經有一個 masquerade 標記鏈（如 Kubernetes），請在該參數中指定。該參數將使用已有的 masquerade 標記鏈，而非建立一個單獨的鏈。設定此選項時，參數 markMasqBit 必須為空。

- conditionsV4, conditionsV6：字串陣列（array of strings），增加到每個容器規則中的 iptables 匹配項清單。希望從通訊埠映射中排除特定 IP 時很有用。

portmap 外掛程式會建立兩個 iptables 規則，一個是修改目的位址的 DNAT 規則，一個是透過位址偽裝（MASQUERADE）修改來源位址的 SNAT 規則。

Linux 系統在核心中提供了對封包資料封包過濾和修改的框架 netfilter，用於在不同階段將某些鉤子函式（hook）作用於網路通訊協定層，而 iptables 是使用者層的工具，它提供命令列介面，能夠向 netfilter 中增加規則策略，從而實現封包過濾、修改等功能。根據處理流量封包的位置不同，iptables 共分為 5 個鉤子函式（iptables 稱其為鏈），如圖 5.19 所示。

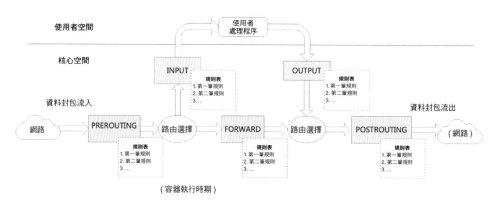

▲ 圖 5.19　iptables 規則中的鏈

如圖 5.19 所示，5 條鏈分別是：

（1）INPUT 鏈：處理入站資料封包。

（2）OUTPUT 鏈：處理出站資料封包。

（3）FORWARD 鏈：處理轉發資料封包。

（4）POSTROUTING 鏈：在進行路由選擇後處理資料封包。

（5）PREROUTING 鏈：在進行路由選擇前處理資料封包。

在上述每條鏈中都可以定義多筆規則，每當資料封包到達一個鏈時，iptables 就會從該鏈定義的規則中的第一筆規則開始檢查，看該資料封包是否滿足規則所定義的條件。如果滿足，系統就會根據該筆規則所定義的方法處理該資料封包；否則 iptables 將繼續檢查下一筆規則，如果都不符合，iptables 就會根據該函式預先定義的預設策略來處理資料封包。

為了對不同規則進行分類，iptables 還提供了以下 4 個表來管理這些規則。

- filter：一般的過濾功能，可處理 INPUT、FORWARD、OUTPUT 鏈的資料。

- nat：用於 nat 功能（通訊埠映射、位址映射等），可處理 PREROUTING、OUTPUT、POSTROUTING 鏈的資料。portmap 外掛程式設定規則所在的表正是 nat。

- mangle：用於對特定資料封包的修改，可處理 PREROUTING、INPUT、FORWARD、OUTPUT、POSTROUTING 鏈的資料。

- raw：優先順序最高，設定 raw 一般是為了不再讓 iptables 做資料封包的連結追蹤處理，提高性能，可處理 PREROUTING 和 OUTPUT 鏈的資料。

其中，表的處理優先順序為 raw>mangle>nat>filter，即當資料封包流入 / 流出時，會依次經歷如圖 5.20 所示的表和鏈。

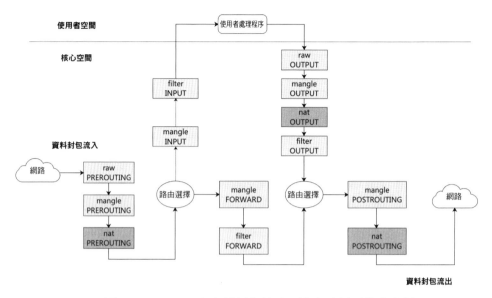

▲ 圖 5.20　iptables 中資料封包流入 / 流出時經歷的表和鏈

　　portmap 主要基於 nat 做資料轉發，因此很容易理解，portmap 處理的規則處於 PREROUTING、OUTPUT、POSTROUTING 3 筆鏈中的 nat 表中。這裡有一點需要注意：portmap 並沒有直接在相應的 nat 表中建立規則，而是透過自訂鏈將 portmap 管理的規則獨立進行管理，畢竟都在預設鏈中，一旦規則過多便不好管理。

注意：

　　iptables 中管理大量的 iptables 規則時，通常用自訂鏈來進行管理，例如 kube-proxy iptables 模式實現 k8s Service 能力，也是基於自訂鏈實現的。Docker 轉發規則同樣也是基於自訂鏈。

　　portmap 分別在 PREROUTING、OUTPUT、POSTROUTING 3 筆鏈中的 nat 表中設定了 3 筆規則引用自訂鏈，如下所示。

```
root@zjz:~# iptables-save
... 多餘部分省略 ...
*nat
-A PREROUTING -m addrtype --dst-type LOCAL -j CNI-HOSTPORT-DNAT
```

```
-A OUTPUT -m addrtype --dst-type LOCAL -j CNI-HOSTPORT-DNAT
-A POSTROUTING -m comment --comment "CNI portfwd requiring masquerade" -j
CNI-HOSTPORT-MASQ
```

可以看到在 PREROUTING、OUTPUT 鏈中的 nat 表中，透過 -j CNI-HOSTPORT-DNAT 引用到自訂鏈 CNI-HOSTPORT-DNAT 上。在 POSTROUTING 鏈中的 nat 表中，則引用到自訂鏈 CNI-HOSTPORT-MASQ 上。

下面看一下 portmap 外掛程式生成的 iptables 規則，以 5.1.7 節中範例所用的 portmap 設定為例，即將宿主機的 8080 通訊埠資料轉發到容器內的 80 通訊埠，其中容器 ip 是 10.1.0.2。下面分別透過入站流量的 DNAT 規則和出站流量的 SNAT 規則設定。

1）DNAT

portmap 會在 PREROUTING、OUTPUT 兩筆鏈的 nat 表中分別設定一筆全域規則引用到自訂鏈 CNI-HOSTPORT-DNAT。

```
--dst-type LOCAL -j CNI-HOSTPORT-DNAT
```

CNI-HOSTPORT-DNAT 鏈上的規則如下。

```
-p tcp --destination-ports 8080, -j CNI-DN-xxxxxx
```

其中，CNI-DN-xxxxxx 中的 xxxxx 通常為 container id，CNI-DN-xxxxxx 鏈上的規則如下。

```
-p tcp -m tcp --dport 8080 -j DNAT --to-destination 10.1.0.2:80
-s 10.1.0.0/16 -p tcp -m tcp --dport 8080 -j CNI-HOSTPORT-SETMARK
-s 127.0.0.1/32 -p tcp -m tcp --dport 8080 -j CNI-HOSTPORT-SETMARK
```

透過 --to-destination 修改目的 ip 通訊埠為 10.1.0.2:80，同時透過鏈 CNI-HOSTPORT-SETMARK 對流量打了標記，便於流量出站時設定 SNAT。CNI-HOSTPORT-SETMARK 鏈規則如下。

```
-m comment --comment "CNI portfwd masquerade mark" -j MARK --set-xmark
0x2000/0x2000
```

該規則對流量封包設定了標識 0x2000/0x2000，該標識在設定 SNAT 時會用到。

2）SNAT

portmap 會在 POSTROUTING 鏈的 nat 表中設定一筆全域規則引用到自訂鏈 CNI-HOSTPORT-MASQ。

```
-j CNI-HOSTPORT-MASQ
```

CNI-HOSTPORT-MASQ 鏈上的規則如下。

```
--mark 0x2000 -j MASQUERADE
```

打 了 MASQUERADE 標 識 的 流 量 會 走 到 MASQUERADE 鏈，MASQUERADE 鏈是 iptables 預設的鏈，可以實現自動化 SNAT，自動獲取。MASQUERADE 鏈獲取來源 ip 的方式和路由選擇的來源位址選擇一致，等效於以下命令。

```
ip route get <destination ip>
```

tuning 外掛程式和 portmap 外掛程式為比較常用的兩個 meta 類外掛程式，上面說明了兩個外掛程式的設定和實現原理。除此之外，CNI 還提供了一些其他外掛程式，如限流外掛程式 bandwidth、路由外掛程式 sbr，以及防火牆外掛程式 firewall。感興趣的讀者可以查詢相關文件進行使用。

5.3　containerd 中 CNI 的使用

前兩節中介紹了 CNI 外掛程式的原理與使用，以及 CNI 專案中提供的官方外掛程式，本節將介紹在 containerd 專案中如何透過整合 CNI 為容器設定網路，如何在 CRI Plugin、crictl 以及 nerdctl 中指定特定網路設定建立容器。

5.3.1 containerd 中 CNI 的安裝與部署

在 containerd 中安裝 CNI 有兩種方式。

（1）安裝包含 CNI 外掛程式的 containerd 安裝套件 cri-containerd-cni，如 3.1.1 節中所述。該安裝套件中包含了 CNI 外掛程式的二進位和相關網路設定檔。

（2）安裝不含有 CNI 的 containerd 發行套件，自行安裝和設定 CNI 外掛程式。

CNI GitHub 官網 [1] 提供了外掛程式的發行套件，可以在其中選擇合適的版本進行下載，範例中選擇的版本是 1.0.0。

下載 CNI 外掛程式的命令如下。

```
wget https://github.com/containernetworking/plugins/releases/download/
v1.1.0/cni-plugins-linux-amd64-v1.1.0.tgz
```

透過下面的命令將 CNI 外掛程式解壓到指定目錄。

```
mkdir -p /opt/cni/bin
tar xvzf cni-plugins-linux-amd64-v1.1.0.tgz -C /opt/cni/bin
```

透過下面的命令為 CNI 外掛程式增加設定檔。

```
mkdir -p /tmp/etc/cni/net.d/
cat << EOF | tee /tmp/etc/cni/net.d/10-containerd-net.conflist
{
  "cniVersion": "0.4.0",
  "name": "containerd-net",
  "plugins": [
    {
      "type": "bridge",
      "bridge": "cni0",
      "isGateway": true,
      "ipMasq": true,
```

---

[1]　https://github.com/containernetworking/plugins/releases。

```
      "promiscMode": true,
      "ipam": {
        "type": "host-local",
        "ranges": [
          [{
            "subnet": "10.88.0.0/16"
          }],
          [{
            "subnet": "2001:4860:4860::/64"
          }]
        ],
        "routes": [
          { "dst": "0.0.0.0/0" },
          { "dst": "::/0" }
        ]
      }
    },
    {
      "type": "portmap",
      "capabilities": {"portMappings": true}
    }
  ]
}
EOF
```

其中，CNI 外掛程式中的參數可依據 5.2 節中的介紹進行設定。這裡要注意的是，設定 IPv6 位址時一定要在主機上開啟 IPv6 功能。

5.3.2　nerdctl 使用 CNI

nerdctl 可以透過使用 --network 或 --net 來設定容器網路，如果不顯示指定外掛程式，nerdctl 預設支援的 CNI 外掛程式是 bridge（Linux）和 nat（Windows）。

預設情況下，nerdctl 會在初次執行容器時建立 cni conf 檔案，預設檔案路徑為 /etc/cni/ net.d/nerdctl-<networkname>.conflist。Linux 環境中由於預設的

CNI 外掛程式為 bridge，因此建立的 conf 檔案為 /etc/cni/net.d/nerdctl-bridge.
conflist。該設定檔如下。

```json
{
  "cniVersion": "1.0.0",
  "name": "bridge",
  "plugins": [
    {
      "type": "bridge",
      "bridge": "nerdctl0",
      "isGateway": true,
      "ipMasq": true,
      "hairpinMode": true,
      "ipam": {
        "type": "host-local",
        "routes": [{ "dst": "0.0.0.0/0" }],
        "ranges": [
          [
            {
              "subnet": "10.4.0.0/24",
              "gateway": "10.4.0.1"
            }
          ]
        ]
      }
    },
    {
      "type": "portmap",
      "capabilities": {
        "portMappings": true
      }
    },
    {
      "type": "firewall",
      "ingressPolicy": "same-bridge"
    },
    {
      "type": "tuning"
    }
```

```
    ]
}
```

透過 nerdctl network ls 可以查看 nerdctl 中的 CNI 設定檔。

```
root@zjz:~# nerdctl network ls
NETWORK ID      NAME           FILE
                cbr0           /etc/cni/net.d/10-flannel.conflist
                mynet          /etc/cni/net.d/bridge.conf
17f29b073143    bridge         /etc/cni/net.d/nerdctl-bridge.conflist
                host
                none
```

上述輸出結果中，NAME 為 bridge 的檔案是 nerdctl 預設建立的 CNI 設定檔（含有 NETWORK ID 的設定檔都是 nerdctl 建立的）。

當然，除了以預設的方式建立 CNI 設定檔，nerdctl 的使用場景下有兩種方式進行設定。

（1）透過「nerdctl network create ＜網路設定名稱＞＜參數＞」來建立。啟動容器時透過「nerdctl run --network ＜網路設定名稱＞ xxx」選擇指定的 CNI 設定。

（2）自行設定 CNI 設定檔，放在 CNI 預設的設定檔路徑（/etc/cni/net.d/）下。設定檔的格式為 5.2 節介紹的格式。

方式（1）中利用 nerdctl 命令列操作網路設定，如下所示。

```
nerdctl network ＜命令＞＜參數＞
```

nerdctl 支援的命令和參數如表 5.16 所示。

▼ 表 5.16 nerdctl 建立網路設定檔的參數

命　令	參數名稱	類　型	含　義
create	--driver 或 -d	字串	指定網路驅動，即使用哪個 CNI 外掛程式，預設是 bridge。可選項是 CNI 支援的介面外掛程式
	--gateway	字串	指定容器子網的閘道
	--ip-range	字串	在指定的子網網段中分配容器 IP
	--ipam-driver	字串	指定 ipam 外掛程式，預設的外掛程式是 host-local
	--ipam-opt	字串陣列	設定 ipam 外掛程式的選項參數
	--label	字串陣列	為網路設定設定中繼資料資訊，如 "--label A=a --label B=b"
	--opt 或 -o	字串陣列	設定網路驅動支援的參數，如 "-okey1=val1-o key1=vol2"
	--subnet	字串	CIDR 格式的子網網段，如 "10.5.0.0/16"
inspect	--format 或 -f	字串	按照 Go Template 格式輸出，如 '{{json .}}'
	-mode	字串	設定 inspect 輸出模式，預設是 containerd 原生模式 native，還可以透過設定為 dockercompat 輸出 Docker 相容模式
ls 或 list	—	字串	列出本機的 CNI 設定檔
prune	—	字串	刪除所有未使用的設定檔。注意，prune 僅能清理由 nerdctl 管理的網路，手動增加在 /etc/cni/net.d/ 中的設定不會被清理
rm 或 remove	—	字串	刪除一個或多個設定檔。注意，rm 也是僅能清理由 nerdctl 管理的網路

下面透過範例演示 nerdctl 使用 CNI 外掛程式設定網路的流程。

（1）查看現有的網路。透過 nerdctl network ls 查看現有的網路，如下所示。

```
root@zjz:~#nerdctl network ls
NETWORK ID      NAME        FILE
```

```
                          cbr0          /etc/cni/net.d/10-flannel.conflist
17f29b073143              bridge        /etc/cni/net.d/nerdctl-bridge.conflist
                          host
                          none
```

（2）建立容器網路設定。透過 nerdctl network create 建立容器網路，如下
所示。

```
root@zjz:~#nerdctl network create zjz-cni0
root@zjz:~#nerdctl network ls
NETWORK ID        NAME              FILE
                  cbr0              /etc/cni/net.d/10-flannel.conflist
17f29b073143      bridge            /etc/cni/net.d/nerdctl-bridge.conflist
99a4986bb334      zjz-cni0          /etc/cni/net.d/nerdctl-zjz-cni0.conflist
                  host
                  none
```

透過 nerdctl network ls 可以看到新建的網路設定檔儲存在 /etc/cni/net.d/
nerdctl-zjz- cni0.conflist。

（3）使用該網路設定啟動容器。透過 --network 指定剛剛建立的容器網路，
如下所示。

```
root@zjz:~# nerdctl run --network zjz-cni0 --rm alpine ip addr show
1: lo: <LOOPBACK,UP,LOWER_UP> mtu 65536 qdisc noqueue state UNKNOWN qlen 1000
    link/loopback 00:00:00:00:00:00 brd 00:00:00:00:00:00
    inet 127.0.0.1/8 scope host lo
      valid_lft forever preferred_lft forever
    inet6 ::1/128 scope host
      valid_lft forever preferred_lft forever
2: eth0@if62986: <BROADCAST,MULTICAST,UP,LOWER_UP,M-DOWN> mtu 1500 qdisc
noqueue state UP
    link/ether 6a:b8:28:ba:90:c3 brd ff:ff:ff:ff:ff:ff
    inet 10.4.1.3/24 brd 10.4.1.255 scope global eth0
      valid_lft forever preferred_lft forever
    inet6 fe80::68b8:28ff:feba:90c3/64 scope link
      valid_lft forever preferred_lft forever
```

5.3.3 CRI 使用 CNI

CRI 宣告中定義了 PodSandbox 的概念，代表的是容器執行的網路環境，如 Linux network namespace 或一個虛擬機器。因此，無論是透過 kubelet 還是 crictl 存取 containerd，都是與 CRI Plugin 的 RunimeService 介面通訊（實際上用不用 CNI 對 CRI 來說是透明的），如圖 5.21 所示。

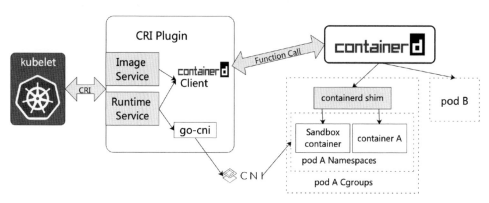

▲ 圖 5.21 containerd 中透過 CRI 使用 CNI

CNI Plugin 中封裝了 libcni（go-cni、containerd 對 libcni 再次進行了封裝），透過二進位呼叫 CNI 外掛程式來設定容器網路。

設定 CNI 網路是在 CRI Plugin 的設定項中操作的，如下所示。

```
[plugins."io.containerd.grpc.v1.cri".cni]
   bin_dir = "/opt/cni/bin"
   conf_dir = "/etc/cni/net.d"
   max_conf_num = 1
   conf_template = ""
   ip_pref = "ipv4"
```

注意，CRI Plugin 會在 conf_dir 中尋找網路設定檔，其中檔案副檔名為 .conf/.conflist/.json。根據檔案名稱排序，取第一個，即執行 ls 後列表中第一個檔案。另外，max_conf_ num 預設值是 1，即預設載入第一個設定檔。

關於 CRI Plugin 中 CNI 的設定參數與詳解，可以參考 4.2.2 節中的 CNI 設定項。

5.3.4　ctr 使用 CNI

ctr 可以透過 --cni=true 啟用 CNI 外掛程式。在 ctr 中並不像 nerdctl 支援設定，僅開放了是否使用 CNI。啟用了 CNI 後，ctr 會在 /etc/cni/net.d 按檔案名稱排序，尋找第一個設定檔。

下面透過一個範例介紹如何透過 ctr 使用 CNI。

（1）拉取鏡像。透過下面的命令來拉取鏡像。

```
ctr i pull docker.io/library/nginx:alpine
```

（2）啟動一個不使用 CNI 的容器。啟動容器的命令如下。

```
root@zjz:~# ctr run --rm -t docker.io/library/nginx:alpine test ip a
1: lo: <LOOPBACK,UP,LOWER_UP> mtu 65536 qdisc noqueue state UNKNOWN qlen 1000
    link/loopback 00:00:00:00:00:00 brd 00:00:00:00:00:00
    inet 127.0.0.1/8 scope host lo
       valid_lft forever preferred_lft forever
    inet6 ::1/128 scope host
       valid_lft forever preferred_lft forever
```

可以看到內部只有一個 loopback 裝置，下面啟用 CNI 再執行一遍。

```
root@zjz:~# ctr run --cni=true --rm -t docker.io/library/nginx:alpine test ip a
1: lo: <LOOPBACK,UP,LOWER_UP> mtu 65536 qdisc noqueue state UNKNOWN qlen 1000
    link/loopback 00:00:00:00:00:00 brd 00:00:00:00:00:00
    inet 127.0.0.1/8 scope host lo
       valid_lft forever preferred_lft forever
    inet6 ::1/128 scope host
       valid_lft forever preferred_lft forever
2: eth0@if776: <BROADCAST,MULTICAST,UP,LOWER_UP,M-DOWN> mtu 1500 qdisc
noqueue state UP
    link/ether be:7d:b1:5f:6b:ca brd ff:ff:ff:ff:ff:ff
    inet 10.88.2.190/16 brd 10.88.255.255 scope global eth0
```

```
    valid_lft forever preferred_lft forever
inet6 2001:4860:4860::2be/64 scope global
    valid_lft forever preferred_lft forever
inet6 fe80::bc7d:b1ff:fe5f:6bca/64 scope link
    valid_lft forever preferred_lft forever
```

可以看到已經基於預設的 CNI 設定檔建立出 IP。

MEMO

第 **6** 章

containerd 與容器儲存

本章主要介紹 containerd 是如何管理容器鏡像的，從鏡像的概述、docker graphdriver 儲存外掛程式以及 containerd 的 snapshotter 展開介紹，分別從原理及其使用介紹 containerd 支援的 snapshotter。

學習摘要：

- containerd 中的資料儲存

- containerd 鏡像儲存外掛程式 snapshotter

- containerd 支援的 snapshotter

6.1 containerd 中的資料儲存

containerd 的重要目標是為容器執行準備檔案系統，為了讓容器能夠正常執行，containnerd 需要對儲存的內容進行管理。本節將重點介紹 containerd 是如何管理容器執行所需要的儲存內容的，包括資料如何儲存到 containerd 中、如何被 containerd 管理。下面以一個實例介紹整個儲存的過程。

6.1.1 理解容器鏡像

透過 2.3 節對 OCI 的描述，我們知道容器鏡像是分層儲存的，接下來透過一個具體的例子介紹容器鏡像是怎麼分層儲存的。

基於 busybox 建構一個 helloworld 鏡像。

```
# Dockerfile
FROM busybox
RUN echo "hello  " > /hello
RUN echo "world" >> /hello
ENTRYPOINT cat /hello
```

透過 nerdctl 建構鏡像。

```
root@zjz:~/zjz/container-book# nerdctl build -t hello .
[+] Building 0.7s (6/6) FINISHED
 => [internal] load build definition from Dockerfile
0.0s
 => => transferring dockerfile: 104B
0.0s
 => [internal] load .dockerignore
```

```
0.0s
 => => transferring context: 2B
0.0s
 => [internal] load metadata for docker.io/library/busybox:latest
0.2s
 => CACHED [1/2] FROM
docker.io/library/busybox@sha256:7b3ccabffc97de872a30dfd234fd972a66d247
c8cfc69b0550f276481852627c
0.0s
 => => resolve
docker.io/library/busybox@sha256:7b3ccabffc97de872a30dfd234fd972a66d247
c8cfc69b0550f276481852627c
0.0s
 => [2/2] RUN echo "hello world" > /hello
0.2s
 => exporting to oci image format
0.2s
 => => exporting layers
0.1s
 => => exporting manifest
sha256:5bf71a7affc07900a972b204dfba28097997896a17ff5cc5f34c1b699aa007b9
0.0s
 => => exporting config
sha256:865d7ebdd6435857d2147ebc4dac926325a187a1aef6c321bcbfd394bb0f6fd3
0.0s
 => => sending tarball
0.1s
unpacking docker.io/library/hello:latest
(sha256:5bf71a7affc07900a972b204dfba28097997896a17ff5cc5f34c1b699aa007b9)...
Loaded image: docker.io/library/hello:latest
```

透過 nerdctl inspect 可以看到該鏡像總共有 3 層（Entrypoint 不生成新的鏡像 layer）。

```
root@zjz:~# nerdctl inspect hello
... 省略部分內容
        "RootFS": {
            "Type": "layers",
            "Layers": [
```

```
"sha256:b64792c17e4ad443d16b218afb3a8f5d03ca0f4ec49b11c1a7aebe17f6c3c1d2",
"sha256:9ae7010c47b60dc0798481f79463f43a1c7fc68888fa79c91053e8a5422d66e4",
"sha256:e3ec82220ef35e5b845436aa80a54683ce236483058e4362bcfd8bcc88ac6cf7"
            ]
        },
...
```

Dockerfile 與鏡像 layer 的對應關係如圖 6.1 所示。

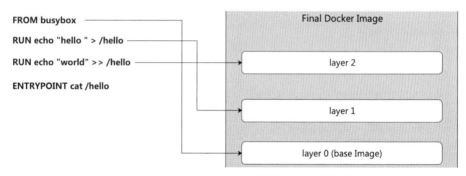

▲ 圖 6.1　Dockerfile 與鏡像 layer 的關係

其中，Dockerfile 中的一筆命令生成一個鏡像層，注意，ENTRYPOINT 並不會生成新的鏡像層，實際上不會改變檔案系統的命令都不會生成新的鏡像層，參考 OCI spec 中的 empty_layer 欄位 [1]。因此，該 Docker 最終生成一個含有 3 層 layer 的鏡像。注意，在鏡像中所有的鏡像層都是唯讀的。

當容器執行時期（如 containerd）使用該鏡像建立容器時，會在該鏡像增加一層寫入層，所有容器中的修改操作都會反應在該寫入層上，如圖 6.2 所示。

---

[1]　https://github.com/opencontainers/image-spec/blob/main/config.md。

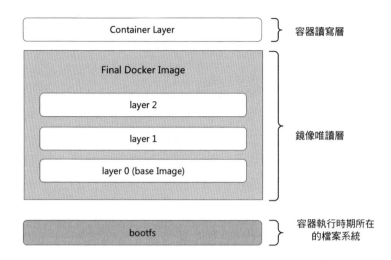

圖 6.2 容器鏡像層

6.1.2 containerd 中的儲存目錄

在 containerd 的設定檔（/etc/containerd/config.toml）中有兩項設定，如下所示。

```
root = /var/lib/containerd
state = /run/containerd
```

這兩項設定是 containerd 在宿主機上儲存資料的目錄，一個用於持久化資料（root 目錄），另一個用於執行時期狀態（state 目錄）。

1·root 目錄

root 目錄主要用於儲存 containerd 中的持久化資料，如鏡像和容器的 content、snapshot metadada。一些外掛程式的資訊也會儲存在這個目錄中。root 目錄中的內容是 namespace 隔離的。對於 containerd 載入的外掛程式，每個外掛程式都有自己的目錄用來儲存資料。containerd 本身並不儲存資料，都是 containerd 中的各種外掛程式儲存的。

root 中的目錄參考如下。

```
root@zjz:/var/lib/containerd# tree -L 2
.
├── io.containerd.content.v1.content
│   ├── blobs
│   └── ingest
├── io.containerd.grpc.v1.cri
│   ├── containers
│   └── sandboxes
├── io.containerd.grpc.v1.introspection
│   └── uuid
├── io.containerd.metadata.v1.bolt
│   └── meta.db
├── io.containerd.runtime.v1.linux
├── io.containerd.runtime.v2.task
│   └── k8s.io
├── io.containerd.snapshotter.v1.btrfs
├── io.containerd.snapshotter.v1.native
│   └── snapshots
└── io.containerd.snapshotter.v1.overlayfs
    ├── metadata.db
    └── snapshots
```

/var/lib/containerd 中的目錄在 containerd plugin 中都可以找到，透過 ctr plugin ls 可以查看本機 containerd 載入的外掛程式。

```
root@zjz:~# ctr plugin ls
TYPE                              ID            PLATFORMS      STATUS
io.containerd.content.v1          content       -              ok
io.containerd.snapshotter.v1      aufs          linux/amd64    skip
io.containerd.snapshotter.v1      btrfs         linux/amd64    skip
io.containerd.snapshotter.v1      devmapper     linux/amd64    error
io.containerd.snapshotter.v1      native        linux/amd64    ok
io.containerd.snapshotter.v1      overlayfs     linux/amd64    ok
io.containerd.snapshotter.v1      zfs           linux/amd64    ski
io.containerd.metadata.v1         bolt          -              ok
io.containerd.differ.v1           walking       linux/amd64    ok
io.containerd.event.v1            exchange      -              ok
```

io.containerd.gc.v1	scheduler	-	ok
io.containerd.service.v1	introspection-service	-	ok
io.containerd.service.v1	containers-service	-	ok
io.containerd.service.v1	content-service	-	ok
io.containerd.service.v1	diff-service	-	ok
io.containerd.service.v1	images-service	-	ok
io.containerd.service.v1	leases-service	-	ok
io.containerd.service.v1	namespaces-service	-	ok
io.containerd.service.v1	snapshots-service	-	ok
io.containerd.runtime.v1	linux	linux/amd64	ok
io.containerd.runtime.v2	task	linux/amd64	ok
io.containerd.monitor.v1	cgroups	linux/amd64	ok
io.containerd.service.v1	tasks-service	-	ok
io.containerd.grpc.v1	introspection	-	ok
io.containerd.internal.v1	restart	-	ok
io.containerd.grpc.v1	containers	-	ok
io.containerd.grpc.v1	content	-	ok
io.containerd.grpc.v1	diff	-	ok
io.containerd.grpc.v1	events	-	ok
io.containerd.grpc.v1	healthcheck	-	ok
io.containerd.grpc.v1	images	-	ok
io.containerd.grpc.v1	leases	-	ok
io.containerd.grpc.v1	namespaces	-	ok
io.containerd.internal.v1	opt	-	ok
io.containerd.grpc.v1	snapshots	-	ok
io.containerd.grpc.v1	tasks	-	ok
io.containerd.grpc.v1	version	-	ok
io.containerd.tracing.processor.v1	otlp	-	skip
io.containerd.internal.v1	tracing	-	ok
io.containerd.grpc.v1	cri	linux/amd64	ok

2·state 目錄

　　state 目錄主要用於儲存多種類型的臨時資料，如 socket、pid、執行時期狀態、掛載點資訊等。state 目錄中還有一些其他外掛程式儲存的資料，這些資料機器重新啟動時無須保留。

state 目錄中的內容如下。

```
/run/containerd
├── containerd.sock
├── containerd.sock.ttrpc
├── io.containerd.grpc.v1.cri
│   ├── containers
│   │   └── 0103c439f10dbe16e3f710076af83d613d9c28fcc9206c907ff748f4a70391a8
│   └── sandboxes
│       └── e7da48b52513f3c3c440c85f4fbe550a9c7bad704a15eda50dc6e7d821499116
├── io.containerd.runtime.v1.linux
├── io.containerd.runtime.v2.task
│   └── k8s.io
│       ├── 0103c439f10dbe16e3f710076af83d613d9c28fcc9206c907ff748f4a70391a8
│       │   ├── address
│       │   ├── config.json
│       │   ├── init.pid
│       │   ├── log
│       │   ├── log.json
│       │   ├── options.json
│       │   ├── rootfs   # 容器 rootfs
│       │   │   ├── dev
│       │   │   ├── etc
│       │   │   ├── proc
│       │   │   ├── sys
│       │   │   └── var
│       │   ├── runtime
│       │   ├── shim-binary-path
│       │   └── work ->
/var/lib/containerd/io.containerd.runtime.v2.task/k8s.io/0103c439f10dbe
16e3f710076af83d613d9c28fcc9206c907ff748f4a70391a8
│       │       └── e7da48b52513f3c3c440c85f4fbe550a9c7bad704a15eda50dc6e7d821499116
├── runc # 容器的狀態
│   └── k8s.io
│       ├── 0103c439f10dbe16e3f710076af83d613d9c28fcc9206c907ff748f4a70391a8
│       │   └── state.json
│       └── e7da48b52513f3c3c440c85f4fbe550a9c7bad704a15eda50dc6e7d821499116
│           └── state.json
└── s # containerd 與 shim 通訊 的 socket 位址
    └── dbc44b0db7f11f855decdb662a0fcb33c4b92cba6729320140ca795c0b3f32be
```

上述範例中執行了一個 pod，runc 場景啟動了兩個 pod，一個是 pause 容器
（sandbox），另一個是業務容器：

- 業務容器 id 為 0103c439f10dbe16e3f710076af83d613d9c28fcc9206c907ff
  748f4a70391a8。

- sandbox id 為 e7da48b52513f3c3c440c85f4fbe550a9c7bad704a15eda50dc6
  e7d821499116。

6.1.3 containerd 中的鏡像儲存

本節將以一個鏡像為例，講解 containerd 是如何在容器啟動前準備容器
rootfs 的。

一個正常的鏡像從製作出來到透過容器執行時期啟動大概會經歷以下幾個
步驟，如圖 6.3 所示。

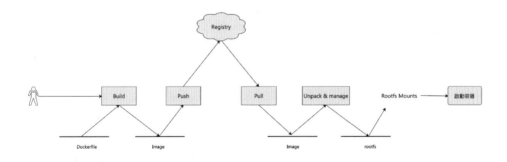

▲ 圖 6.3 鏡像從製作到啟動容器的流程

（1）基於 Dockerfile 製作鏡像。

（2）推送到鏡像 Registry 中，如 dockerhub 或自建的 harbor 倉庫。

（3）從鏡像 Registry 拉取到本地。

（4）本地容器執行時期管理鏡像的儲存，並將鏡像轉為容器執行所需的
rootfs。

（5）交付 rootfs 給容器時在啟動容器前進行掛載。

在上述的鏡像流轉過程中，containerd 參與的主要是步驟（3）、（4），即拉取鏡像、解壓鏡像、將鏡像準備為容器 rootfs，並提供 rootfs 掛載資訊供後續執行容器使用，如圖 6.4 所示。

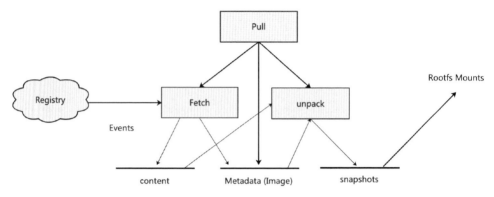

▲　圖 6.4　containerd 拉取鏡像到準備容器 rootfs

containerd 中 涉 及 鏡 像、 容 器 rootfs 持 久 化 的 主 要 模 組 是 content、metadata、snapshot。其中 metadata 主要用於儲存中繼資料，接下來重點介紹 content 與 snapshot。

6.1.4　containerd 中的 content

content 中 的 內 容 主 要 儲 存 在 <containerd Root Path>/io.containerd.content. v1.content， 即 /var/lib/containerd/io.containerd.content.v1.content/blobs/sha256 中，包括鏡像的 manifests、config，以及鏡像的層。無論是 manifests、config 這種 JSON 檔案，還是 tar+gzip 格式的鏡像層，在 content 目錄中都是以內容 sha256sum 的值命名的，並且 content 中儲存的內容是不可變的。

下面以 redis:5.0.9 鏡像為例，說明 containerd 是如何儲存鏡像的。首先透過 nerdctl 拉取鏡像，如下所示。

```
root@zjz: ~# nerdctl pull redis:5.0.9
docker.io/library/redis:5.0.9:
```

```
resolved                    |++++++++++++++++++++++++++++++++++++++|
index-sha256:2a9865e55c37293b71df051922022898d8e4ec0f579c9b53a0caee1b17
0bc81c:    done             |++++++++++++++++++++++++++++++++++++++|
manifest-sha256:9bb13890319dc01e5f8a4d3d0c4c72685654d682d568350fd38a02b
1d70aee6b: done             |++++++++++++++++++++++++++++++++++++++|
config-sha256:987b553c835f01f46eb1859bc32f564119d5833801a27b25a0ca5c6b8
b6e111a:   done             |++++++++++++++++++++++++++++++++++++++|
layer-sha256:97481c7992ebf6f22636f87e4d7b79e962f928cdbe6f2337670fa6c9a9
636f04:    done             |++++++++++++++++++++++++++++++++++++++|
layer-sha256:bb79b6b2107fea8e8a47133a660b78e3a546998fcf0427be39ac9a0af4
a97e90:    done             |++++++++++++++++++++++++++++++++++++++|
layer-sha256:1ed3521a5dcbd05214eb7f35b952ecf018d5a6610c32ba4e315028c556
f45e94:    done             |++++++++++++++++++++++++++++++++++++++|
layer-sha256:5999b99cee8f2875d391d64df20b6296b63f23951a7d41749f028375e8
87cd05:    done             |++++++++++++++++++++++++++++++++++++++|
layer-sha256:bfee6cb5fdad6b60ec46297f44542ee9d8ac8f01c072313a51cd7822df
3b576f:    done             |++++++++++++++++++++++++++++++++++++++|
layer-sha256:fd36a1ebc6728807cbb1aa7ef24a1861343c6dc174657721c496613c7b
53bd07:    done             |++++++++++++++++++++++++++++++++++++++|
elapsed: 8.4 s
```

nerdctl 拉取過程中，依次拉取了鏡像的 index、manifest、config 檔案，以及 6 層鏡像層，檔案類型與鏡像層的對應關係如表 6.1 所示。如果想獲取詳細的請求資訊，可以給 nerdctl 增加 --debug 參數。

▼ 表 6.1 鏡像層與對應的檔案類型

鏡像檔案	檔案類型	檔案名稱
index	json	2a9865e55c37293b71df051922022898d8e4ec0f579c9b53a0caee1b170bc81c
manifest	json	9bb13890319dc01e5f8a4d3d0c4c72685654d682d568350fd38a02b1d70aee6b
config	json	987b553c835f01f46eb1859bc32f564119d5833801a27b25a0ca5c6b8b6e111a
layer	tar+gzip	97481c7992ebf6f22636f87e4d7b79e962f928cdbe6f2337670fa6c9a9636f04

鏡像檔案	檔案類型	檔案名稱
layer	tar+gzip	5999b99cee8f2875d391d64df20b6296b63f23951a7d41749f028375e887cd05
layer	tar+gzip	bfee6cb5fdad6b60ec46297f44542ee9d8ac8f01c072313a51cd7822df3b576f
layer	tar+gzip	fd36a1ebc6728807cbb1aa7ef24a1861343c6dc174657721c496613c7b53bd07
layer	tar+gzip	bb79b6b2107fea8e8a47133a660b78e3a546998fcf0427be39ac9a0af4a97e90
layer	tar+gzip	1ed3521a5dcbd05214eb7f35b952ecf018d5a6610c32ba4e315028c556f45e94

第 2 章中我們介紹了 OCI 鏡像的格式，細心的讀者可以進行比對，查看是否與此處拉取鏡像的過程對應起來。

containerd 會把上述內容儲存在 content 目錄中，即 /var/lib/containerd/io.containerd. content.v1.content/blobs/sha256 中，檔案名稱為檔案內容進行 sha256sum 計算之後的值。

```
root@zjz:~# tree -L 2/var/lib/containerd/io.containerd.content.v1. content/blobs
# 排序處理後
/var/lib/containerd/io.containerd.content.v1.content/blobs
└── sha256
    ├── 2a9865e55c37293b71df051922022898d8e4ec0f579c9b53a0caee1b170bc81c
    ├── 9bb13890319dc01e5f8a4d3d0c4c72685654d682d568350fd38a02b1d70aee6b
    ├── 987b553c835f01f46eb1859bc32f564119d5833801a27b25a0ca5c6b8b6e111a
    ├── 97481c7992ebf6f22636f87e4d7b79e962f928cdbe6f2337670fa6c9a9636f04
    ├── 5999b99cee8f2875d391d64df20b6296b63f23951a7d41749f028375e887cd05
    ├── bfee6cb5fdad6b60ec46297f44542ee9d8ac8f01c072313a51cd7822df3b576f
    ├── fd36a1ebc6728807cbb1aa7ef24a1861343c6dc174657721c496613c7b53bd07
    ├── bb79b6b2107fea8e8a47133a660b78e3a546998fcf0427be39ac9a0af4a97e90
    └── 1ed3521a5dcbd05214eb7f35b952ecf018d5a6610c32ba4e315028c556f45e94
```

除了在上述目錄中查看，透過 ctr content ls 命令也可以查看已經儲存的 content。

接下來我們詳細介紹鏡像的拉取流程和鏡像內容在 containerd 中的儲存方式。

1 · index 檔案

index 檔案是 JSON 格式的檔案，涵蓋了不同架構（ARM64 或 AMD64）和不同作業系統（Linux 或 Windows）的 manifests 檔案列表，可以認為是 manifests 檔案的「manifests」。

查看 redis: 5.0.9 的 index 檔案，路徑為 /var/lib/containerd/io.containerd. content.v1.content/ blobs/sha256/2a9865e55c37293b71df051922022898d8e4ec0f57 9c9b53a0caee1b170bc81c。

```
# index 檔案
{
  "schemaVersion": 2,
  "mediaType": "application/vnd.docker.distribution.manifest.v2+json",
  "manifests": [
    {
      "digest":"sha256:9bb13890319dc01e5f8a4d3d0c4c72685654d682d568350fd
38a02b1d70aee6b",
      "mediaType":"application/vnd.docker.distribution.manifest.v2+json",
      "platform": {
        "architecture": "amd64",
        "os": "linux"
      },
      "size": 1572
    },
    {
      "digest": "sha256:aeb53f8db8c94d2cd63ca860d635af4307967aa11a2fdead
98ae0ab3a329f470",
      "mediaType":"application/vnd.docker.distribution.manifest.v2+json",
      "platform": {
        "architecture": "arm",
        "os": "linux",
        "variant": "v5"
      },
      "size": 1573
```

```
  },
  ... 省略 ...
  ],
}
```

可以看到 index 檔案中涵蓋了多種架構的 manifests 列表，如 AMD64、ARM、ARM64、s390x 等。筆者使用的環境為 Linux AMD64，故接下來以 nerdctl 拉取 Linux AMD64 的 manifest 檔案。

2 · manifests 檔案

manifests 檔案中共有 1 個 config、6 個 layer。

```
{
  "schemaVersion": 2,
  "mediaType": "application/vnd.docker.distribution.manifest.v2+json",
  "config": {
    "mediaType": "application/vnd.docker.container.image.v1+json",
    "size": 7648,
    "digest": "sha256:987b553c835f01f46eb1859bc32f564119d5833801a27b25a0
ca5c6b8b6e111a"
  },
  "layers": [
    {
      "mediaType": "application/vnd.docker.image.rootfs.diff.tar.gzip",
      "size": 27092228,
      "digest": "sha256:bb79b6b2107fea8e8a47133a660b78e3a546998fcf0427be3
9ac9a0af4a97e90"
    },
    {
      "mediaType": "application/vnd.docker.image.rootfs.diff.tar.gzip",
      "size": 1732,
      "digest": "sha256:1ed3521a5dcbd05214eb7f35b952ecf018d5a6610c32ba4e
315028c556f45e94"
    },
    {
      "mediaType": "application/vnd.docker.image.rootfs.diff.tar.gzip",
      "size": 1417672,
```

```
      "digest": "sha256:5999b99cee8f2875d391d64df20b6296b63f23951a7d4174
9f028375e887cd05"
    },
    {
      "mediaType": "application/vnd.docker.image.rootfs.diff.tar.gzip",
      "size": 7348264,
      "digest": "sha256:bfee6cb5fdad6b60ec46297f44542ee9d8ac8f01c072313a
51cd7822df3b576f"
    },
    {
      "mediaType": "application/vnd.docker.image.rootfs.diff.tar.gzip",
      "size": 98,
      "digest": "sha256:fd36a1ebc6728807cbb1aa7ef24a1861343c6dc174657721c
496613c7b53bd07"
    },
    {
      "mediaType": "application/vnd.docker.image.rootfs.diff.tar.gzip",
      "size": 409,
      "digest": "sha256:97481c7992ebf6f22636f87e4d7b79e962f928cdbe6f2337
670fa6c9a9636f04"
    }
  ]
}
```

manifests 中內容是一個 JSON 結構的結構，其中，無論是 config 還是 layer，都有 3 個屬性。

（1）mediaType：config 檔案對應的 mediatype 為 json；鏡像 layer 檔案對應的 medirtype 為 tar+gzip。

（2）size：檔案大小，單位為位元組（byte）。

（3）digest：檔案內容 sha256sum 計算之後得到的值。

現在 nerdctl 拿到了 config 和 layer 的 sha256 值，接下來依次拉取相關內容，依然儲存到 content 目錄中。

3 · config 檔案

config 檔案中可以看到鏡像的建構歷史記錄、Env、Cmd、Entrypoint 等相關設定，以及鏡像的 diff layers。

```
{
  // 架構
  "architecture": "amd64",
  "os": "linux",
  // 設定檔，env、CMD、Entrypoint 等
  "config": {
    "Env": [
      "PATH=/usr/local/sbin:/usr/local/bin:/usr/sbin:/usr/bin:/sbin:/bin",
      ... 省略 ...
    ],
    "Cmd": [
      "redis-server"
    ],
    "Image": "sha256:4e92d163545a12175382e5f10b4f62a9a795f0c20b78353bb07
b2d34f470994d",
    "Entrypoint": [
      "docker-entrypoint.sh"
    ],
    ... 省略 ...
  },

  // 建構歷史
  "history": [
    {
      "created": "2020-10-13T01:39:05.233816802Z",
      "created_by": "/bin/sh -c #(nop) ADD file:0dc53e7886c35bc21ae6c4f6
cedda54d56ae9c9e9cd367678f1a72e68b3c43d4 in / "
    },
    {
      "created": "2020-10-13T01:39:05.467867564Z",
      "created_by": "/bin/sh -c #(nop)  CMD [\"bash\"]",
      "empty_layer": true
    },
    {
```

```
      "created": "2020-10-13T22:06:03.495978259Z",
      "created_by": "/bin/sh -c groupadd -r -g 999 redis && useradd -r -g
redis -u 999 redis"
    },
    ... 省略 ...
  ],
  "rootfs": {
    "type": "layers",
    "diff_ids": [
      "sha256:d0fe97fa8b8cefdffcef1d62b65aba51a6c87b6679628a2b50fc6a7a57
9f764c",
      "sha256:832f21763c8e6b070314e619ebb9ba62f815580da6d0eaec8a1b080bd0
1575f7",
      "sha256:223b15010c47044b6bab9611c7a322e8da7660a8268949e18edde9c6e3
ea3700",
      "sha256:b96fedf8ee00e59bf69cf5bc8ed19e92e66ee8cf83f0174e33127402b6
50331d",
      "sha256:aff00695be0cebb8a114f8c5187fd6dd3d806273004797a00ad934ec9c
d98212",
      "sha256:d442ae63d423b4b1922875c14c3fa4e801c66c689b69bfd853758fde99
6feffb"
    ]
  }
}
```

config 檔案中有幾個重要的設定。

- architecture：表示鏡像的架構，如 AMD64。

- os：作業系統，如 Linux。

- history：建構歷史，可以透過 docker history 或 nerdctl history 查看。

- rootfs：這裡表示的是組成鏡像 rootfs 的所有 layer，注意這裡的 diff_ids
  並不是 manifest 檔案中對應的鏡像 layer（tar+gzip 格式）id，而是鏡像
  layer 檔案解壓之後的 sha256，即

```
cat <layer tar+gzip file> | gunzip - | sha256sum -
```

以第一層鏡像 layer 為例，如下所示。

```
root@zjz:~# /var/lib/containerd/io.containerd.content.v1.content/blobs/
sha256# cat
97481c7992ebf6f22636f87e4d7b79e962f928cdbe6f2337670fa6c9a9636f04 |gunzip -
|sha256sum -
d442ae63d423b4b1922875c14c3fa4e801c66c689b69bfd853758fde996feffb  -
```

透過 ctr content ls 也可以看到 content 的 label containerd.io/uncompressed 表
明的就是解壓後的 sha256。

```
root@zjz:~# ctr content ls
DIGEST                                              SIZE    AGE     LABELS
sha256:97481c7992ebf6f22636f87e4d7b79e962f928cdbe6f2337670fa6c9a9636f04
                                                    409B    33      hours
containerd.io/uncompressed=sha256:d442ae63d423b4b1922875c14c3fa4e801c66
c689b69bfd853758fde996feffb,containerd.io/distribution.source.docker.io
=library/redis
```

4 · 鏡像 layers

鏡像 layers 為 tar+gzip 格式，以第一層鏡像 layer 為例，解壓得到的是
entrypoint 對應的指令檔。關於 redis: 5.0.9 的其他鏡像 layer 的內容，感興趣的
讀者可以自行解壓查看。

```
root@zjz:/var/lib/containerd/io.containerd.content.v1.content/blobs/sha
256# tar xvzf
97481c7992ebf6f22636f87e4d7b79e962f928cdbe6f2337670fa6c9a9636f04
usr/
usr/local/
usr/local/bin/
usr/local/bin/docker-entrypoint.sh
```

至此，containerd 拉取並儲存鏡像 layer 的過程結束。總結一下，containerd
依次從鏡像 registry 中拉取 index、manifests、config 以及鏡像 layers 檔案，儲
存在 /var/lib/containerd/ io.containerd.content.v1.content/blobs/sha256 中，並以檔
案內容 sha256 的值作為檔案名稱，在 metadata 中儲存相關中繼資料資訊，如圖
6.5 所示。

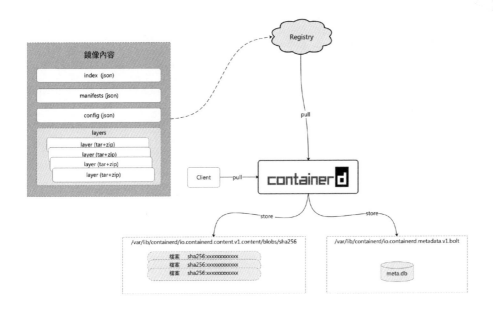

▲ 圖 6.5 containerd 拉取鏡像過程和儲存過程

6.1.5 containerd 中的 snapshot

上面說明了 containerd 會將鏡像 manifests 和鏡像 layers 拉取並儲存到 content 目錄。注意，儲存在 content 中的鏡像 layers 是不可以變的，其儲存格式也是沒法直接使用的，常見的格式是 tar+gzip。tar+gzip 沒法直接掛載給容器使用。因此，為了使用 content 中儲存的鏡像層，containerd 抽象出了 snapshot（快照）概念。

每個鏡像層生成對應的 snapshot，同時 snapshot 有父子關係。子 snapshot 會繼承父 snapshot 中檔案系統的內容，即疊加在父 snapshot 內容之上進行讀寫入操作。snapshot 代表的是檔案系統的狀態，snapshot 的生命週期中共有 3 種狀態：committed、active、view。

（1）committed：committed 狀態的 snapshot 通常是由 active 狀態的 snapshot 透過 commit 操作之後產生的。committed 狀態的 snapshot 不可變。

（2）active：active 狀態的 snapshot 通常是由 committed 狀態的 snapshot 透過 prepare 或 view 操作之後產生的。不同於 committed 狀態，active 狀態的 snapshot 是可以進行讀寫、修改等操作的。對 active 狀態的 snapshot 進行 commit 操作會產生 committed 狀態的新 snapshot，同時會繼承該 snapshot 的 parent。

（3）view：view 狀態的 snapshot 是父 snapshot 的唯讀視圖，掛載後是不可被修改的。

1·snapshot 的生命週期

snapshot 的生命週期如圖 6.6 所示。

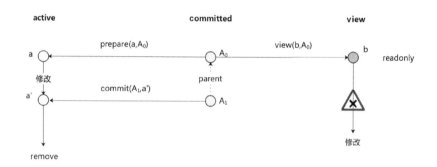

▲ 圖 6.6 snapshot 的生命週期

從圖 6.6 可以看到：

（1）狀態為 committed 的 snapshot A_0，經過 prepare 呼叫後生成了 active 狀態的 snapshot a。

（2）acitve 狀態的 snapshot a 是讀寫的，可以掛載到指定目錄操作。snapshot 中的檔案系統經過修改後變為 a'（並沒有生成新的 snapshot a'，只是相比於初始 snapshot a 發生了變化，暫且稱為 a'）。

（3）a' 經過 commit 操作後，生成 committed 狀態的 snapshot A_1，以 a 為名稱的 snapshot 則會被刪除（remove）。A_0 是 A_1 的父 snapshot。

（4）committed snapshot A_0 還 可 以 經 過 view 呼 叫 生 成 view 狀 態 的 snapshot b。snapshot b 是唯讀的，掛載後的檔案系統不可被修改。

2．snapshot 的儲存

下面以 redis:5.0.9 為例，介紹 snapshot 是如何儲存的。在 /var/lib/containerd 目錄中可以看到多個 io.containerd.snapshotter.v1.<type> 命名的資料夾。

```
root@zjz:/var/lib/containerd# ll
drwx------ 2 root root 4096 Sep 29 20:28 io.containerd.snapshotter.v1.btrfs
drwx------ 3 root root 4096 Sep 29 20:28 io.containerd.snapshotter.v1.native
drwx------ 3 root root 4096 Nov 28 16:16 io.containerd.snapshotter.v1.
overlayfs
...
```

在 containerd 中，snapshot 的 管 理 是 由 snapshotter 來 做 的，containerd 中 支 援 多 種 snapshotter 外 掛 程 式。舉 例 來 說，containerd 預 設 支 援 的 overlay snapshotter 所管理的 snapshot 儲存在 /var/lib/containerd/io.containerd.snapshotter. v1.overlayfs 中。

不同於 content 目錄，snapshot 目錄中的內容不是以 sha256 命名的，而是以 從 1 開始的 index 命名的。

```
root@zjz:/var/lib/containerd/io.containerd.snapshotter.v1.overlayfs/
snapshots# ll
total 176
drwx------ 4 root root 4096 Nov 28 16:16 1
drwx------ 4 root root 4096 Nov 28 16:17 2
drwx------ 4 root root 4096 Nov 28 16:17 3
drwx------ 4 root root 4096 Nov 28 16:17 4
drwx------ 4 root root 4096 Nov 28 16:17 5
drwx------ 4 root root 4096 Nov 28 16:17 6
...
```

snapshot 可以透過 ctr snapshot ls 查看，可以看到 snapshot 之間的 parent 關 係，第一層 snapshot 的 parent 為空。

```
root@zjz:~# ctr snapshot ls
KEY                                    PARENT   KIND
```

```
sha256:33bd296ab7f37bdacff0cb4a5eb671bcb3a141887553ec4157b1e64d6641c1cd
sha256:bc8b010e53c5f20023bd549d082c74ef8bfc237dc9bbccea2e0552e52bc5fcb1
Committed
sha256:bc8b010e53c5f20023bd549d082c74ef8bfc237dc9bbccea2e0552e52bc5fcb1
sha256:aa4b58e6ece416031ce00869c5bf4b11da800a397e250de47ae398aea2782294
Committed
sha256:aa4b58e6ece416031ce00869c5bf4b11da800a397e250de47ae398aea2782294
sha256:a8f09c4919857128b1466cc26381de0f9d39a94171534f63859a662d50c396ca
Committed
sha256:a8f09c4919857128b1466cc26381de0f9d39a94171534f63859a662d50c396ca
sha256:2ae5fa95c0fce5ef33fbb87a7e2f49f2a56064566a37a83b97d3f668c10b43d6
Committed
sha256:2ae5fa95c0fce5ef33fbb87a7e2f49f2a56064566a37a83b97d3f668c10b43d6
sha256:d0fe97fa8b8cefdffcef1d62b65aba51a6c87b6679628a2b50fc6a7a579f764c
Committed
sha256:d0fe97fa8b8cefdffcef1d62b65aba51a6c87b6679628a2b50fc6a7a579f764c
Committed
```

　　注意，snapshot key 中 sha256 的值並不是鏡像 layer content 解壓之後的 sha256，而是每一層鏡像 layer content 解壓後再疊加 parent snapshot 中的內容，重新計算得到的 sha256 的值，如圖 6.7 所示。

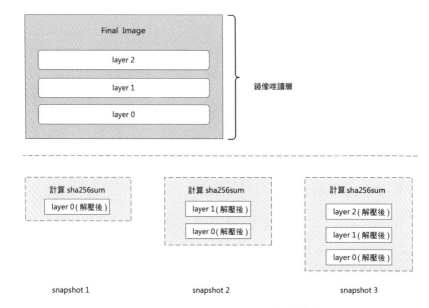

▲ 圖 6.7　snapshot sha256 計算方法

第一層 snapshot（parent 為空）和鏡像 layer content 解壓之後的 sha256 一致（其實是上述鏡像 config 檔案中的 diff_id），為 d0fe97fa8b8cefdffcef1d62b65aba51a6c87b66796 28a2b50fc6a7a579f764c。

啟動 redis 容器，可以看到多了一層 active 狀態的 snapshot，這層 snapshot 就是對應容器的讀寫層。

```
# 透過 ctr 啟動 redis 容器
root@zjz:~# ctr run -d  docker.io/library/redis:5.0.9 redis-demo
c8d01e7d5537962fdc455a10723b7dcc9b7c9572539b799eb2604acdf3421b17
# 查看 snapshot
root@zjz:~# ctr snapshot ls
KEY                                                         PARENT      KIND
redis-demo
sha256:33bd296ab7f37bdacff0cb4a5eb671bcb3a141887553ec4157b1e64d6641c1cd
Active
sha256:33bd296ab7f37bdacff0cb4a5eb671bcb3a141887553ec4157b1e64d6641c1cd
sha256:bc8b010e53c5f20023bd549d082c74ef8bfc237dc9bbccea2e0552e52bc5fcb1
Committed
sha256:bc8b010e53c5f20023bd549d082c74ef8bfc237dc9bbccea2e0552e52bc5fcb1
sha256:aa4b58e6ece416031ce00869c5bf4b11da800a397e250de47ae398aea2782294
Committed
sha256:aa4b58e6ece416031ce00869c5bf4b11da800a397e250de47ae398aea2782294
sha256:a8f09c4919857128b1466cc26381de0f9d39a94171534f63859a662d50c396ca
Committed
sha256:a8f09c4919857128b1466cc26381de0f9d39a94171534f63859a662d50c396ca
sha256:2ae5fa95c0fce5ef33fbb87a7e2f49f2a56064566a37a83b97d3f668c10b43d6
Committed
sha256:2ae5fa95c0fce5ef33fbb87a7e2f49f2a56064566a37a83b97d3f668c10b43d6
sha256:d0fe97fa8b8cefdffcef1d62b65aba51a6c87b6679628a2b50fc6a7a579f764c
Committed
sha256:d0fe97fa8b8cefdffcef1d62b65aba51a6c87b6679628a2b50fc6a7a579f764c
Committed
```

鏡像的每一層都會被建立成 committed 狀態的 snapshot，committed 表示該鏡像層不可變。在啟動容器時，將為每個容器建立一個讀寫的 active snapshot，這一層是讀寫的。鏡像 layer 與 snapshot 的對應關係如圖 6.8 所示。

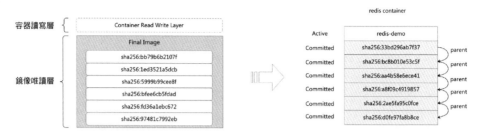

▲ 圖 6.8　鏡像 layer 與 snapshot 的對應關係

　　本節主要講解了鏡像在宿主機上的儲存方式，介紹了鏡像拉取以及啟動容器時 containerd 是如何透過 content 與 snapshot 儲存資料的，並簡介了 snapshot 的生命週期以及其與鏡像 layer 的關係。下一節將重點介紹 snapshot 的管理工具——snapshotter。

6.2　containerd 鏡像儲存外掛程式 snapshotter

　　6.1.5 節介紹了 containerd 中的 snapshot 儲存，本節將介紹 snapshot 是如何被管理的，包括 containerd 支援的 snapshotter，以及 proxy snapshotter plugin，帶領讀者從原理層面了解 snapshotter 的實現。

6.2.1　Docker 中的鏡像儲存管理 graphdriver

　　在 介 紹 containerd 中 的 snapshotter 之 前，我 們 先 看 一 下 Docker 中 的 graphdriver。containerd 是從 Docker 中抽象出來的，既然 Docker 中有鏡像和容器 rootfs 的管理工具，那為什麼又重新造一個 snapshotter 的輪子呢？

　　Docker 整體技術架構模組如圖 6.9 所示。

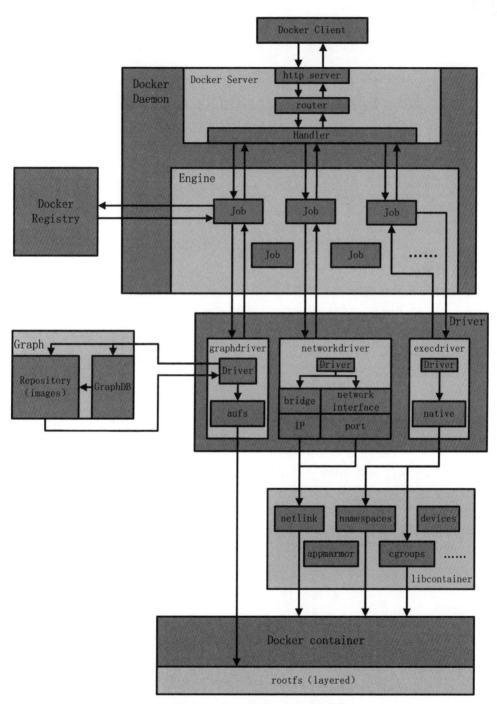

▲ 圖 6.9 Docker 整體技術架構模組

Docker Daemon 透過 driver 分別與底層的計算、儲存、網路外掛程式解耦，其中 graphdriver 是負責鏡像儲存的元件，主要用於完成容器鏡像以及容器 rootfs 的管理。

（1）鏡像儲存：docker pull 下載的鏡像由 graphdriver 儲存到本地的指定目錄（Graph 中）。

（2）rootfs 管 理：docker run（create）用 鏡 像 來 建 立 容 器 時， 由 graphdriver 到本地 Graph 中獲取鏡像，加上容器的寫入層，組成容器處理程序啟動時的 rootfs。

Docker 容器啟動時將上述 graphdriver 準備的容器 rootfs 綁定掛載（mount bind）到指定目錄作為容器的系統根目錄「/」。除了容器 rootfs，Docker 還提供了多種管理資料的方式，如透過 volume 機制為容器建立持久化資料卷冊，透過 tmpfs 為容器掛載記憶體檔案系統，如圖 6.10 所示。

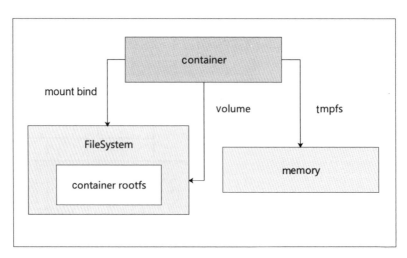

▲ 圖 6.10　Docker 中的資料管理

Docker graphdriver 支援多種類型，如 aufs、overlay、overlay2、btrfs zfs。每種 graphdriver 的實現方式不同，不過所有的 graphdriver 均使用多層鏡像堆疊的模式和寫入時複製（copy on write，COW）的策略。寫入時複製是共用檔案系統中提高資源使用率的一種手段：如果資源重複但未修改，則無須建立新資源；

如果執行中的容器修改了現有的已存在的檔案，那該檔案將從讀寫層下面的唯讀層複製到讀寫層，該檔案的唯讀版本仍然存在，只是已經被讀寫層中該檔案的副本所隱藏。

注意：

COW 這種機制，在增刪改查檔案時處理效率相對較低。因此在 IO 要求比較高的場景下（如 Redis MySQL 持久化儲存時），儲存性能會大打折扣。如果要繞過這種機制，可以透過儲存卷冊來實現，即圖 6.10 中的 volume。volume 是容器的目錄，該類目錄可以繞過聯合檔案系統，直接與宿主機上的某個目錄進行 mount bind。

Docker 儲存驅動的選擇涉及作業系統、Docker 版本，以及所需的性能指標和穩定性。在大多數的 Linux 發行版本中，Overlay2 是 Docker 預設推薦的儲存驅動。

6.2.2 graphdriver 與 snapshotter

在 Docker 中一直使用 graphdriver 來管理鏡像的儲存，但是 graphdriver 設計使用以來引發了很多問題。於是在 containerd 從 Docker 中貢獻出來後，原有的 graphdriver 被重新設計，變為 snapshotter。

1 · graphdriver 的歷史

最早的 Docker 只支援 Ubuntu，因為 Ubuntu 是唯一搭載了 aufs 的發行版本，Docker 使用 aufs 作為鏡像容器 rootfs 的 unionfs 檔案系統格式。此時，為了讓 Docker 在舊版本的核心中執行，需要 Docker 支援除 aufs 之外的其他檔案系統，如支援基於 LVM 精簡卷冊（thin provisioned）的 device mapper。

device mapper 的出現讓 Docker 在所有的核心和發行版本上執行成為可能。為了讓更多的 Linux 發行版用上 Docker，Docker 的創始人所羅門（Solomon）設計了一個新的 API 來支援 Docker 中的多個檔案系統，這個新的 API 就是 graphdriver。起初 graphdriver 介面非常簡單，但隨著時間演進，加入了越來越多的特性。

- 建構最佳化，基於建構快取加速建構過程。

- 內容可定址。

- 執行時期由 LXC 變為 runc。

隨著這些特性的加入，graphdriver 也變得越來越臃腫。

- graphdriver API 變得越來越複雜。

- graphdriver 中都有內建的建構最佳化程式。

- graphdriver 與容器的生命週期緊密耦合。

因此，containerd 的開發者決定重構 graphdriver 來解決其過於複雜的問題。

2 · snapshotter 的誕生

在 Docker 中，容器中使用的檔案系統有兩類：覆蓋檔案系統（overlay）和快照檔案系統（snapshot）。aufs 和 overlayfs 都是 overlay 檔案系統，每一層鏡像 layer 對應一個目錄，透過目錄為鏡像中的每一層提供檔案差異。snapshot 類型檔案系統則包括 devicemapper、btrfs 和 zfs，快照檔案系統在區塊級別處理檔案差異。overlay 通常適用於 ext4 和 xfs 等常見檔案系統類型，而 snapshot 檔案系統僅能執行為其格式化的卷冊上。

snapshot 檔案系統相比於 overlay 檔案系統而言，靈活性稍差，因為 snapshot 需要有嚴格的父子關係。建立子快照時必須要有一個父快照。而通常在介面設計時，優先尋找最不靈活的實現來建立介面。因此，containerd 中對接不同檔案系統的 API 定義為 snapshotter。

相比於 graphdriver，snapshotter 並不負責 rootfs 掛載和卸載動作的實現，這樣做有以下好處。

- 呼叫者作為鏡像建構元件或容器執行元件，可以決定何時需要掛載 rootfs，何時執行結束，以便進行卸載。

- 在一個容器的 mount 命名空間中掛載，當容器死亡時，核心將卸載該命名空間中的所有掛載。這改善了一些 graphdriver 陳舊檔案控制代碼的問題。

snapshotter 傳回的 rootfs 的掛載資訊（如 rootfs 的 path、類型等），由 containerd 決定在 containerd-shim 中掛載容器的 rootfs，並在任務執行後進行卸載。containerd 與 snapshotter 互動的邏輯如圖 6.11 所示。

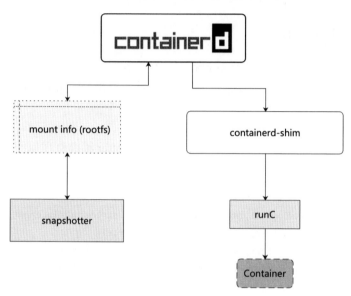

▲ 圖 6.11 containerd 與 snapshotter 互動

snapshotter 是 graphdriver 的演進，以一種更加鬆散耦合的方式提供 containerd 中容器和鏡像儲存的實現，同時 containerd 中也提供了 out of tree 形式的 snapshotter 外掛程式擴充機制—proxy snapshotter，透過 grpc 的形式對接使用者自訂的 snapshotter。

6.2.3 snapshotter 概述

透過上面的介紹我們了解了 Docker 中 graphdriver 的來源以及 containerd 中 snapshotter 的建立歷史，了解到 snapshotter 是 containerd 中用來準備 rootfs 掛載資訊的元件。接下來詳細介紹 snapshotter 元件。

在 containerd 整體架構中，containerd 設計上為了解耦，劃分成了不同的元件（Core 層的 Services、Metadata 和 Backend 層的 Plugin），每個元件都以外掛程式的形式整合到 containerd 中，每種元件都由一個或多個模組協作完成各自的功能。

　　本節我們主要關注 snapshots service 和 snapshotter plugin 模組。

1．snapshotter 介面

　　snapshotter 的主要工作是為 containerd 執行容器準備 rootfs 檔案系統。透過將鏡像 layer 逐層依次解壓掛載到指定目錄，最終提供給 containerd 啟動容器時使用。

　　為了管理 snapshot 的生命週期，所有的 snapshotter 都會實現以下 10 個介面。

```
type Snapshotter interface {
    Stat(ctx context.Context, key string) (Info, error)
    Update(ctx context.Context,info Info,fieldpaths ...string) (Info,error)
    Usage(ctx context.Context, key string) (Usage, error)
    Mounts(ctx context.Context, key string) ([]mount.Mount, error)
    Prepare(ctx context.Context, key, parent string, opts ...Opt) ([]mount.
Mount, error)
    View(ctx context.Context, key, parent string, opts ...Opt) ([]mount.
Mount, error)
    Commit(ctx context.Context, name, key string, opts ...Opt) error
    Remove(ctx context.Context, key string) error
    Walk(ctx context.Context, fn WalkFunc, filters ...string) error
    Close() error
}
type Cleaner interface {
    Cleanup(ctx context.Context) error
}
```

　　snapshotter 介面的詳細說明如表 6.2 所示。

▼ 表 6.2　snapshotter 介面的詳細說明

介面	說　　明
Stat	Stat 介面會傳回 active 或 committed 狀態的快照資訊。 可以用來判斷快照父子關係、快照是否存在，以及快照的類型

（續表）

介面	說　　明
Update	Update 介面更新快照的 info 資訊。 快照中只有允許更改的屬性才可以被更新
Usage	Usage 介面傳回 active 或 committed 狀態的快照的資源使用量資訊，但不包括父快照的資源使用情況。 該介面的呼叫時長取決於具體實現，不過可能與佔用的資源大小成正比。呼叫者要注意避免使用鎖機制，同時可以透過實現 context 的取消方法來避免逾時
Mounts	Mounts 根據 key 傳回的是 active 狀態的快照對應的掛載資訊（即 [] mount.Mount）。可以被讀寫層或唯讀層事務來呼叫。只有 active 狀態的快照才能使用該方法。 可用於在呼叫 View 或 Prepare 方法之後重新掛載
Prepare	Prepare 方法會基於父快照建立一個 active 狀態的快照，該快照的標識由唯一 key 確定。 傳回的掛載資訊可以用來掛載該快照，該快照作為活動快照，裡面的檔案內容是可以修改的。 如果提供了父快照 id，在執行了掛載之後，掛載的目的路徑中會包含父快照的內容。 父快照必須是 committed 狀態的快照。任何對該掛載目的路徑中的內容修改都會基於父快照的內容來記錄（記錄基於父快照的 diff）。預設的父快照為 ""，對應的是空目錄。 對該快照的修改可以透過呼叫 Commit 方法將快照儲存為 committed 狀態的快照。Commit（提交）事務結束後，需要呼叫 Remove 方法刪除以 key 為標識的該快照。對同一個 key 多次呼叫 Prepare 或 View 方法會失敗
View	View 方法和 Prepare 方法相同，只不過 View 方法不會把對快照的修改提交回快照。 View 會傳回一個基於父快照的唯讀視圖，acitve 快照則由給定的 key 進行追蹤。該方法的操作與 Prepare 相同，除了傳回的掛載資訊設定了唯讀標識。 任何對於底層檔案系統的修改都會被忽略。具體實現上可以與 Prepare 不同，具體實現的 snapshotter 可以以更高效的方式進行。 不同於 Prepare，呼叫 View 之後再呼叫 Commit 會傳回錯誤。 要收集與 key 連結的資源，Remove 呼叫時必須以 key 為參數

（續表）

介面	說　　明
Commit	呼叫 Commit 方法會記錄當前快照和父快照之間的變更，並將變更儲存在名為 \<name\> 的快照中。 該 name 可以被 snapshotter 的其他方法在隨後的快照操作中使用。 該方法會建立一個以 \<name\> 名稱的 committed 狀態的快照，該快照的父快照是原先 active 狀態的快照的父快照。 快照提交之後，以 key 為唯一鍵的快照會被刪除
Remove	呼叫 Remove 可以刪除 committed 和 active 狀態的快照，所有跟這個 key 相關的資源都會被刪除。 如果某個快照是其他快照的父快照，則必須先刪除其他子快照才能刪除該快照
Walk	Walk 方法會對滿足篩選條件的快照呼叫 WalkFunc。 如果不提供篩選條件，所有的快照都會被呼叫。 WalkFunc 篩選條件有： ☑ name ☑ parent ☑ kind(active,view,committed) ☑ labels(label)
Close	Close 會釋放內部的所有資源。 最好是在 snapshotter 生命週期結束時呼叫 Close，該方法並不是強制的。 如果已經關閉，則再次呼叫時該方法傳回 nil

Cleanup 為非同步資源清理機制，避免同步清理時耗費時間過長的問題。

2·snapshotter 準備容器 rootfs 過程

在 snapshotter 準備容器 rootfs 的過程中，比較關鍵的幾個方法是 Prepare、Commit 方法，接下來以具體的例子介紹。

snapshotter 是根據鏡像 layer 一層一層準備目錄的。舉例來說，第 1 層直接解壓到指定目錄作為第 1 層 snapshot；準備第 2 層鏡像 layer 時，在第 1 層

snapshot 的檔案系統內容之上解壓第 2 層鏡像 layer 作為第 2 層 snapshot。依此類推，在準備第 n 層 snapshot 時，是在 n-1 層 snapshot 基礎上解壓第 n 層鏡像 layer 實現的。在準備 snapshot 時，先透過 Prepare 建立讀寫的 active snapshot，將該 snapshot 掛載後，解壓鏡像到 snapshot 中，而後將該 snapshot 提交為唯讀的 committed snapshot，如圖 6.12 所示。

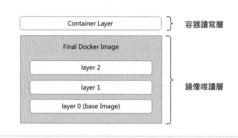

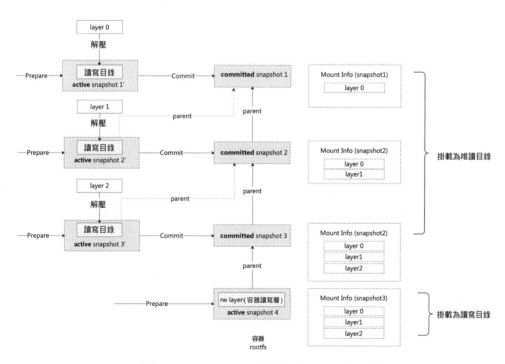

▲ 圖 6.12 snapshotter 準備容器 rootfs 的過程

　　鏡像是由多層唯讀層組成的，容器 rootfs 則是由鏡像唯讀層加一層讀寫層來實現的。snapshotter 的實現機制與鏡像 layer 一對應。

圖 6.12 中鏡像有 3 層，snapshotter 準備該鏡像的 snapshot 步驟如下。

（1）透過 Prepare 建立一個 active 狀態的 snapshot 1'，該呼叫傳回一個空目錄（parent 為 ""）的掛載資訊，掛載後為讀寫的資料夾。

（2）將第 1 層鏡像 layer（layer 0）解壓到該資料夾中，呼叫 Commit 生成 committed 狀態的 snapshot 1，snapshot 1 的父 snapshot 為空，隨後 Remove snapshot 1'。此時對 snapshot 1 呼叫 Mount、Prepare、View 操作傳回的掛載資訊掛載後，其中的檔案系統內容為鏡像 layer 0 解壓後的內容。

（3）透過 Prepare 以 snapshot 1 為父 snapshot，建立一個 active 狀態的 snapshot 2'，將 snapshot 2 掛載後，目錄中會含有第 1 層鏡像 layer 的內容。此時將第 2 層鏡像 layer（layer 1）解壓到掛載 snapshot 2' 的目錄中，再次呼叫 Commit，生成 committed 狀態的 snapshot 2。此時對 snapshot 2 呼叫 Mount、Prepare、View 操作傳回的掛載資訊掛載後，其中的檔案系統內容為鏡像 layer 0、鏡像 layer 1 依次解壓後的內容。

（4）依此類推，透過 Prepare 以 snapshot 2 為父 snapshot，建立一個 active 狀態的 snapshot 3'，再將第 3 層鏡像 layer（layer 2）解壓到其中，最終生成 committed 狀態的 snapshot 3。注意，snapshot 1、snapshot 2、snapshot 3 均是唯讀的，不可變。此時對 snapshot 2 呼叫 Mount、Prepare、View 操作傳回的掛載資訊掛載後，其中的檔案系統內容為鏡像 layer 0、鏡像 layer 1、鏡像 layer 2 依次解壓後的內容。

（5）在啟動容器時，呼叫 snapshotter 的 Prepare 介面以 snapshot 3 為父 snapshot，建立一個 active 狀態的 snapshot 4。此時將 Prepare 呼叫傳回的掛載資訊掛載後即是容器的 rootfs 目錄。rootfs 目錄中含有的內容是鏡像 layer 0、layer 1、layer 2 依次疊加之後的內容，同時由於該 snapshot 是 active 狀態的，因此目錄是讀寫的。

3．關於 Mount

Prepare 傳回的掛載資訊為 Mount 結構，用於 Linux 掛載呼叫的參數，如 mount -t <type> -o <options > <device> <mount-point>。

```
type Mount struct {
    // 該掛載指定的檔案系統類型
    Type string
    // 掛載的來源，依賴於宿主機作業系統，可以是資料夾，也可以是一個區塊裝置
    Source string
    // Mount option，同 mount -o 指定的參數，如 ro、rw 等
    Options []string
    // 注意：該欄位為 containerd 1.7.0 版本之後增加的
    // Target 指定了一個可選的子目錄作為掛載點，前提是假定父掛載中該掛載點是存在的
    Target string
}
```

注意：

Target 結構是 containerd 1.7.0 之後為了實現某個 snapshotter 增加的，詳情可以參考 GitHub 上的 issue[1]。

可以透過 ctr snapshots mounts <target> <key> 查看某個 snapshot 對應的掛載資訊，程式如下。

```
# native snapshot 對應的掛載資訊
root@zjz:~# ctr snapshot --snapshotter native mounts /tmp zjz
mount -t bind /var/lib/containerd/io.containerd.snapshotter.v1.native/
snapshots/19 /tmp -o rbind,rw

# overlay snapshot 對應的掛載資訊
root@zjz:~# ctr snapshot mounts /tmp redis-demo
mount -t overlay overlay /tmp -o index=off,workdir=/var/lib/containerd/io.
containerd.snapshotter.v1.overlayfs/snapshots/246/work,upperdir=/var/lib/
containerd/io.containerd.snapshotter.v1.overlayfs/snapshots/246/fs,
lowerdir=/var/lib/containerd/io.containerd.snapshotter.v1.overlayfs/
snapshots/239/fs:/var/lib/containerd/io.containerd.snapshotter.v1.
overlayfs/snapshots/238/fs:/var/lib/containerd/io.containerd.snapshotter.
v1.overlayfs/snapshots/237/fs:/var/lib/containerd/io.containerd.
snapshotter.v1.overlayfs/snapshots/236/fs:/var/lib/containerd/io.
containerd.snapshotter.v1.overlayfs/snapshots/235/fs:/var/lib/containerd/
io.containerd.snapshotter.v1.overlayfs/snapshots/234/fs
```

---

[1] **https://github.com/containerd/containerd/issues/7839**。

6.2.4　containerd 中如何使用 snapshotter

containerd 支援的 snapshotter 可以透過 ctr plugin ls 查看，程式如下。

```
root@zjz:~/zjz/container-book# ctr plugin ls |grep snapshotter
io.containerd.snapshotter.v1       aufs        linux/amd64         skip
io.containerd.snapshotter.v1       btrfs       linux/amd64         skip
io.containerd.snapshotter.v1       devmapper   linux/amd64         error
io.containerd.snapshotter.v1       native      linux/amd64         ok
io.containerd.snapshotter.v1       overlayfs   linux/amd64         ok
io.containerd.snapshotter.v1       zfs         linux/amd64         skip
```

可以發現，containerd 內建的 snapshotter 有 aufs、btrfs、devmapper、native、overlayfs、zfs 等。其中，containerd 預設支援的為 overlay snapshotter。同時，containerd 也支援透過自訂實現 snapshotter 外掛程式，不必重新編譯 containerd。

containerd 預設支援的 snapshotter 是 overlay，等於 Docker 中的 overlay2 gradriver 驅動。如何指定特定的 snapshotter 呢？接下來介紹幾種途徑。

1 · nerdctl

使用 nerdctl 拉取或推送鏡像時，透過指定 --snapshotter 來指定特定的 snapshotter。

指定 snapshotter 拉取鏡像採用下面的命令。

```
nerdctl --snapshotter <snapshotter plugin name> pull <image name>
```

指定 snapshotter 啟動容器採用下面的命令。

```
nerdctl --snapshotter <snapshotter plugin name> run <image name>
```

2 · ctr

使用 ctr 指定 snapshotter 拉取鏡像，程式如下。

```
ctr i pull --snapshotter <snapshotter plugin name>  <image name>
```

　　使用 ctr 指定 snapshotter 啟動容器，程式如下。

```
ctr run -d -t --snapshotter <snapshotter plugin name>  <image name> <container name>
```

　　還是以 redis:5.0.9 為例，以 native snapshotter plugin 拉取鏡像和啟動容器，程式如下。

```
root@zjz:~# ctr i pull --snapshotter native docker.io/library/redis:5.0.9
root@zjz:~# ctr run -d -t --snapshotter native docker.io/library/redis:
5.0.9 redis-test
```

　　指定 snapshotter 操作 snapshot，程式如下。

```
ctr snapshot --snapshotter <snapshotter plugin name> <command>
```

　　ctr snapshot 支援的操作如下。

```
root@zjz:~# ctr snapshot -h
NAME:
   ctr snapshots - manage snapshots

USAGE:
   ctr snapshots command [command options] [arguments...]

COMMANDS:
   commit              commit an active snapshot into the provided name
   diff                get the diff of two snapshots. the default second
snapshot is the first snapshot's parent.
   info                get info about a snapshot
   list, ls            list snapshots
   mounts, m, mount    mount gets mount commands for the snapshots
   prepare             prepare a snapshot from a committed snapshot
   delete, del, remove, rm  remove snapshots
   label               add labels to content
   tree                display tree view of snapshot branches
   unpack              unpack applies layers from a manifest to a snapshot
```

```
   usage                  usage snapshots
   view                   create a read-only snapshot from a committed snapshot

OPTIONS:
   --snapshotter value  snapshotter name. Empty value stands for the default
value. [$CONTAINERD_SNAPSHOTTER]
   --help, -h             show help
```

3．CRI Plugin

對接 Kubernetes 的 場 景 下， 可 以 透 過 containerd config 檔 案（/etc/containerd/config）進行設定，如下所示。

```
version = 2
[plugins."io.containerd.grpc.v1.cri".containerd]
  snapshotter = <snapshotter plugin name>
```

4．containerd Client SDK

拉取鏡像和啟動容器時，透過指定 option 函式選擇指定的 snapshotter，程式如下。

```
# 初始化 Client
client, err := containerd.New("/run/containerd/containerd.sock")

...
# 拉取鏡像
image, err := client.Pull(ctx, ref,
        containerd.WithPullUnpack,
        containerd.WithPullSnapshotter("my-snapshotter"),
)
...
# 啟動容器
container, err := client.NewContainer(
                ctx,
                "redis-test",
                  containerd.WithNewSnapshot("snapshot-id", image),
                containerd.WithSnapshotter("my-snapshotter"),
```

```
            containerd.WithNewSpec(oci.WithImageConfig(image)),
        )
```

6.3　containerd 支援的 snapshotter

containerd 內 建 的 snapshotter 有 aufs、btrfs、devmapper、native、over-layfs、zfs，透過外掛程式註冊的形式註冊到 containerd 中，所有的 snapshotter 外掛程式均需實現 snapshotter 對應的介面來完成 snapshot 生命週期的管理。下面介紹幾種常見的 snapshotter。

6.3.1　native snapshotter

native snapshotter 是 containerd 中 最 早 實 現 的 snapshotter。native snapshotter 使用原生的檔案系統儲存 snapshot，假如一個鏡像有 4 層 layer，每層鏡像 layer 有 10MB 的未壓縮檔，那麼 snapshotter 將建立 4 個 snapshot，大小分別是 10MB、20MB、30MB、40MB，總共 100MB。

換句話說，40MB 的鏡像卻佔用了 100MB 的儲存空間，儲存效率確實有點低。其他的 snapshotter（如 overlay、devmapper 等）將透過使用不同的策略來消除這種儲存效率低下的問題。

下面透過一個鏡像範例介紹 native snapshotter 的原理。首先基於下面的 Dockerfile 建構一個鏡像，程式如下。

```
# alpine image 佔用儲存空間比較小
FROM alpine:latest
# 每層分別建立 10MB 大小的檔案
RUN dd if=/dev/zero of=file_a bs=1024 count=10240
RUN dd if=/dev/zero of=file_b bs=1024 count=10240
RUN dd if=/dev/zero of=file_c bs=1024 count=10240
```

基於 nerdctl 建構鏡像，程式如下。

```
[root@zjz ~]# nerdctl build -t zhaojizhuang66/snapshots-test
```

推送鏡像，程式如下。

```
[root@zjz ~]# nerdctl push zhaojizhuang66/snapshots-test
```

透過 nerdctl 指定 native snapshotter 拉取鏡像，程式如下。

```
[root@zjz ~/containerd]# nerdctl --snapshotter native pull zhaojizhuang66/
testsnapshotter
```

進入 native snapshots 對應的路徑查看，程式如下。

```
[root@zjz ~/containerd]# cd /var/lib/containerd/io.containerd.snapshotter.
v1.native/snapshots
[root@zjz ~/containerd]# ls
1  2  3  4
```

總共有 4 個 snapshots，查看每個 snapshots 的大小，可以看到每個 snapshots 的大小依次增加 10MB 左右。

```
[root@zjz /var/lib/containerd/io.containerd.snapshotter.v1.native/
snapshots]# ls -lh 1 |head -n 1
total 68K
# 第 2 個 snapshots 為 alpine+10MB
[root@zjz /var/lib/containerd/io.containerd.snapshotter.v1.native/
snapshots]# ls -lh 2 |head -n 1
total 11M
# 第 3 個 snapshots 為 alpine+10MB+10MB
[root@zjz /var/lib/containerd/io.containerd.snapshotter.v1.native/
snapshots]# ls -lh 3 |head -n 1
total 21M
# 第 4 個 snapshots 為 alpine+10MB+10MB+10MB
[root@zjz /var/lib/containerd/io.containerd.snapshotter.v1.native/
snapshots]# ls -lh 4 |head -n 1
total 31M
```

接下來查看每個 snapshots 中的內容。

第 1 個 snapshots，程式如下。

```
[root@zjz /var/lib/containerd/io.containerd.snapshotter.v1.native/
snapshots]# ll 1
total 76
drwxr-xr-x 19 root root 4096 Mar  7   14:56 .
drwx------   6 root root 4096 Mar  7   14:56 ..
drwxr-xr-x  2 root root 4096 Feb  11  00:45 bin
drwxr-xr-x  2 root root 4096 Feb  11  00:45 dev
drwxr-xr-x 17 root root 4096 Feb  11  00:45 etc
... 省略 ...
```

第 2 個 snapshots，程式如下。

```
[root@zjz /var/lib/containerd/io.containerd.snapshotter.v1.native/
snapshots]#  ll 2
total 10316
drwxr-xr-x 19 root root       4096 Mar   7 14:56 .
drwx------   6 root root       4096 Mar   7 14:56 ..
drwxr-xr-x  2 root root       4096 Mar   7 14:56 bin
drwxr-xr-x  2 root root       4096 Feb  11 00:45 dev
drwxr-xr-x 17 root root       4096 Mar   7 14:56 etc
-rw-r--r--   1 root root   10485760 Mar   7 14:47 file_a
... 省略 ...
```

第 3 個 snapshots，程式如下。

```
[root@zjz /var/lib/containerd/io.containerd.snapshotter.v1.native/snapshots]# ll 3
total 20556
drwxr-xr-x 19 root root       4096 Mar   7 14:56 .
drwx------   6 root root       4096 Mar   7 14:56 ..
drwxr-xr-x  2 root root       4096 Mar   7 14:56 bin
drwxr-xr-x  2 root root       4096 Feb  11 00:45 dev
drwxr-xr-x 17 root root       4096 Mar   7 14:56 etc
-rw-r--r--   1 root root   10485760 Mar   7 14:47 file_a
-rw-r--r--   1 root root   10485760 Mar   7 14:47 file_b
... 省略 ...
```

第 4 個 snapshots，程式如下。

```
[root@zjz /var/lib/containerd/io.containerd.snapshotter.v1.native/snapshots]# ll 4
total 30796
drwxr-xr-x 19 root root     4096 Mar     7 14:56 .
drwx------  6 root root     4096 Mar     7 14:56 ..
drwxr-xr-x  2 root root     4096 Mar     7 14:56 bin
drwxr-xr-x  2 root root     4096 Feb    11 00:45 dev
drwxr-xr-x 17 root root     4096 Mar     7 14:56 etc
-rw-r--r--  1 root root 10485760 Mar     7 14:47 file_a
-rw-r--r--  1 root root 10485760 Mar     7 14:47 file_b
-rw-r--r--  1 root root 10485760 Mar     7 14:47 file_c
... 省略 ...
```

以上就是 native snapshotter 準備容器 rootfs 的過程。可以看到，對 native snapshotter 來說，多層 snapshotter 對鏡像儲存來說有些浪費，總共 30MB 的鏡像，經過 native snapshotter 解壓之後，佔用了 60MB 的儲存空間。下面看 native snapshotter 原始程式的具體實現，程式如下。

```
// 版本 v1.7.0
// containerd/snapshots/native/native.go
func (o *snapshotter) Prepare(ctx context.Context, key, parent string,
opts ...snapshots.Opt) ([]mount.Mount, error) {
    return o.createSnapshot(ctx, snapshots.KindActive, key, parent, opts)
}

func (o *snapshotter) createSnapshot(ctx context.Context, kind snapshots.
Kind, key, parent string, opts []snapshots.Opt) (_ []mount.Mount, err error) {

    // 1. 獲取 parent snapshot 的目錄
    parent := o.getSnapshotDir(s.ParentIDs[0])

    // 2. 直接複製 parent snapshot 目錄中的內容到新的 snapshot 目錄
    s.CopyDir(dst-snapshot-path, parent, ...);

    // 3. 傳回掛載資訊
    return []mount.Mount{
        {
            Source:  dst-snapshot-path,
```

```
      Type:    "bind",
      Options: []string{"rbind","ro"},
    },
  }
}
```

查看 snapshot 對應的掛載資訊，程式如下。

```
# 啟動容器，建立 active 狀態的 snapshot
root@zjz:~# ctr run --snapshotter native -d docker.io/zhaojizhuang66/
testsnapshotter:latest zjz

# 看到多了一層名為 zjz 的 active 狀態的 snapshot
root@zjz:~# ctr snapshot --snapshotter native ls
KEY                                                           PARENT        KIND
sha256:7cd52847ad775a5ddc4b58326cf884beee34544296402c6292ed76474c686d39
Committed
sha256:db7e45c34c1fd60255055131918550259be8d7a83e0ac953df15d9410dc07b07
sha256:7cd52847ad775a5ddc4b58326cf884beee34544296402c6292ed76474c686d39
Committed
sha256:a937f098cfdf05ea5f262cbba031de305649a102fabc47014d2b062428573d42
sha256:db7e45c34c1fd60255055131918550259be8d7a83e0ac953df15d9410dc07b07
Committed
sha256:77297b225cd30d2ace7f5591a7e9208263428b291fd44aac95af92f7337b342a
sha256:a937f098cfdf05ea5f262cbba031de305649a102fabc47014d2b062428573d42
Committed
zjz
sha256:77297b225cd30d2ace7f5591a7e9208263428b291fd44aac95af92f7337b342a
Active

# 查看該 snapshot 的掛載資訊
root@zjz:~# ctr snapshot --snapshotter native mount /tmp zjz
mount -t bind /data00/lib/containerd/io.containerd.snapshotter.v1.native/
snapshots/20 /tmp -o rbind,rw
```

可以看到，native snapshotter 只是透過簡單的 Copy 呼叫，將父 snapshot 中的內容複製到子 snapshot 中，對於相同的內容進行了多重儲存。那麼有沒有其他更高效的儲存方式呢？答案是肯定的。接下來介紹 overlayfs snapshotter。

6.3.2　overlayfs snapshotter

overlayfs snapshotter 是基於 overlayfs 實現的一種 snapshotter。

1 · overlayfs 概述

overlayfs 是一種聯合檔案系統（UnionFS），用於將多個不同的檔案系統層疊在一起形成一個統一的、讀寫的視圖，在 Linux 3.18 版本合入主線。overlayfs 本身是建立在其他檔案系統（如 xfs、ext4 等）之上的，並不參與磁碟儲存結構的劃分，只是將底層檔案系統的不同目錄進行合併。overlayfs 中共有 4 類目錄。

（1）lowerdir：overlayfs 中的唯讀層，不能被修改，overlayfs 支援多個 lowerdir，最大支援 500 層。

（2）upperdir：讀寫，overlayfs 中對檔案的建立、修改、刪除操作都在這一層表現，即使看起來是刪除的 lowerdir 的內容，也是在 upperdir 目錄中操作的。

（3）mergeddir：使用者最終看到的目錄，是掛載點目錄，即 mount point。

（4）workdir：用來存放檔案修改中間過程的暫存檔案，不對使用者展示。

掛載 overlay 檔案系統的基本命令如下。

```
mount -t overlay -o <options> overlay <mount point>
```

其中：

- <mount point> 是最終的 overlay 掛載點，即 mergeddir。
- overlay 中的幾個關鍵 options 支援如下。

　＊lowerdir=xxx：指定使用者需要掛載的 lower 層目錄。lower 層支援多個目錄，用「:」間隔，優先順序依次降低，最大支援 500 層。

　＊upperdir=xxx：指定使用者需要掛載的 upper 層目錄。upper 層優先順序高於所有的 lower 層目錄。

＊workdir=xxx：指定檔案系統的工作基礎目錄，掛載後目錄中內容會被清空，且在使用過程中其內容對使用者不可見。

關於 overlayfs 的更多細節可以參考 Linux DOC 文件 [1]，下面透過一個 overlayfs 掛載範例進行詳細介紹。

```
mount -t overlay overlay -o lowerdir=/lower1:/lower2,upperdir=/upper,
workdir=/work /merged
```

假設 lower1 中含有 b、c 兩個檔案，lower2 中含有 a、b 兩個檔案，upper 中含有 c、d 兩個檔案，則進行 overlay 掛載之後，merged 中有 a、b、c、d 4 個檔案，如圖 6.13 中 Merged Dir 部分的虛線內容所示。

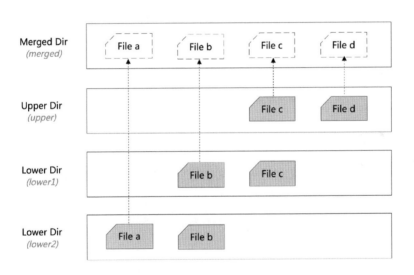

▲ 圖 6.13 overlayfs 範例

檔案 b、c 都是兩層中共有的名稱相同檔案，那麼 overlay 會將名稱相同檔案進行上下層合併，保留優先順序高的層中的檔案，即對 b 檔案來說，lower1 的優先順序高於 lower2，故看到的是 lower1 中的 b 檔案；對 c 檔案來說，upper 的優先順序高於 lower1，故看到的是 upper 中的 c 檔案。

---

[1] https://www.kernel.org/doc/html/next/filesystems/overlayfs.html。

2‧overlayfs 的基本操作

1）建立檔案

在 overlayfs 中建立檔案最終會反映在讀寫層 Upper Dir 上，如增加一個檔案 e，則會在 upper 目錄中增加一個檔案 e，如圖 6.14 所示。

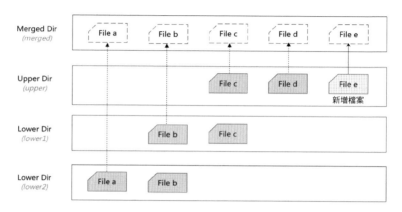

▲ 圖 6.14　overlayfs 中增加檔案

2）修改檔案

在 overlayfs 中修改檔案時會基於它的寫入時複製（cow on write，COW）能力，在 overlayfs 中也稱為 copy_up[1]，用於在對檔案或目錄進行寫入操作時避免修改原始資料。overlayfs 修改檔案過程如圖 6.15 所示。

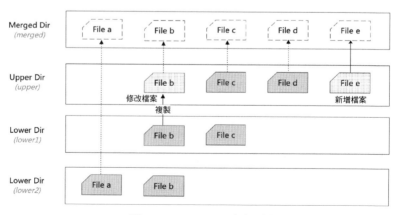

▲ 圖 6.15　overlayfs 中修改檔案

當使用者嘗試對某個檔案進行寫入操作時，overlayfs 的寫入時複製機制會啟動。具體步驟如下。

（1）查詢檔案：在下層檔案系統中查詢要修改的檔案。

（2）複製檔案：將找到的檔案從下層複製到上層。這個複製過程僅在首次修改時發生。

（3）修改檔案：在上層進行實際的檔案修改。這樣，下層的原始檔案保持不變，而上層的副本檔案則根據使用者的需求進行修改。

（4）合併視圖：overlayfs 將下層和上層的檔案系統合併為一個統一的視圖，在使用者看來，就像在直接修改原始檔案。實際上，修改後的檔案是儲存在上層的，而原始檔案仍然保留在下層。

這種寫入時複製機制有幾個顯著的優勢。

（1）節省空間：只有在需要修改檔案時才會複製檔案，從而減少了不必要的空間佔用。

（2）提高性能：避免對原始資料進行直接修改，減輕了 I/O 負擔。

（3）保護原始資料：原始資料始終保持不變，提高了資料的安全性。

（4）便於快照和版本控制：由於原始資料和修改後的資料分層儲存，可以方便地建立檔案系統的快照和管理不同版本。

3）刪除檔案或資料夾

由於 lower 層的檔案內容為唯讀的，因此刪除操作不會真正刪除 Lower Dir 中的檔案。舉例來說，要刪除檔案 a，則會在 upper 目錄中建立一個 whiteout 檔案，這個特殊的檔案是一個主次裝置編號均為 0 的字元裝置檔案（char device），用於遮罩底層的名稱相同檔案，該檔案在 merged 層是看不到的，當

---

[1] 參考 **https://www.kernel.org/doc/html/next/filesystems/overlayfs.html#changes-to-underlying-filesystems**。

在 merged 層查看檔案時，overlay 會自動過濾掉和 whiteout 檔案自身以及和它名稱相同的 lower 層檔案和目錄，達到隱藏檔案的目的，讓使用者以為檔案已經被刪除，如圖 6.16 所示。

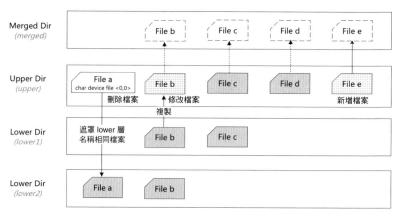

▲ 圖 6.16　overlayfs 中刪除檔案

此時，在 upper 層可以查看到相應的 whiteout 檔案，可以看到該檔案是主次裝置編號均為 0 的字元裝置檔案。

```
root@zjz:/upper# ll
total 0
c--------- 1 root root 0, 0 Mar 18 17:31 a
root@zjz:/upper# stat a
  File: a
  Size: 0          Blocks: 0        IO Block: 4096   character special file
Device: fe01h/65025d   Inode: 5373955    Links: 1      Device type: 0,0
Access: (0000/c---------)  Uid: (    0/    root)  Gid: (    0/    root)
Access: 2023-03-18 17:31:19.079347931 +0800
Modify: 2023-03-18 17:31:19.079347931 +0800
Change: 2023-03-18 17:35:18.781408722 +0800
```

注意：

也可透過 mknod <name> c 0 0 手動建立該字元裝置檔案。

這裡有一種特殊情況，刪除資料夾 f 後，會建立資料夾 f 對應的 whiteout 檔案，如果又新增了資料夾 f，那麼原來用於隱藏 lower 層資料夾 f 的 whiteout 檔案會被刪除。whiteout 檔案被刪除後，lower 層資料夾 f 中的內容會不會顯示出來呢？答案是不會。因為 overlay 針對這種特殊情況引入了 opaque 屬性，該屬性透過在 upper 層對應的新目錄上設定擴充屬性 "trusted. overlay.opaque=y" 來實現。overlayfs 在讀取的上下層目錄中存在名稱相同檔案時，如果 upper 層中的目錄設定了 opaque 屬性，則會忽略下層的所有名稱相同目錄中的目錄項，以保證新建的目錄是空目錄，如圖 6.17 所示。

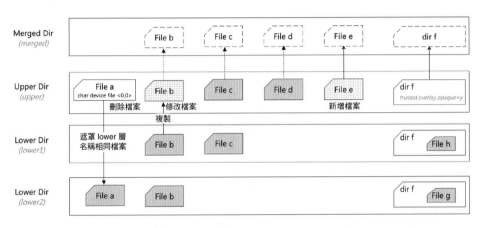

▲ 圖 6.17 overlayfs 中的 opaque 屬性

注意：

可透過 getfattr -n "trusted.overlay.opaque" <dir name> 獲取資料夾的 opaque 屬性。例如：

```
root@zjz:~# getfattr -n "trusted.overlay.opaque" /upper/f
# file: upper/f
trusted.overlay.opaque="y"
```

3 · overlayfs 的實現

相比於 native snapshotter，由於 overlayfs 是一個 UnionFS，可以更方便地支援 snapshot 的設計邏輯，即建立子 snapshot 時，不必把子 snapshot 中的內容

完全複製過來，只需要將 lowerdir 設定為父 snapshot 的目錄即可，從而減少不必要的空間佔用。

接下來還是透過 zhaojizhuang66/snapshots-test 鏡像的預存程序了解 over-layfs snapshotter 的工作原理。

透過 nerdctl 指定 overlayfs snapshotter 拉取鏡像。

```
[root@zjz ~/containerd]# nerdctl --snapshotter overlayfs pull
zhaojizhuang66/testsnapshotter
```

進入 overlayfs snapshots 對應的路徑查看 snapshot 及其佔用的儲存空間大小。

```
root@zjz:/var/lib/containerd/io.containerd.snapshotter.v1.overlayfs/
snapshots# ll
# 中間省略其他 snapshot 檔案目錄
drwx------ 4 root root 4096 Mar 19 07:19 155870
drwx------ 4 root root 4096 Mar 19 07:19 155871
drwx------ 4 root root 4096 Mar 19 07:19 155872
drwx------ 4 root root 4096 Mar 19 07:19 155873
```

每一層 snapshot 佔用的儲存空間大小如下。

```
# 第 1 層 snapshot
root@us-dev:/var/lib/containerd/io.containerd.snapshotter.v1.overlayfs/
snapshots# ls -lh 155870/fs/ |head -n 1
total 68K
# 第 2 層 snapshot
root@us-dev:/var/lib/containerd/io.containerd.snapshotter.v1.overlayfs/
snapshots# ls -lh 155871/fs/ |head -n 1
total 10M
# 第 3 層 snapshot
root@us-dev:/var/lib/containerd/io.containerd.snapshotter.v1.overlayfs/
snapshots# ls -lh 155872/fs/ |head -n 1
total 10M
# 第 4 層 snapshot
root@us-dev:/var/lib/containerd/io.containerd.snapshotter.v1.overlayfs/
```

```
snapshots# ls -lh 155873/fs/ |head -n 1
total 10M
```

可以看到，overlayfs snapshotter 準備 rootfs 的過程中，總共 30MB 的鏡像，經過 overlayfs snapshotter 解壓之後，4 層 snapshot 總共佔用 30MB 的儲存空間，相比於 native snapshotter 佔用 60MB 儲存空間來說，確實節省了不少儲存空間。

overlayfs snapshotter 是如何準備每一層 snapshot 的呢？查看上述 snapshot 檔案目錄不難發現，overlayfs snapshotter 將每一層鏡像的內容分別解壓到了各自的 snapshot 資料夾目錄（/var/lib/containerd/io.containerd.snapshotter.v1.overlayfs/snapshots/<index>/fs）中。我們知道 snapshotter 準備每層 snapshot 時先進行 Prepare，Prepare 之後傳回的是該 snapshot 的掛載資訊，將鏡像內容解壓後再進行 Commmit。overlayfs snapshotter Prepare 傳回掛載資訊時會將父 snapshot 依次作為 lowerdir 組裝掛載資訊。舉例來說，準備第 3 層 snapshot 時，lowerdir 依次為 snapshot2、snapshot1 的目錄。

```
mount -t overlay overlay -o lowerdir=snapshot2/fs:snapshot1/fs,upperdir=
snapshot3/fs,workdir=snapshot3/work  <taret path>
```

有一個特殊的情況，當準備第 1 層 snapshot 時，由於沒有父 snapshot，只需要建立一個 snapshot1 的目錄，這時候就不能用 overlayfs 了，使用 mount bind 即可。

```
mount --bind <snapshot path> <target path>
```

overlayfs snapshotter 準備 snapshot 的過程如圖 6.18 所示。

由於筆者機器上 overlayfs snapshotter 較多，因此透過 ctr 啟動一個名為 zjz 的 container，這樣就可以生成一個名為 zjz 的 active snapshot。

```
root@zjz:~# ctr run -d docker.io/zhaojizhuang66/testsnapshotter2:latest zjz
root@us-dev:~# ctr snapshot --snapshotter overlayfs ls  |grep zjz
zjz
sha256:98c76311330776a72a4b82b364a72ba7d3dd477c0a619963bdb654ef9f7fa958
Active
```

查看 active snapshot 對應的掛載資訊，可以看到，overlayfs snapshotter 依次以第 4、3、2、1 層 snapshot 的路徑作為 overlayfs 的 lowerdir，以新建的兩個目錄 xxx/155896/work 和 xxx/155896/fs 分別作為 workdir 和 upperdir 組建掛載資訊給容器 rootfs 使用。

```
root@zjz:~# ctr snapshot --snapshotter overlayfs mount /tmp zjz
mount -t overlay overlay /tmp -o index=off,workdir=/var/lib/containerd/io.
containerd.snapshotter.v1.overlayfs/snapshots/155896/work,upperdir=/var
/lib/containerd/io.containerd.snapshotter.v1.overlayfs/snapshots/155896
/fs,lowerdir=/var/lib/containerd/io.containerd.snapshotter.v1.overlayfs
/snapshots/155873/fs:/var/lib/containerd/io.containerd.snapshotter.v1.
overlayfs/snapshots/155872/fs:/var/lib/containerd/io.containerd.
snapshotter.v1.overlayfs/snapshots/155871/fs:/var/lib/containerd/io.containerd.
snapshotter.v1.overlayfs/snapshots/155870/fs
```

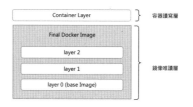

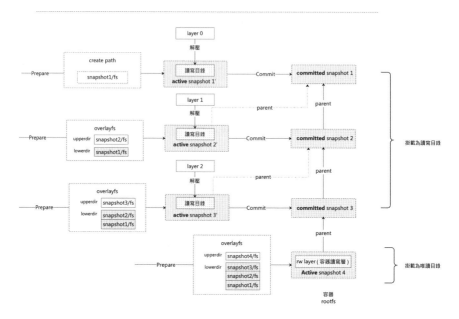

▲ 圖 6.18　overlayfs snapshotter 準備 snapshot 的過程

至此，我們了解了 overlayfs snapshotter 準備 rootfs 的過程。相比於 native snapshotter，overlayfs snapshotter 利用了 overlayfs 聯合掛載的特性，節省了大量的儲存空間。

snapshotter 不僅支援檔案系統類型，也支援區塊裝置格式類型。接下來我們介紹第一個支援區塊裝置類型的 snapshotter—devmapper snapshotter。

6.3.3 devmapper snapshotter

devmapper snapshotter 是 containerd 提 供 的 基 於 Device Mapper 的 Thin Provision（精簡設定）和 Snapshot（快照）機制實現的 snapshotter。

1·Device Mapper 介紹

Device Mapper 是 Linux 核心提供的將區塊裝置映射到虛擬區塊裝置的框架，從 Linux 核心 2.6.9 版本之後開始引入。

Device Mapper 在核心中透過一個個模組化的 Target Driver 外掛程式實現對 I/O 請求的過濾或重新定向等操作，當前已經實現的外掛程式包括多路徑（multipath）、鏡像（mirror）、快照（snapshot）等，如圖 6.19 所示。

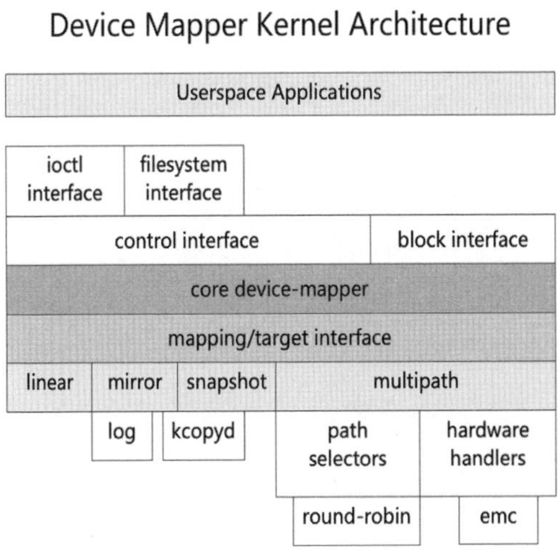

Device Mapper Kernel Architecture

▲ 圖 6.19 Device Mapper Linux 系統架構

Device Mapper 框架主要由兩部分組成。

- 核心空間的 Device Mapper 驅動。
- 使用者空間的 Device Mapper 函式庫和 dmsetup 工具。

1）核心部分

Device Mapper 在核心中是作為一個區塊裝置驅動被註冊的，包含 3 個重要的物件概念：Mapped Device、Map Table 和 Target device。

- Mapped Device（映射裝置）：核心對外提供的邏輯裝置。它是由 Device Mapper 框架模擬的虛擬裝置，並不是真正存在於宿主機上的物理裝置。
- Target Device（目標裝置）：Mapped Device 所映射的物理空間區段，可以是映射裝置或物理裝置，如果目標是映射裝置，則屬於巢狀結構。
- Map Table（映射表）：記錄了映射裝置到目標裝置的映射關係。它記錄了映射裝置在目標裝置的起始位址、範圍和目標裝置的類型等變數。

三者的關係如圖 6.20 所示。

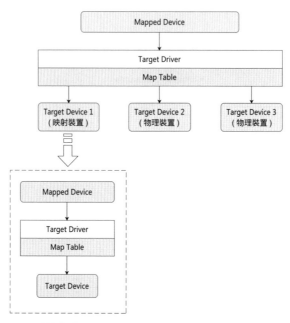

▲ 圖 6.20 Device Mapper 中 Mapped Device、Map Table、Target device 的關係

如圖 6.20 所示，Device Mapper 中這 3 個物件和 Target Driver 外掛程式一起組成了一個可迭代的裝置樹。頂點是作為邏輯裝置向外提供的 Mapped Device，葉子節點是 Target Device 所表示的底層裝置。每個 Target Device 都是被 Mapped Device 獨佔的，只能被一個 Mapped Device 使用。一個 Mapped Device 又可以作為上層 Mapped Device 中的 Target Device 使用，該層次是可以無限迭代的。

Device Mapper 層在核心中處於通用區塊裝置層（Generic Block Layer）和 I/O 排程層（I/O Scheduler）之間，本身作為一個區塊裝置驅動層註冊在通用區塊裝置層，將接收到的 I/O 請求一步一步地傳遞給 Target Device 的驅動進行處理，如圖 6.21 所示。

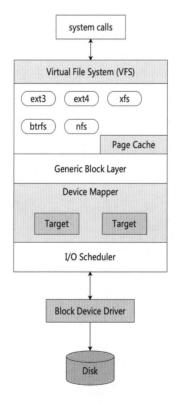

▲ 圖 6.21　Device Mapper 在 Linux 儲存 I/O 堆疊中的架構

2）使用者空間部分

Device Mapper 在使用者空間中主要包含 Device Mapper 函式庫和 dmsetup 工具。Device Mapper 函式庫是對 ioctl、使用者空間建立刪除 device mapper 邏輯裝置所需必要操作的封裝，而 dmsetup 是一個提供給使用者直接可用的建立刪除 device mapper 裝置的命令列工具。containerd 中的 devmapper snapshotter 就是直接呼叫的 dmsetup 工具操作 Device Mapper。

2 · Thin Provision（精簡設定）和 Snapshot（快照）機制

1）Thin Provision

Thin Provison 是相對於 Fat/Thick Provision（厚設定）而言的。

傳統的 Fat/Thick Provision 建立卷冊時會提前分配整個容量，即使沒有將資料寫入，也會佔用完整的儲存空間，這些儲存空間無法被其他服務使用。Thin Provision 會佔用實際使用的空間，僅在向其寫入資料時才會佔用儲存空間。舉例來說，使用 Fat/Thick Provision 建立 100GB 的卷冊，則會從儲存空間中立即佔用 100GB 的儲存空間，即使沒寫入資料。而使用 Thin Provision 建立 100GB 的卷冊，向其寫入 20GB 的資料，則其佔用的儲存空間僅為 20GB。Fat/Thick Provison 和 Thin Provision 的對比如圖 6.22 所示。

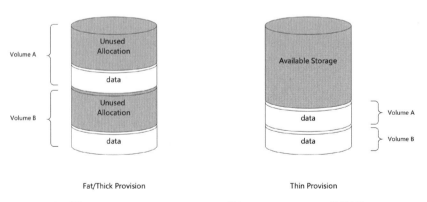

▲ 圖 6.22 Fat/Thick Provision 和 Thin Provision 的對比

thin pool 是 Device Mapper 提供的，用於管理 Thin Provision 卷冊的底層儲存資源池，允許使用者在不更改底層存放裝置的情況下靈活地調整虛擬裝置的大小和性能。Thin Provision 從 thin pool 中分配虛擬儲存區塊，而 Fat/Thick Provisioin 則從傳統儲存池中分配物理儲存區塊。

使用 thin pool 有以下優勢。

（1）儲存空間的按需分配：thin pool 只在實際需要時分配儲存空間，從而避免了預先分配大量未使用的儲存空間。

（2）儲存空間的動態擴充：當虛擬裝置需要更多儲存空間時，可以從 thin pool 中動態分配，而無須調整底層物理裝置。

（3）儲存資源的統一管理：thin pool 提供了一種統一管理和監控儲存資源的方法，使得使用者可以更輕鬆地追蹤和管理儲存資源。

2）Thin-Provisioning Snapshot

Thin-Provisioning Snapshot 是結合 Thin-Provisioning 和 Snapshot，允許多個虛擬裝置同時掛載到同一個資料卷冊以達到資料共用的目的的機制。在圖 6.19 中可以看到，Thin-Provisioning Snapshot 是作為 device mapper 的 target 在核心中實現的。即圖 6.20 Pevice Mapper Linux 系統架構中的 snapshot。

Thin-Provisioning Snapshot 身 為 快 照 機 制，可 以 將 精 簡 卷 冊（Thin-Provisioning Volume）作為 origin device 為其建立虛擬快照（snapshot），如圖 6.23 所示。

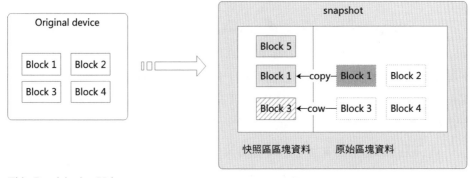

Thin-Provisioning Volume

Thin-Provisioning Snapshot

▲ 圖 6.23 Thin-Provisioning Snapshot 機制

Thin-Provisioning Snapshot 有以下幾個特點。

（1）可以對精簡捲進行資料備份，將精簡卷冊作為 origin 生成快照。在未更改資料時，快照是不佔用儲存空間的，快照中保留了對原始裝置中區塊裝置位址的引用，可以類比 Linux 中的虛擬記憶體。

（2）snapshot 中開闢了一塊新的資料區，叫作快照區，在 snapshot 中寫入新資料時，會將資料儲存在快照區。

（3）如果在 snapshot 中修改資料，當修改的資料是 origin 和 snapshot 共用的資料時，則採用寫入時複製機制，將資料所在的區區塊資料（Block）從 origin 的儲存空間複製到快照區操作，如圖 6.23 中 Block 3。寫入時複製的粒度是 Block 等級，不會複製整個檔案。

（4）如果在 origin 中修改資料，如圖 6.23 中 Block 1，則會將區塊資料從 origin 的儲存空間移動到 snapshot 的快照區，並在 snapshot 中丟棄對該 Block 的引用。

（5）可以支援多個 snapshot 掛載到同一個 origin 上，從而節省磁碟儲存空間。

（6）snapshot 支援巢狀結構，即一個 snapshot 可以作為另一個 snapshot 的 the origin，且沒有深度限制。

（7）snapshot 中的修改可以合併到 origin 卷冊中。

上面提到 Device Mapper 中的 Snapshot 是可以任意遞迴的，如 snapshot 的 snapshot，支援任意深度。為了避免 $O(n)$ 的連鎖查詢，Device Mapper 中採用一個單獨的資料結構來避免這種性能退化：Device Mapper 管理的中繼資料資訊和儲存資料獨立儲存，即 thin pool 由兩個 device 來儲存：metadata device 和 data device。

- metadata device 用於儲存中繼資料。
- data device 用於儲存儲存資料。

thin pool 本身作為裝置與其他目標裝置不同，因為它並不能作為可用的磁碟儲存資料。向它發送資訊可以建立多個映射裝置，作為精簡裝置儲存資料，也可建立精簡快照，如圖 6.24 所示。

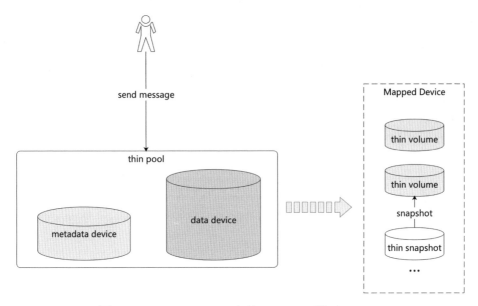

▲ 圖 6.24 Device Mapper 中的 thin pool 與 thin volume

3）Thin-Provisioning Snapshot 實踐

下面介紹如何基於使用者空間的 dmsetup 工具使用 Device Mapper 的 thin pool 和 thin volume/snapshot。

（1）建立 thin pool。

首先建立 thin pool。上面講過 thin pool 需要一個 metadata device 和一個 data device，用來存放中繼資料和實際資料。其中 metadata device 中的中繼資料資訊有兩種方式來更改：一種是透過函式呼叫，另一種是透過 dmsetup 的 message 命令。

首先準備 metadata device 和 data device。如果沒有物理裝置可用，則可以透過稀疏檔案建立兩個 loop 裝置，用來充當 metadata device 和 data device，命令如下。

```
metadata_img=/tmp/metadata.img
data_img=/tmp/data.img

dd if=/dev/zero of=${metadata_img} bs=1K count=1 seek=1G
dd if=/dev/zero of=${data_img} bs=1K count=1 seek=10G
```

上述命令透過 dd 分別建立了一個 1GB 的 meta 稀疏檔案、一個 10GB 的 data 稀疏檔案。接下來透過 losetup 掛載到 loop 裝置。

```
root@zjz:~# losetup -f /tmp/data.img --show
/dev/loop16
root@zjz:~# losetup -f /tmp/metadata.img --show
/dev/loop17
```

透過 losetup -f <file path> --show 可以找到第一個可用的 loop 裝置，掛載並列印結果，不同的機器執行結果不同，筆者這裡 data device 是 /dev/loop16，metadata device 是 /dev/loop17。

下面透過 dmsetup 命令建立 thin pool 裝置。

```
metadata_dev=/dev/loop17
data_dev=/dev/loop16
data_block_size=128
low_water_mark=2097152

dmsetup create pool-test \
--table "0 20971520 thin-pool $metadata_dev $data_dev \
                $data_block_size $low_water_mark"
```

其中，dmsetup create 表示建立裝置，名稱為 pool-test；--table 是 pool 參數設定，注意 pool 中資料大小均以磁區（sector）為單位，即 512bytes，約 0.5KB。下面是參數的具體說明。

- 0 表示磁區的開始位置，20971520 表示磁區的結束位置，因為 data device 大小是 10GB，故這裡是 $1024 \times 1024 \times 1024/512 = 2097152$ sector。

- thin-pool 表示建立的裝置類型是 thin pool device。

- $metadata_dev 和 $data_dev 分別表示 metadata device 和 data device。

- $data_block_size 表示一次可以分配的最小資料區塊，這裡是 128 sector，即 64KB。$data_block_size 必須在 128（64KB）和 2097152（1GB）之間，如果需要處理大量的 snapshot，則需要設定一個較小的值，如 128（64KB）。

- $low_water_mark 是低水位設定值，單位為 sector。如果可用儲存空間低於該值，則會觸發 device mapper 發送低水位事件訊息給使用者空間的 daemon 處理程序。如果該值是 0，則表示禁用。此處設為 1GB，即 2097152。

此時可以看到 pool device 裝置，如下所示。

```
root@zjz:~# ll /dev/mapper/
lrwxrwxrwx  1 root root       7  3 月 21 21:07 pool-test -> ../dm-0
```

（2）建立 thin volume。

首先透過命令列 dmsetup message <device> <sector> <message> 給 thin pool 發送 message，來建立 thin-provision volume，如下所示。

```
dmsetup message /dev/mapper/pool-test 0 "create_thin 0"
```

其中：

- /dev/mapper/pool-test 為上述建立的 thin pool。

- "create_thin 0" 為要發送的訊息，create_thin 表示建立 thin provision volume（精簡設定卷冊），0 表示該卷冊的 ID，不能重複。

上述命令列會將資料寫入 metadata device 中，若想使用 volume，還需要透過 dmsetup create 進行啟動操作。

```
dmsetup create thin1 --table "0 2097152 thin /dev/mapper/pool-test 0"
```

其中：

- 2097152 表示該 volume 大小為 1GB。

- thin 表示建立的是 thin volume。

- /dev/mapper/pool-test 表示使用的 pool device 是 /dev/mapper/pool-test，0 表示 thin volume 的裝置 ID 是 0。

此時就完成了精簡卷冊的啟動，接下來就可以掛載使用了。先看一下該精簡卷冊。

```
root@zjz:~# dmsetup ls
pool-test      (253:0)
thin1  (253:1)
root@zjz:~# ll /dev/mapper/
lrwxrwxrwx  1 root root        7  3月 21 21:07 pool-test -> ../dm-0
lrwxrwxrwx  1 root root        7  3月 21 22:11 thin1 -> ../dm-1
```

/dev/mapper/thin1 就是該精簡卷冊，可以對其進行格式化和掛載操作。

```
root@zjz:~# mkfs.ext4 /dev/mapper/thin1
root@zjz:~# mkdir /tmp/thin-mount
root@zjz:~# mount /dev/mapper/thin1 /tmp/thin-mount
# 寫入測試檔案
root@zjz:~# echo "test thin volume " > /tmp/thin-mount/hello
```

（3）建立 Thin-Provisioning Snapshot。

建立 Thin-Provisioning Snapshot 同樣需要給 thin pool 發送訊息，如果要建立快照的 thin volume 處於啟動狀態，為避免資料錯亂，則需要先對原始裝置進行暫停（suspend）操作。

```
dmsetup suspend /dev/mapper/thin1
dmsetup message /dev/mapper/pool-test 0 "create_snap 1 0"
dmsetup resume /dev/mapper/thin1
```

dmsetup message 發送的訊息 "create_snap 1 0" 中：

- create_snap 表示建立 snapshot。
- 1 表示要建立的 snapshot 的唯一 ID，0 則是原始裝置（origin device），即 thin1 的 ID，即 0。

同樣，snapshot 也需要啟動才能使用。

```
dmsetup create snap1 --table "0 2097152 thin /dev/mapper/pool-test 1"
```

其中：

- snap1 為 snapshot 的名稱。
- 2097152 表示該 snapshot 大小為 1GB。
- thin 表示該 snapshot 為 Thin-Provisioning Snapshot。
- /dev/mapper/pool-test 表示使用的 thin pool。
- 1 表示該 snapshot 的裝置 ID。

此時可以看到建立的 snapshot 裝置為 /dev/mapper/snap1。

```
root@zjz:~# dmsetup ls
pool-test        (253:0)
snap1   (253:2)
thin1   (253:1)
root@zjz:~# ll /dev/mapper/
lrwxrwxrwx  1 root root       7  3月 21 21:07 pool-test -> ../dm-0
lrwxrwxrwx  1 root root       7  3月 21 22:31 snap -> ../dm-2
lrwxrwxrwx  1 root root       7  3月 21 22:20 thin1 -> ../dm-1
```

接下來對該 snapshot 進行掛載，由於 snapshot 是 thin1 的快照碟，故不需要格式化操作。

```
root@zjz:~# mount /dev/mapper/snap /tmp/snapshot-test
root@zjz:~# mkdir /tmp/snapshot-test
# 查看 hello 檔案
root@zjz:~# cat /tmp/snapshot-test/hello
test thin volume
```

可以看到 snapshot 中的內容為原始裝置的備份，此時修改 snapshot 中的 hello 檔案。

```
root@zjz:~# echo "update in snapshot1 " > /tmp/snapshot-test/hello
root@zjz:~# cat /tmp/snapshot-test/hello
update in snapshot1
```

查看原始裝置中的檔案，可以看到內容沒變。

```
root@zjz:~# cat /tmp/thin-mount/hello
test thin volume
```

此時可以基於該 snapshot 再建立一個 snapshot。

```
dmsetup suspend /dev/mapper/snap
dmsetup message /dev/mapper/pool-test 0 "create_snap 2 0"
dmsetup resume /dev/mapper/snap

dmsetup create snap2 --table "0 2097152 thin /dev/mapper/pool-test 2"
```

查看裝置檔案。

```
root@zjz:~# dmsetup ls
pool-test       (253:0)
snap    (253:2)
snap2   (253:3)
thin1   (253:1)
root@zjz:~#
root@zjz:~# ll /dev/mapper/
lrwxrwxrwx  1 root root        7  3月 21 21:07 pool-test -> ../dm-0
lrwxrwxrwx  1 root root        7  3月 21 23:24 snap -> ../dm-2
lrwxrwxrwx  1 root root        7  3月 21 23:18 snap2 -> ../dm-3
lrwxrwxrwx  1 root root        7  3月 21 23:18 thin1 -> ../dm-1
```

掛載第 2 個 snapshot，並查看檔案。

```
root@zjz:~# mkdir /tmp/snapshot-test2
root@zjz:~# mount /dev/mapper/snap2 /tmp/snapshot-test2
root@zjz:~# cat /tmp/snapshot-test2/hello
update in snapshot1
```

操作完 Thin-Provisioning Snapshot，就可以看到 containerd snapshot 的實現雛形了。containerd 的 devmapper snapshotter 就是基於上述 Thin-Provisioning Snapshot 實現的，也基於使用者空間二進位工具 dmsetup，下面進行詳細介紹。

3 · devmapper snapshotter 的實現

基於 Device Mapper 的 Thin-Provisioning Snapshot 的快照能力和寫入時複製能力，可以很方便地實現 containerd 的 snapshotter。而事實上，透過 6.2 節介紹的 snapshotter 的誕生歷史也可以知道，snapshotter 本身就是為了支援 devmapper 這一類快照檔案系統而實現的。具體原理如圖 6.25 所示。

devmapper snapshotter 的實現過程參考圖 6.25，具體步驟如下。

（1）devmapper snapshotter 在 Prepare 準備 snapshot1，即第一層 snapshot 時，對於第一層鏡像 layer，會向 thin pool 申請並建立一個 thin volume，將 thin volume 格式化為 ext4 並掛載後，將鏡像 layer 解壓到其中。

（2）在準備第二層 snapshot 時，會以第一層 snapshot 所在的 volume 作為 origin device，請求 thin pool 建立精簡快照（Thin-Provisioning Snapshot）。該 snapshot 已經包含了 snapshot1 中的內容，此時 devmapper snapshotter 將第二層 鏡像 layer 解壓到該 thin snapshot 掛載的目錄中。

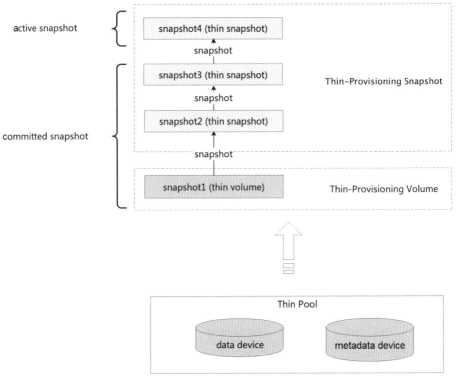

▲ 圖 6.25　devmapper snapshotter 的實現原理

（3）依 此 類 推，devmapper snapshotter 依 次 以 父 snapshot 作 為 origin device，請 求 thin pool 建 立 精 簡 快 照（Thin-Provisioning Snapshot）作 為 子 snapshot，然後將鏡像內容解壓到 snapshot 掛載的目錄中。

（4）由於 Thin-Provisioning Snapshot 具有寫入時複製的特性，在修改資料時，如果資料在底層 snapshot 中，則將資料所在的 block 區塊複製到該層 snapshot 中，如果只是讀取資料，則不會進行複製，只是重定向到底層 snapshot 中讀取資料。由於工作在 block 等級，每個 block 最小 64KB（推薦設定），而且在更新大檔案的時候，不需要複製整個檔案，只需要更新檔案有修改所在的 block，因此可以有效節省儲存空間。

4 · containerd 中 devmapper snapshotter 的設定

1）準備 thin pool

不同於 native 和 overlayfs snapshotter，在 containerd 中使用 devmapper snapshotter 需要先準備一個 Devicemapper 的 thin pool。為 devmapper snapshotter 準備 thin pool 有兩種方式。

（1）透過回環裝置（loop device），即上面 Thin-Provisioning Snapshot 實踐中範例的方式，透過建立兩個回環裝置作為 data device 和 metadata device 組成 thin pool。

（2）透過 direct-lvm，此種方式需要一個額外的物理磁碟，透過 lvm 將該磁碟切分為兩個邏輯卷冊（local volume），分別作為 data device 和 metadata device 組成 thin pool。

在生產環境中建議使用 direct-lvm，相比於 loop device 而言，其速度更快，資源利用也更高效。

關於 loop device 和 direct-lvm 準備 thin pool 的過程，讀者可以參考 containerd 官方 GitHub 說明 [1]，有現成的指令稿可供使用。

注意：
使用 direct-lvm 和 loop device 的系統要求如下。
- dmsetup 版本要大於等於 1.02.110。
- 安裝 lvm2 及其依賴（loop device 模式不必需）。

筆者使用的是 direct-lvm 模式，執行指令稿結束後，輸出如下。

```
root@zjz:~/devicemapper# bash  direct-lvm.sh
... 中間省略 ...
#
# Add this to your config.toml configuration file and restart containerd daemon
```

---

[1] https://github.com/containerd/containerd/blob/main/docs/snapshotters/devmapper.md。

```
#
[plugins]
  [plugins.devmapper]
    root_path = "/var/lib/containerd/devmapper"
    pool_name = "containerd-devpool"
    base_image_size = "10GB"
```

至此，direct-lvm 的 thin pool「containerd-devpool」就準備接下來設定到 containerd 中。

2）containerd config 設定

將上述步驟的 thin pool 設定到 /etc/containerd/config.toml 中，如下所示。

```
version = 2
[plugins]
  ...
  [plugins."io.containerd.snapshotter.v1.devmapper"]
    root_path = "/var/lib/containerd/devmapper"
    pool_name = "containerd-devpool"
    base_image_size = "10GB"
  ...
```

devmapper snapshotter 設定項說明如表 6.3 所示。

▼ 表 6.3 devmapper snapshotter 設定項說明

設定項目	說　明
root_path	meta 資料儲存的目錄，如果為空，將使用 containerd 中外掛程式預設的目錄，如 /var/lib/ containerd/io.containerd.snapshotter.v1.devmapper
pool_name	用於 Device-mapper thin-pool 的名稱。池名稱應與 /dev/mapper/ 目錄中的名稱相同
base_image_size	定義了從 thin pool 中建立精簡卷冊和精簡快照時的大小
async_remove	是否開啟非同步清理機制，在刪除 snapshotter Remove snapshot 時從 thin pool 中刪除裝置，並釋放 device id。預設值是 false

（續表）

設定項目	說　明
discard_blocks	表明在刪除裝置時是否丟棄塊。當使用 loop device 時，對於釋放磁碟空間很有用。預設值是 false
fs_type	定義掛載快照裝置所用的檔案系統，有效值為 ext4 和 xfs（預設值是 ext4）
fs_options	檔案系統的可選項設定，目前僅適用於 ext4，預設值為「」

設定完 containerd config 後，重新啟動 containerd，查看外掛程式是否載入完成。

```
root@zjz:~# ctr plugin ls |grep devmapper
io.containerd.snapshotter.v1          devmapper          linux/amd64    ok
```

繼續使用鏡像 zhaojizhuang66/testsnapshotter 進行測試。

```
root@zjz:~# nerdctl --snapshotter devmapper pull zhaojizhuang66/
testsnapshotter
root@zjz:~# nerdctl run -d  --snapshotter devmapper  zhaojizhuang66/
testsnapshotter
```

查看對應的 snapshot，包括 4 個 committed snapshot，1 個 active snapshot。

```
root@zjz:~# ctr snapshot --snapshotter devmapper ls
KEY                                             PARENT    KIND
8a05ec3376bcc2a2990d6bfd071f7c6cda7053aa06286a301de38d99bdfd6951
sha256:77297b225cd30d2ace7f5591a7e9208263428b291fd44aac95af92f7337b342a
Active
sha256:77297b225cd30d2ace7f5591a7e9208263428b291fd44aac95af92f7337b342a
sha256:a937f098cfdf05ea5f262cbba031de305649a102fabc47014d2b062428573d42
Committed
sha256:a937f098cfdf05ea5f262cbba031de305649a102fabc47014d2b062428573d42
sha256:db7e45c34c1fd60255055131918550259be8d7a83e0ac953df15d9410dc07b07
Committed
sha256:db7e45c34c1fd60255055131918550259be8d7a83e0ac953df15d9410dc07b07
sha256:7cd52847ad775a5ddc4b58326cf884beee34544296402c6292ed76474c686d39
Committed
```

```
sha256:7cd52847ad775a5ddc4b58326cf884beee34544296402c6292ed76474c686d39
Committed
```

需要注意的是，committed 狀態的 snapshot 對應的 Thin-Provisioning Snapshot 並沒有被啟動，即 lsblk 或 dmsetup ls 是看不到的，dmsetup 只能看到 active 狀態的 snapshot 對應的 Thin-Provisioning Snapshot 裝置。如下所示，只能看到一個 thin snapshot「containerd- devpool-snap-6」。

```
root@zjz:~# dmsetup ls
containerd-devpool        (253:7)
containerd-devpool-snap-6        (253:9)
containerd-devpool_tdata        (253:6)
containerd-devpool_tmeta        (253:5)
```

原因是在 snapshot 的設計中，Committed 狀態的 snapshot 是不需要進行掛載操作的，因此 devmapper snapshotter 在進行 Commit 操作時，透過 dmsetup remove 進行了去啟動操作（該 thin snapshot 的中繼資料資訊還是儲存在 metadata device 中的，只是沒有啟動，無法進行掛載操作）。

第 **7** 章

containerd 核心元件解析

本章將對 containerd 的架構進行剖析，講解組成 containerd 的各個模組，希望讀者透過閱讀本章，對 containerd 有一個全面而深入的了解。

學習摘要：

- containerd 架構總覽

- containerd API 和 Core

- contained Backend

- containerd 與 NRI

7.1 containerd 架構總覽

在 1.4 節中簡單介紹過 containerd 的總架構圖，即如圖 7.1 所示。具體內容請參見 1.4 節，在此不再贅述。

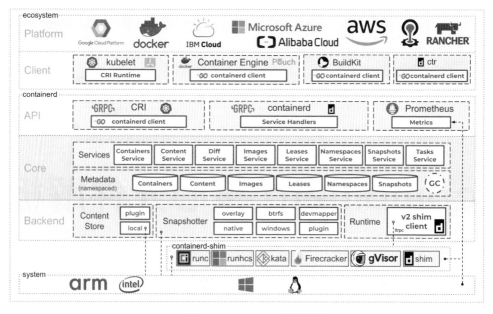

▲ 圖 7.1 containerd 架構圖

本節主要對圖 7.1 中的 containerd 層進行深入講解。containerd 模組架構圖如圖 7.2 所示，下面對主要模組作簡介。

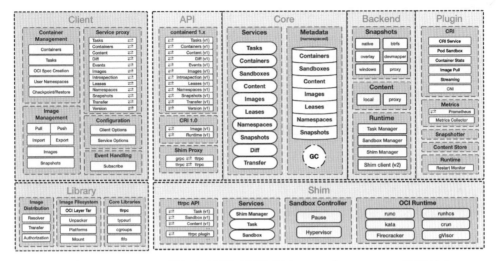

▲ 圖 7.2 containerd 模組架構圖（圖片引自 2022 年 KubeCon 歐洲站）

1 · Client

　　containerd Client 用來向 containerd 發起請求，執行相應的容器管理工作。這裡的 Client 是一個泛稱，既可以是命令列工具，也可以是遵循 containerd API 規範的使用者端。當前 containerd 社區維護了 ctr 和 nerdctl 兩種命令列 Client，同時提供了 GO 語言的 Client 函式庫，便於整合進其他系統進行管理，如 Docker、Buildkit 等都內嵌了 containerd 的 Client 函式庫。

　　此外，由於是基於 gRPC 提供的介面，只要滿足 containerd API 規範並且是 gRPC 支援的語言，Client 都支援，如 C、C++、Python、PHP、Nodejs、C#、Objective-C、Golang、Java 等。

2 · API 和 Core

　　containerd 的 API 是由多個微服務提供的介面的集合，containerd 的微服務之間以鬆散耦合的方式聯繫在一起，提供的介面有以下幾種。

　　（1）gRPC API：該介面為 containerd 的主要介面，提供如 tasks、containers、contents、events、namespaces 的管理。

（2）CRI API：即第 4 章所講的容器執行時期介面（container runtime interface），包含 ImageService 和 RuntimeService 介面，透過該介面連線 kubelet。

（3）Metrics API：該介面是 HTTP 介面，用於擷取 containerd 的指標資料。

（4）Shim API：該介面用於對接底層不同的低級容器執行時期，如 runc、kata 等。

Core 則是 API 層的具體實現層。API 層加 Core 層是典型的後端開發架構，所有的微服務之間可以共用儲存在 metadata DB 中的資料。

3 · CRI Service

CRI Service 即 CRI Plugin，是 Kubernetes CRI 在 containerd 中的實現，作為外掛程式的形式整合在 containerd 中。CRI Service 在 containerd 中透過函式呼叫的方式呼叫 containerd 的多個微服務，如容器管理和鏡像管理。同時整合 CNI 和 NRI 外掛程式用於管理容器網路和資源。具體的 CRI 原理介紹及設定參見本書第 4 章。

4 · Backend

Backend 作為底層微服務，主要有 3 個模組。

- Content：用於儲存鏡像的 manifests 和原始鏡像層資料。
- Snapshots：用於管理快照（snapshot），將 OCI 格式鏡像轉為容器 rootfs。關於 snapshotter 的原理及介紹參見本書第 6 章。
- Runtime：透過 shim 抽象低級容器執行時期，用於調配不同的 runtime（如 kata、runc）。

在了解了 containerd 的大致架構之後，下面從 API 和 Core 入手，深入了解 containerd 的核心原理。

7.2 containerd API 和 Core

本節主要介紹 containerd 介面 GRPC API 和具體實現層 Core。

嚴格來講，containerd 暴露的 API 有 4 類：GRPC API、CRI API、Metrics API 和 Runtime Shim API。

（1）GRPC API：該類介面為 containerd 內最重要的介面，其他介面都是為此介面服務的，要麼是對該介面功能的封裝，如 CRI API，要麼是該介面底層實現的監控指標，如 Metrics API，當然還有該介面依賴的底層執行時期所依賴的 Runtime Shim API。該介面以 socket 形式對外提供服務，UNIX 下 socket 檔案的預設路徑為 /run/containerd/containerd.sock。

（2）CRI API：該介面是 containerd 為連線 kubelet 實現的 CRI Service 服務，由內建外掛程式 CRI Plugin 來提供服務，透過 UNIX socket 形式對外提供服務，與 GRPC API 共用同一個 socket 檔案，即 /run/containerd/containerd.sock。關於 CRI Plugin 的詳情可以參考本書第 4 章。

（3）Metics API：該介面為 containerd 內部相關監控指標的輸出介面，有版本之分，當前版本為 v1，介面路徑為 /v1/metrics。該介面以 HTTP 形式對外提供服務。關於 containerd Metrics 監控設定及實踐可以參考本書第 8 章。

（4）Shim API：也叫 Runtime Shim API，該介面是 containerd 為調配對接不同低級容器執行時期宣告的介面，有 v1（該版本在 1.7.0 之後已廢棄）和 v2 版本。透過 Shim API，containerd 可以連線多種不同的容器執行時期進行管理。

本節重點介紹 containerd 的 GRPC API 和對應的 Core 層，架構如圖 7.3 所示。

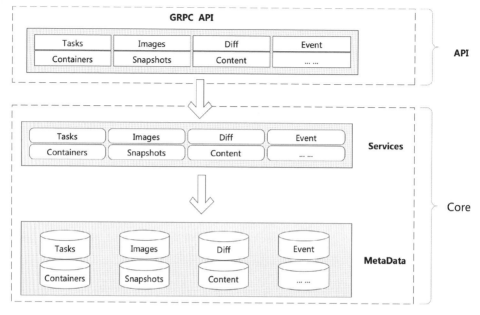

▲ 圖 7.3　containerd 的 GRPC API 和 Core 層架構

　　如圖 7.3 所示，containerd 的 GRPC API、Services、MetaData 為典型的 API 層、邏輯層、資料層架構。GRPC API 層為暴露服務的介面層，Services 層為具體的邏輯處理層，Metadata 為資料層，Services 和 MetaData 層組成 Core 層。

7.2.1　GRPC API

　　GRPC API 為 containerd 提供的原生介面，可以透過 GRPC API 存取，也可以透過 containerd 提供的 client-go 存取。另外，提到 containerd 的 GRPC API，不得不提的 cli 工具就是 ctr（關於 ctr 的使用，可以參考本書 3.2 節）。不同於 nerdctl 和 crictl，ctr 提供的基本是 containerd GRPC 介面的原生能力。

　　containerd GRPC API 的定義在目錄 github.com/containerd/containerd/api/services 中，GRPC API 主要包含 14 個介面：container、content、diff、event、image、introspection、leases、namespace、sandbox、snapshot、task、transfer、streaming、version。

接下來依次介紹 containerd 的 GRPC API。

1・container

container 是 containerd 中容器物件對應的介面。注意這裡的 container 並不是真正啟動一個處理程序，只是儲存在 containerd metadata 中的關於 container 的一些中繼資料資訊。該介面連結的 ctr 命令如下。

```
ctr containers/container/c command [command options] [arguments...]
```

container 介面方法如表 7.1 所示。

▼ 表 7.1 container 介面方法

方　法	說　明
Create	建立 container，與 CRI 中建立 container 不同，該介面僅將容器的中繼資料資訊儲存在 metadata 中
Update	更新 container 的中繼資料資訊到 metadata 中
Get	從 metadata 中獲取 container 的中繼資料資訊
List	從 metadata 中獲取 container 的列表
Delete	根據 ID 從 metadata 中刪除 container 的中繼資料資訊
ListStream	介面傳回的內容同 List，都是傳回 container 的清單，不過該介面是基於流式 RPC 實現的，相比於普通 RPC 介面，流式介面不是一次性接收所有的資料，而是接收一筆處理一筆，可以減少服務端的暫態壓力

2・content

content 介面用於管理資料以及資料對應的詮譯資訊，如鏡像資料（config、manifest、tar gz 等原始資料）。中繼資料資訊儲存在 metadata 中，真正的二進位資料則保留在 /var/lib/containerd/ io.containerd.content.v1.content 中。該介面連結的 ctr 命令如下。

```
ctr content command [command options] [arguments...]
```

content 介面方法如表 7.2 所示。

▼ 表 7.2　content 介面方法

方　　法	說　　　　明
Info	傳回 content 的大小，以及該 content 是否存在
Update	更新 content 的中繼資料資訊，該方法僅支援更新可變中繼資料，如 label 等，不支援不可變中繼資料，如 digest、size 等
List	獲取 content 的清單，該介面為流式 RPC 介面，傳回 content info 資訊的列表
Read	指定偏移量讀取某個 content
Status	傳回 content 的狀態，與 Info 方法類似，比 Info 方法多出來的資訊有建立時間、更新時間、偏移量、引用等
ListStatuses	傳回 Status 的清單，該介面同樣為流式 RPC 介面
Write	向指定的引用位址中寫入內容，即寫在 /var/lib/containerd/io. containerd.content.v1. content，該介面也是流式 RPC 介面
Abort	終止正在進行的 Write 操作

使用 content 的典型場景是拉取鏡像時對鏡像的儲存，具體可參考 6.1.3 節中說明的鏡像拉取過程，如圖 7.4 所示。

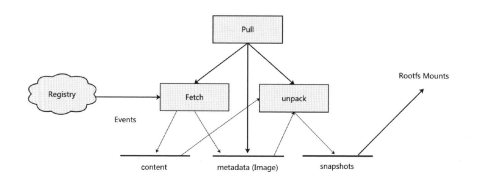

▲ 圖 7.4　containerd 拉取鏡像到準備容器 rootfs

鏡像拉取過程中使用 content 的流程如下。

（1）鏡像拉取後，鏡像的 manifest 檔案和鏡像層 tar.gz 檔案透過 content API 的 Write 方法寫入宿主機上，同時更新 content 的中繼資料資訊（metadata）。

（2）鏡像拉取過程中同時涉及 image API 的操作，透過 image API 更新 image 的中繼資料資訊到 metadata 中。

（3）鏡像解壓到 snapshot 的過程，則會呼叫 image API 以及 content API 的 Read 介面，讀取鏡像的 manifest 檔案和鏡像層 tar.gz 檔案，解壓到 snapshot 對應的掛載目錄中。

3 · diff

diff 介面用於鏡像層內容和 rootfs 之間的轉換操作，其中 Diff 函式用於將兩個掛載目錄（如 overlay 中的 upper 和 lower）之間的差異生成符合 OCI 規範的 tar 檔案並儲存。Apply 函式則相反，將 Diff 生成的 tar 檔案解壓並掛載到指定目錄，如圖 7.5 所示。

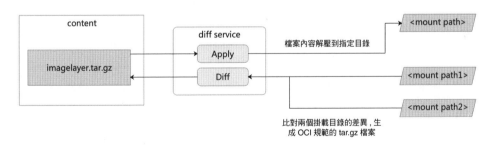

▲ 圖 7.5 containerd diff 介面的操作

diff 介面連結的 ctr 命令如下。

```
ctr snapshots diff [command options] [flags] <idA> [<idB>]
```

diff 介面方法如表 7.3 所示。

▼ 表 7.3　diff 介面方法

方　法	說　明
Apply	將提供的 content 應用到提供的掛載目錄上。如果是壓縮的檔案，則會被解壓到對應的掛載目錄上
Diff	比對給定的兩個掛載目錄中的內容差異，並將結果儲存在 content 中

4 · event

event 介面為 containerd 中各個微服務元件之間傳遞訊息的事件通道，各個微服務元件可以發送 event 到事件匯流排，也可以訂閱特定的 topic 關注指定的事件（如啟動容器後，可透過訂閱事件來監聽底層低級容器執行時期是否正常啟動容器），如圖 7.6 所示。

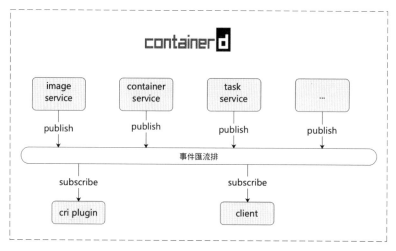

▲ 圖 7.6　containerd 中的 content

containerd 中的事件匯流排由 event 介面來實現，該介面共有 3 個方法：Publish、Forward 和 Subscribe，如表 7.4 所示。

▼ 表 7.4 event 介面方法

方　法	說　明
Publish	將事件發送到指定的 topic 上。事件的結構包含的資訊有 Timestamp、Namespace、Topic 以及 event 的訊息體
Forward	發送一個已經存在的事件
Subscribe	可以透過 Subscribe 介面訂閱指定的事件流，可以透過指定的 filter 來過濾感興趣的事件，如 "namespace==<namespace>"

可以透過下面的命令顯示 containerd 中的 event。

```
ctr events [arguments...]
```

舉例來說，訂閱 default 命名空間下的 event，同時打開一個新的終端，輸入 "nerdctl run nginx"，則查看到對應的 event 如下。

```
root@zjz:~#ctr events namespace==default
2023-05-23 15:11:51.010829009 +0000 UTC default /tasks/exit
{"container_id":"b6de6d5e...","id":"b6de6d5e...","pid":2492085,"exited_
at":{"seconds":1684854711,"nanos":10692511}}
2023-05-23 15:11:55.479342419 +0000 UTC default /snapshot/prepare
{"key":"2568ac45...","parent":"sha256:6b33c8...","snapshotter":"overlayfs"}
2023-05-23 15:11:55.531008698 +0000 UTC default /containers/create
{"id":"2568ac45...","image":"docker.io/library/nginx:latest","runtime":
{"name":"io.containerd.runc.v2","options":{"type_url":"containerd.runc.v1.Options"}}}
2023-05-23 15:11:55.690745546 +0000 UTC default /snapshot/remove
{"key":"/tmp/initialC2521240889","snapshotter":"overlayfs"}
```

5．image

　　image 是 containerd 中用來管理鏡像中繼資料的介面，注意這裡的 image 只是儲存在 metadata 中的中繼資料。image 中繼資料儲存著 content 中繼資料引用。而鏡像的 manifest 和鏡像層檔案則儲存在 content 中繼資料對應的宿主機地址（/var/lib/containerd/io.containerd. content.v1.content）中，如圖 7.7 所示。

image 介面並沒有提供鏡像下載的能力，提供的僅是 image 中繼資料的管理能力，鏡像下載則是透過 containerd 提供的 client 來實現的，以及包含了 client 的服務，如 nerdctl、cri plugin 等。image 介面提供的方法如表 7.5 所示。

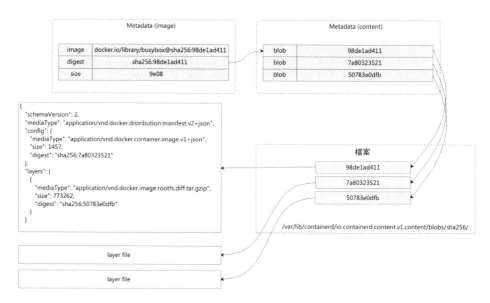

▲ 圖 7.7　containerd 中 image 與 content 的對應關係

▼ 表 7.5　image 介面方法

方　法	說　明
Get	根據鏡像 name 傳回鏡像的中繼資料資訊
List	根據相應的篩選條件傳回 containerd 中的鏡像列表
Create	在 metadata 中建立鏡像中繼資料記錄
Update	根據鏡像 name 更新 metadata 中的鏡像中繼資料資訊
Delete	根據 name 在 metadata 中刪除鏡像記錄

image 相關的 ctr 命令如下。

```
ctr images/image/i command [command options] [arguments...]
```

6 · introspection

introspection 介面比較簡單，主要用於 containerd info 資訊查詢，提供兩個函式：Plugins 和 Server。Plugins 查詢 containerd 中註冊的外掛程式，Server 則查詢 containerd 的版本資訊。

與 introspection 介面連結的 ctr 命令是 ctr info 和 ctr plugin ls，如下所示。

```
root@zjz:~# ctr info
{
    "server": {
        "uuid": "1db4a48a-0811-424f-8cbe-ebd9e473bda0",
        "pid": 3166581,
        "pidns": 4026531836
    }
}
```

```
root@zjz:~# ctr plugin ls
TYPE                            ID              PLATFORMS           STATUS
io.containerd.snapshotter.v1    aufs            linux/amd64         skip
io.containerd.snapshotter.v1    btrfs           linux/amd64         skip
io.containerd.content.v1        content         -                   ok
io.containerd.snapshotter.v1    native          linux/amd64         ok
io.containerd.snapshotter.v1    overlayfs       linux/amd64         ok
... ...
```

7 · leases

containerd 中的垃圾收集排程器（gc scheduler）是 containerd 中的守護處理程序，任何未被使用的資源都會被其自動清除，使用者端需要維護資源的租約（leases）來保證資源不被清理。

leases 是 containerd 中提供的一種資源。由客戶建立並使用它來引用其他資源，如 snapshot 和 content。leases 可以設定過期時間，或在完成後由使用者端主動刪除。租約過期的資源將被 containerd 中的垃圾收集器自動清除。leases 介面用於為資源建立或更新租約。leases 介面提供的方法如表 7.6 所示。

▼ 表 7.6　lease 介面方法

方　法	說　明
Create	建立一個 leases 資源，leases 資源可以保護 metadata 中的物件不被清除
Delete	刪除 leases 資源，表明物件不再被使用
List	根據篩選條件列舉所有活躍的租約
AddResource	為給定的 leases 資源增加連結物件
DeleteResource	刪除給定的 leases 資源對應的連結物件
ListResources	列舉 leases 所引用的物件

與 leases 介面相關的 ctr 命令如下。

```
ctr leases command [command options] [arguments...]
```

前面講過，leases 過期的資源將被垃圾收集排程器自動清理，containerd 中的垃圾收集排程器是透過以下設定檔進行設定的。

```
version = 2
[plugins]
  [plugins."io.containerd.gc.v1.scheduler"]
    pause_threshold = 0.02
    deletion_threshold = 0
    mutation_threshold = 100
    schedule_delay = "0ms"
    startup_delay = "100ms"
```

其中的幾個參數含義如下。

- pause_threshold：表示 gc 排程器暫停的最長時間。值 0.02 表示計畫的垃圾收集暫停時間最多應佔程式執行即時時間（real time）的 2%，或 20ms/s。預設值是 0.02，最大值為 0.5。

- deletion_threshold：表示觸發 gc 刪除某種資源的最大設定值，即最多刪除多少次。值為 0 表示垃圾收集不會由刪除計數觸發。預設值為 0。

- mutation_threshold：在資源變更後執行 gc 的設定值。注意，任何執行刪除的變更都會導致 gc 執行，這種情況多用於處理罕見的事件，如標籤引用刪除等。預設值是 100。

- schedule_delay：觸發事件和 gc 之間的延遲，當資源需要快速變更時，該值可以設定為合適的非零值，預設值是 0ms。

- startup_delay：表示在 containerd 開始啟動多久後執行垃圾收集處理程序，預設值是 100ms。

8 · namespace

containerd 中 的 資 源 都 是 namespace 隔 離 的，namespace 介 面 主 要 用 於 namespace 資源的管理，如 Create、Update、Delete、List、Get 等。該介面比較簡單，涉及的 ctr 命令列如下。

```
ctr namespaces/namespace/ns command [command options] [arguments...]
```

containerd 中約定了幾個常用的 namespace。

- k8s.io：該 namespace 內的容器及鏡像是透過 cri plugin 管理的。

- moby：該 namespace 是 docker 管理的。

可以透過 ctr ns ls 查看 containerd 中的 namespace。

```
root@zjz:~# ctr ns  ls
NAME      LABELS
default
k8s.io
moby
```

9 · sandbox

sandbox 介面為 containerd 1.7.1 中新增的介面，用於將 k8s 概念中的 pause 容器獨立出來管理，便於後續透過類似 snapshotter 解耦方式由開發者實現自己的 sandbox plugin。

containerd 1.7.1 版本僅支援 sandbox 的管理 API，關於 sandbox 的外掛程式實現還在討論，暫無定論，相信可以在 containerd 2.0 版本看到相關的實現。

社區當前討論的提案可以參考圖 7.8。

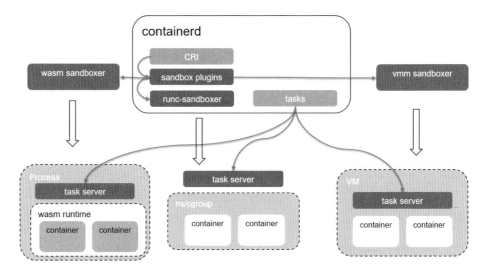

▲ 圖 7.8　containerd sandbox plugin 方案的提案（參考社區 7739 號 issue）[1]

如圖 7.8 所示，可擴充的 sandbox 邏輯主要基於 containerd 強大的外掛程式機制來實現。這裡為 containerd 引入一個 sandboxer 外掛程式。類比 snapshotter 用來管理 snapshot，sandboxer 用來管理 sandbox 的生命週期和資源，透過提供不同種類的 sandboxer 來管理不同的容器執行時期，如基於虛擬機器的 vmm sandboxer，基於 cgroup/ns 隔離的 runc sandboxer，或基於 wasm 的 wasm sandboxer。

sandboxer 可以是在 containerd 中執行的 TTRPC 外掛程式，也可以是在 containerd 外部執行的遠端外掛程式，每個節點上只有一個處理程序。containerd 不再需要管理 shim 處理程序生命週期，因為不再需要 shim 處理程序來管理容器。

---

[1]　https://github.com/containerd/containerd/issues/7739。

注意：

sandbox 介面還處於演進階段，感興趣的讀者可以參考社區最新實現。

10 · snapshot 介面

snapshot 介面提供對 snapshot 中繼資料資源的管理，關於 snapshot 的詳細資訊可以參考第 6 章。

snapshot 介面提供的方法有 Prepare、View、Mounts、Commit、Remove、Stat、Update、List、Usage、Cleanup。該介面與在第 6.2.3 節介紹的 snapshotter 介面基本一致，其中 List 介面底層對應 snapshotter 的 Walk 介面。

snapshot 介面與 snapshotter 介面的對應關係如圖 7.9 所示。

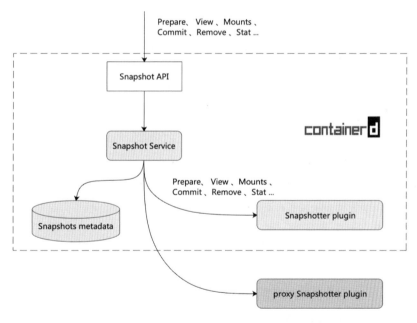

▲ 圖 7.9　containerd 中的 snapshot 介面與 snapshotter 介面的對應關係

與 snapshot 介面連結的 ctr 命令如下。

```
ctr snapshots command [command options] [arguments...]
```

11 · task

task 介面提供對 task 的管理，為 containerd 中真正用於啟動處理程序的介面。該服務與低級容器執行時期（如 runc、kata）透過 shim 機制（7.3 節將介紹）進行互動。

task 介面支援的方法如表 7.7 所示。

▼ 表 7.7　task 介面方法

方　法	說　明
Create	建立一個 task，並呼叫 containerd shim 準備容器啟動所需的資源，如 rootfs、oci config 檔案、環境變數等，此時並不會真正啟動處理程序
Start	啟動容器處理程序
Delete	刪除 task 記錄及 task 連結的 shim 處理程序和資源
DeleteProcess	與 Delete 不同，僅用於清理 Process 物件
Get	根據 ID 獲取 task 詳情
Kill	給 task 中的處理程序發送 kill 訊號，殺死容器處理程序
Exec	在容器中增加一個處理程序
ResizePty	調整處理程序 pty/console（偽終端）的大小
CloseIO	關閉處理程序的 I/O
Pause	暫停容器中的處理程序
Resume	與 Pause 對應，恢復容器中的處理程序
ListPids	獲取容器中的處理程序 pid
Checkpoint	將容器當前的系統資料備份到鏡像中
Update	更新 task 的設定，如 cpu、memory、devices 等
Metrics	傳回 task 對應的處理程序所用的指標，如 cpu、memory 佔用等
Wait	用於等待處理程序退出，傳回處理程序的退出碼

透過 task 介面管理容器處理程序的流程如圖 7.10 所示。

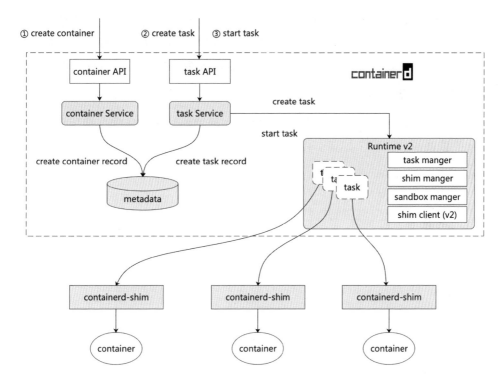

▲ 圖 7.10　containerd 中透過 task 啟動容器流程

如圖 7.10 所示，建立並啟動容器的過程如下。

（1）建立 container，將記錄儲存在 metadata 中。

（2）建立 task，將記錄儲存在 metadata 中，並呼叫 runtime 模組的相關介面建立 task 實例，準備容器的 rootfs 等。

（3）呼叫 start task，啟動第（2）步建立的 task。同樣是呼叫 runtime 模組啟動 task，每個 task 實例會呼叫對應的 shim 去建立 container。關於 containerd shim 機制，將在 7.3 節介紹。

與 task 介面相關的 ctr 命令如下。

```
ctr tasks/task/t command [command options] [arguments...]
```

12 · transfer & streaming

　　transfer 介面為 containerd 1.7.1 中新增的介面，可用於在來源和目的之間傳輸檔案內容。該介面主要是為了給擴充鏡像操作提供更多的靈活性，如鏡像 pull、push、import、export 等都可以透過 plugin 來實現。與該介面同時增加的介面為 streaming。

　　在 containerd 1.7 以前，鏡像資料處理的絕大部分操作集中在使用者端，如典型的鏡像拉取過程，如圖 7.11 所示。

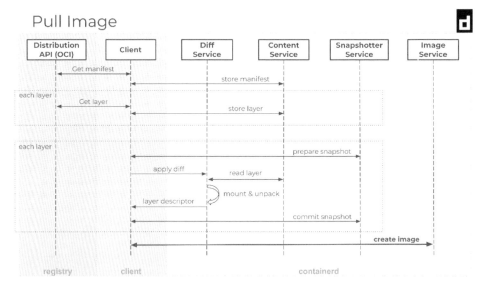

▲ 圖 7.11　containerd 中鏡像拉取過程

　　下載鏡像涉及鏡像位址解析、金鑰管理、併發下載以及解壓處理，但該流程僅適用於下載標準格式的鏡像，像 lazy-load 的鏡像格式或做一些鏡像的修改等輔助操作時，Pull 函式介面的 Optional 設定方法無法滿足外掛程式化需求，必須侵入式地修改 containerd 的程式才可以實現。

　　containerd 社區透過引入 image transfer service，將鏡像分發和打包處理都抽象成資料流程的轉發，統一收編在服務端處理，並支援外掛程式化擴充。transfer service 可以是 containerd 中內建的外掛程式，也可以是外部的 proxy plugin。

transfer 介面只有一個方法 Transfer，如下所示。

```
type Transferer interface {
  Transfer(ctx context.Context, source interface{}, destination
interface{}, opts ...Opt) error
}
```

該介面用於將鏡像資料流程從來源轉移到目的，鏡像資料的來源可以是鏡像倉庫、本地鏡像 tar.gz 或本地解壓後的儲存等。不同的來源之間可以相互流動，以下載流程可以理解成鏡像倉庫→本地物件儲存（containerd content service）→本地解壓後的儲存（containerd snapshot service），相反的流轉將變成上傳鏡像，甚至還可以透過簡單的資料轉發，實現鏡像在不同倉庫之間遷移。

transfer 介面支援的來源和目的操作如表 7.8 所示。

▼ 表 7.8　Transfer 介面支援的來源和目的操作

來　源	目　的	描　述
Registry	Image Store	pull
Image Store	Registry	push
Object stream (Archive)	Image Store	import
Image Store	Object stream (Archive)	export
Object stream (Layer)	Mount/Snapshot	unpack
Mount/Snapshot	Object stream (Layer)	diff
Image Store	Image Store	tag
Registry	Registry	倉庫鏡像（將鏡像從一個倉庫遷移到另一個倉庫）

引入 transfer service 之後，圖 7.11 中鏡像拉取過程則變為圖 7.12 中的流程。

如圖 7.12 所示，Transfer objects 代表資料來源，資料流程向是從 Registry（如圖 7.12 中 Registry Source）到 Image Store（如圖 7.12 中 Image Store Destination）。其中資料轉發過程可能會和使用者端互動，如推送當前的傳輸狀

態，或使用者端提供金鑰資訊做鑑權等。這些互動過程都透過 Streaming Service 來實現：使用者端在發起資料傳輸時，會向 Streaming Service 申請資料互動通道，這些通道將共用給 Transfer objects，並由具體的 Transfer objects 實現來決定如何互動。

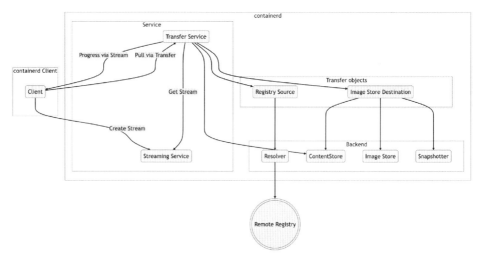

▲ 圖 7.12　containerd 基於 transfer 的鏡像下載流程（參考社區 7592 號 issue）[1]

注意：

transfer 介面和 streaming 介面還處於演進階段，感興趣的讀者可以參考社區最新實現。

13・version

version 介面比較簡單，用於傳回 containerd 的版本編號，相關的 ctr 命令如下。

```
root@zjz:~# ctr version
Client:
  Version:  v1.7.1
  Revision: 1677a17964311325ed1c31e2c0a3589ce6d5c30d
```

---

[1] https://github.com/containerd/containerd/issues/7592。

```
Go version: go1.20.4

Server:
  Version:  v1.7.1
  Revision: 1677a17964311325ed1c31e2c0a3589ce6d5c30d
  UUID: 1db4a48a-0811-424f-8cbe-ebd9e473bda0
```

7.2.2 Services

　　Services 層為 GRPC API 的具體實現層,與 containerd GRPC API 一一對應,路徑為 github.com/containerd/containerd/containerd/services。containerd 的各個 Service 之間為鬆散耦合的微服務方式,透過外掛程式機制進行整合。每個 Service 都註冊為兩種外掛程式類型,如圖 7.13 所示。

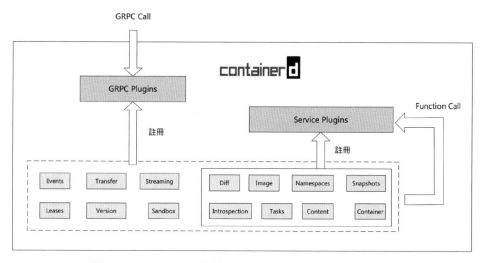

▲ 圖 7.13 containerd 中的 Service Plugins 與 GRPC Plugins

如圖 7.13 所示,containerd 中的 Service 註冊的兩種外掛程式如下。

* Service Plugins:即 io.containerd.service.v1,用於內部微服務之間相互呼叫,呼叫方式為函式呼叫。

* GRPC Plugins:即 io.containerd.grpc.v1,用於對外提供服務,透過 grpc 服務介面進行呼叫。

可以透過 ctr plugin ls 查看兩種介面，如下所示（輸出中省略了其他外掛程式）。

```
root@zjz:~# ctr plugin ls
TYPE                           ID                         PLATFORMS      STATUS
io.containerd.service.v1       introspection-service      -              ok
io.containerd.service.v1       containers-service         -              ok
io.containerd.service.v1       content-service            -              ok
io.containerd.service.v1       diff-service               -              ok
io.containerd.service.v1       images-service             -              ok
io.containerd.service.v1       namespaces-service         -              ok
io.containerd.service.v1       snapshots-service          -              ok
io.containerd.service.v1       tasks-service              -              ok
io.containerd.grpc.v1          introspection              -              ok
io.containerd.grpc.v1          containers                 -              ok
io.containerd.grpc.v1          content                    -              ok
io.containerd.grpc.v1          diff                       -              ok
io.containerd.grpc.v1          events                     -              ok
io.containerd.grpc.v1          healthcheck                -              ok
io.containerd.grpc.v1          images                     -              ok
io.containerd.grpc.v1          leases                     -              ok
io.containerd.grpc.v1          namespaces                 -              ok
io.containerd.grpc.v1          sandbox-controllers        -              ok
io.containerd.grpc.v1          sandboxes                  -              ok
io.containerd.grpc.v1          snapshots                  -              ok
io.containerd.grpc.v1          streaming                  -              ok
io.containerd.grpc.v1          tasks                      -              ok
io.containerd.grpc.v1          transfer                   -              ok
io.containerd.grpc.v1          version                    -              ok
io.containerd.grpc.v1          cri                        linux/amd64    ok
```

7.2.3 Metadata

Metadata 層為資料層。containerd 中的底層中繼資料的儲存採用了 boltdb 開放原始碼資料庫。

boltdb 是基於 Golang 實現的 KV 資料庫。boltdb 提供最基本的儲存功能，不支援網路連接，也不支援複雜的 SQL 查詢。單一資料庫資料儲存在單一檔案裡，透過 API 的方式對資料檔案讀寫，達到資料持久化的效果。boltdb 透過嵌入程式中進行使用，ETCD 就是基於 boltdb 實現的。

containerd 透過 boltdb 對相關物件的中繼資料進行儲存，如 snapshots、image、container 等，同時 containerd 對 metadata 中的資料還會定期執行垃圾收集，用於自動清理過期不使用的資源。

containerd 中的物件在 boltdb 中的儲存格式如下。

```
<version>/<namespace>/<object>/<key> -> <field>
```

其中：

- <version>：containerd 的版本，當前為 v1。

- <namespace>：物件所對應的 namespace。

- <object>：要儲存在 boltdb 中的物件類型。

- <key>：用於指定特定物件的唯一值。

containerd 中的 boltdb schema 資料結構可以參考 github.com/containerd/containerd/ metadata/buckets.go 檔案中的定義，如下所示。

```
└── v1                                    - Schema version bucket
    ├── version : <varint>              - Latest version, see migrations
    └── *namespace*
        ├── labels
        │   └── *key* : <string>          - Label value
        ├── image
        │   └── *image name*
        │       ├── createdat : <binary time>  - Created at
        │       ├── updatedat : <binary time>  - Updated at
        │       ├── target
        │       │   ├── digest : <digest>       - Descriptor digest
        │       │   ├── mediatype : <string>    - Descriptor media type
        │       │   └── size : <varint>         - Descriptor size
        │       └── labels
        │           └── *key* : <string>        - Label value
        ├── containers
```

```
│         └──── *container id*
│            ├──── createdat : <binary time>   - Created at
│            ├──── updatedat : <binary time>   - Updated at
│            ├──── spec : <binary>             - Proto marshaled spec
│            ├──── image : <string>            - Image name
│            ├──── snapshotter : <string>      - Snapshotter name
│            ├──── snapshotKey : <string>      - Snapshot key
│            ├──── runtime
│            │   ├──── name : <string>         - Runtime name
│            │   └──── options : <binary>      - Proto marshaled options
│            ├──── extensions
│            │      └──── *name* : <binary>    - Proto marshaled extension
│            └──── labels
│               └──── *key* : <string>         - Label value
├──── snapshots
│      └──── *snapshotter*
│         └──── *snapshot key*
│            ├──── name : <string>             - Snapshot name in backend
│            ├──── createdat : <binary time>   - Created at
│            ├──── updatedat : <binary time>   - Updated at
│            ├──── parent : <string>           - Parent snapshot name
│            ├──── children
│            │   └──── *snapshot key* : <nil>  - Child snapshot reference
│            └──── labels
│               └──── *key* : <string>         - Label value
├──── content
│   ├──── blob
│   │   └──── *blob digest*
│   │      ├──── createdat : <binary time>   - Created at
│   │      ├──── updatedat : <binary time>   - Updated at
│   │      ├──── size : <varint>             - Blob size
│   │      └──── labels
│   │         └──── *key* : <string>         - Label value
│   └──── ingests
│      └──── *ingest reference*
│         ├──── ref : <string>               - Ingest reference in backend
│         ├──── expireat : <binary time>     - Time to expire ingest
│         └──── expected : <digest>          - Expected commit digest
├──── sandboxes
```

```
        |       └──── *sandbox id*
        |       ├──── createdat : <binary time>    - Created at
        |       ├──── updatedat : <binary time>    - Updated at
        |       ├──── spec : <binary>              - Proto marshaled spec
        |       ├──── runtime
        |       |   ├──── name : <string>          - Runtime name
        |       |   └──── options : <binary>       - Proto marshaled options
        |       ├──── extensions
        |       |   └──── *name* : <binary>        - Proto marshaled extension
        |       └──── labels
        |           └──── *key* : <string>         - Label value
        └──── leases
            └──── *lease id*
                ├──── createdat : <binary time>    - Created at
                ├──── labels
                |   └──── *key* : <string>          - Label value
                ├──── snapshots
                |   └──── *snapshotter*
                |       └──── *snapshot key* : <nil>  - Snapshot reference
                ├──── content
                |   └──── *blob digest* : <nil>       - Content blob reference
                └──────── ingests
                    └──── *ingest reference* : <nil> - Content ingest reference
```

可以看到 metadata 中儲存了諸如 images、containers、snapshots、content、leases 等物件的基本資訊。metadata 在宿主機上儲存的路徑為 /var/lib/containerd/io.containerd.metadata. v1.bolt/meta.db。

可以透過 boltbrowser 查看 boltdb 中的內容，操作如下。

（1）停止 containerd。透過 systemctl 來停止 containerd，命令如下。

```
systemctl stop containerd
```

（2）透過下面的命令下載並安裝 boltbrowser。boltbrowser 是一款開放原始碼的 boltdb 資料庫瀏覽器。

```
git clone https://github.com/br0xen/boltbrowser.git
cd boltbrowser
go build
```

（3）透過 boltbrowser 指令查看 boltdb 資料庫。

```
boltbrowser /var/lib/containerd/io.containerd.metadata.v1.bolt/meta.db
```

boltbrowser 是視覺化的介面，可以透過移動游標選中物件，按 Enter 鍵進入查看介面或關閉查看介面。下面的輸出是游標選中 containers 時的介面。

```
boltbrowser:/var/lib/containerd/io.containerd.metadata.v1.bolt/meta.db
===================================|=============================
  - v1                             | Path: v1 → default → containers
    + buildkit                     | Buckets: 23
    - default                      | Pairs: 0
      - containers                 |
        + 14f6ea28faa77d4db41088e1a7f1f4cc2a  |
        + 272587a117b8d2f1cb87489a78325c3fd4  |
        + 534ccbb979222b85190c1c5e6108e71ee7  |
        + 57510ed4290ca701447ea6686339909d23  |
        + 5a4cedbad48ce3028ae14424c70b5a0d3b  |
        + ...    省略部分容器 ...    |
        + busybox1                 |
        + nginx_1                  |
        + zjz                      |
      + content                    |
      + images                     |
      + leases                     |
      + snapshots                  |
    + docker                       |
    + k8s.io                       |
    + moby                         |
    version: 06                    |
```

7.3 containerd Backend

在 7.2 節中介紹了 containerd 的 API 層和 Core 層,在 Core 層下面還有一層—Backend 層,該層主要對接作業系統容器執行時期,也是 containerd 對接外部外掛程式的擴充層。Backend 層主要包括兩大類:proxy plugins 和 containerd shim,如圖 7.14 所示。

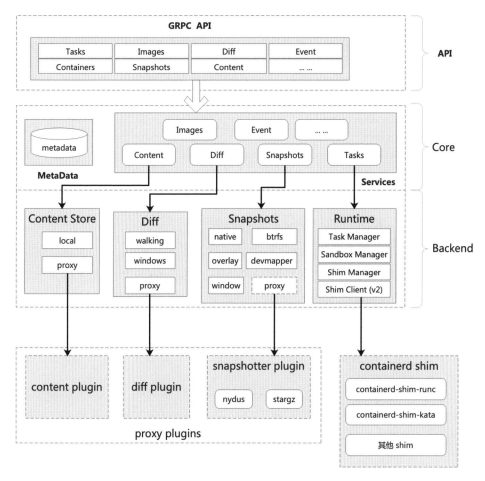

▲ 圖 7.14 containerd 分層結構

7.3.1 containerd 中的 proxy plugins

　　containerd 中的微服務都是以外掛程式的形式鬆散耦合地聯繫在一起的，如 service plugin、grpc plugin、snapshot plugin 等。containerd 除了內建的外掛程式，還提供了一種使用外部外掛程式的方式，即代理外掛程式（proxy plugin）。

　　在 containerd 中支援的代理外掛程式類型有 content、snapshotter 及 diff（containerd 1.7.1 中新增的類型）。在 containerd 設定檔中設定代理外掛程式的方式參見下面的範例。

```
#/etc/containerd/config.toml
version = 2
[proxy_plugins]
  [proxy_plugins.<plugin name>]
    type = "snapshot"
    address = "/var/run/mysnapshotter.sock"
```

　　proxy plugins 中可以設定多個代理外掛程式，每個代理外掛程式設定為 [proxy_plugins.<plugin name>]。其中，<plugin name> 表示外掛程式的名稱。外掛程式的設定僅有兩個參數。

　　（1）type：代理外掛程式的類型，containerd 1.7.1 版本支援 3 種類型，即 content、diff 和 snapshotter。

　　（2）address：代理外掛程式監聽的 socket 位址，containerd 透過該位址與代理外掛程式透過 grpc 進行通訊。

　　代理外掛程式註冊後，可以跟內部外掛程式一樣使用。可以透過 ctr plugin ls 查看註冊好的代理外掛程式。接下來介紹 snapshotter、content 和 diff 外掛程式的設定及使用。

1·snapshotter 外掛程式的設定及使用

　　下面以 nydus 為例，介紹 snapshotter 代理外掛程式的設定及使用。snapshotter 可以透過 ctr nerdctl 和 cri 外掛程式來使用，接下來的實例透過 cri 外掛程式來演示。

透過 cri 外掛程式設定參數 snapshotter = "nydus"，如下所示。

```
...
[plugins."io.containerd.grpc.v1.cri"]
  [plugins."io.containerd.grpc.v1.cri".containerd]
      snapshotter = "nydus"
      disable_snapshot_annotations = false
  [plugins."io.containerd.grpc.v1.cri".containerd.runtimes.runc]
      runtime_type = "io.containerd.runc.v2"
  [plugins."io.containerd.grpc.v1.cri".containerd.runtimes.kata]
      runtime_type = "io.containerd.kata.v2"
      privileged_without_host_devices = true
...
[proxy_plugins]
  [proxy_plugins.nydus]
      type = "snapshot"
      address = "/var/lib/containerd/io.containerd.snapshotter.v1.nydus/
containerd-nydus-grpc.sock"
```

關於 snapshotter 的實現可以參考第 6 章。

2・content 外掛程式的設定及使用

不同於 snapshotter，containerd 中僅支援一種 content 外掛程式，即要麼是 containerd 內建的 content plugin，要麼是自行實現的 content plugin。

自行實現 content plugin 需要實現 ContentServer 介面，如下所示。介面方法 參見表 7.2。

```
type ContentServer interface {
      Info(context.Context, *InfoRequest) (*InfoResponse, error)
      Update(context.Context, *UpdateRequest) (*UpdateResponse, error)
      List(*ListContentRequest, Content_ListServer) error
      Delete(context.Context, *DeleteContentRequest) (*types.Empty, error)
      Read(*ReadContentRequest, Content_ReadServer) error
      Status(context.Context, *StatusRequest) (*StatusResponse, error)
      ListStatuses(context.Context, *ListStatusesRequest)
(*ListStatusesResponse, error)
      Write(Content_WriteServer) error
```

```
        Abort(context.Context, *AbortRequest) (*types.Empty, error)
    mustEmbedUnimplementedContentServer()
}
```

介面實現可以參考以下程式。

```
func main() {
    socket := "/run/containerd/content.sock"
    // 1. implement content server
    svc := NewContentStorer()
    // 2. registry content server
    rpc := grpc.NewServer()
    content.RegisterContentServer(rpc, svc)
    l, err := net.Listen("unix", socket)
    if err != nil {
        log.Fatalf("listen to address %s failed:%s", socket, err)
    }
    if err := rpc.Serve(l); err != nil {
        log.Fatalf("serve rpc on address %s failed:%s", socket, err)
    }
}
type Mycontent struct {
    content.UnimplementedContentServer
}
func (m Mycontent) Info(ctx context.Context, request *content.InfoRequest)
(*content.InfoResponse, error) {
    // TODO implement me
}
... 省略其他介面實現
```

上述程式將監聽 /run/containerd/content.sock 位址。若想在 containerd 中使用該 content plugin，需要禁用內建的 content plugin，設定如下。

```
...
disabled_plugins = ["io.containerd.content.v1.content"]
...
[proxy_plugins]
  [proxy_plugins.mycontent]
    type = "content"
    address = "/run/containerd/content.sock"
```

注意：

content 代理外掛程式用於遠端存放的場景，不過使用遠端存放更推薦使用 snapshotter，因為 containerd 代理 content 外掛程式會帶來巨大的銷耗。

3・diff 外掛程式的設定及使用

相比 content 外掛程式，diff 代理外掛程式比較靈活。類似於 snapshotter 外掛程式，可以設定多個 diff 外掛程式，containerd 會依次執行。以下設定，containerd 將依次執行外接 proxydiff 外掛程式和內建 walking 外掛程式的相關方法。

```
...
  [plugins."io.containerd.service.v1.diff-service"]
    default = ["proxydiff", "walking"]
...
[proxy_plugins]
  [proxy_plugins."proxydiff"]
    type = "diff"
    address = "/tmp/proxy.sock"
```

diff 外掛程式需要實現 DiffServer 介面的方法，如下所示。

```
type DiffServer interface {
  Apply(context.Context, *ApplyRequest) (*ApplyResponse, error)
  Diff(context.Context, *DiffRequest) (*DiffResponse, error)
  mustEmbedUnimplementedDiffServer()
}
```

具體實現可以參考範例 github.com/zhaojizhuang/containerd-diff-example。

7.3.2 containerd 中的 Runtime 和 shim

containerd Backend 中除了 3 個 proxy plugin，還有一個 containerd 中最重要的擴充外掛—shim。回憶一下 7.2 節中的圖 7.10，啟動 containerd 中的 task 時，會啟動 containerd 中對應的 shim 來啟動容器，如圖 7.15 所示。

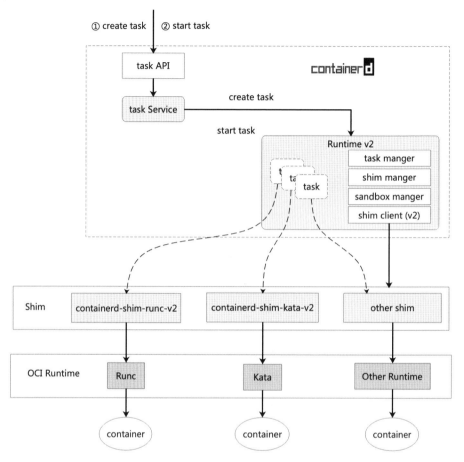

▲ 圖 7.15 containerd 中的 shim 與 OCI Runtime

如圖 7.15 所示，containerd 與底層 OCI Runtime 透過 shim 連接，containerd 中的 Runtime v2 模組（Runtime v1 已經在 containerd 1.7.1 版本中移除）負責 shim 的管理。

1．shim 機制

shim 機制是 containerd 中設計的用來擴充不同容器執行時期的機制，不同執行時期的開發者可以透過該機制，將自己的容器執行時期整合在 containerd 中。

可以使用 ctr、nerdctl 或 CRI Plugin，透過指定 runtime 欄位來啟動特定的容器執行時期。

1）ctr 指定 runtime 啟動容器

透過 ctr run --runtime 指定特定的容器執行時期來啟動容器，如下所示。

```
ctr run --runtime io.containerd.runc.v2 xxx
```

2）nerdctl 指定 runtime 啟動容器

透過 nerdctl run --runtime 指定特定的容器執行時期來啟動容器，如下所示。

```
nerdctl run --runtime io.containerd.kata.v2 xxx
```

3）CRI Plugin 中透過 runtime_type 欄位指定 runtime

CRI Plugin 在使用時通常會結合 RuntimeClass 一起使用（參見本書 4.2.2 節）。舉例來說，使用 kata 時 CRI Plugin 的設定參數如下。

```
[plugins."io.containerd.grpc.v1.cri".containerd]
  [plugins."io.containerd.grpc.v1.cri".containerd.runtimes]
    [plugins."io.containerd.grpc.v1.cri".containerd.runtimes.kata]
      runtime_type = "io.containerd.kata.v2"
```

當 containerd 使用者透過 runtime 指定時，containerd 在呼叫時會將 runtime 的名稱解析為二進位檔案，並在 $PATH 中查詢對應的二進位檔案。舉例來說，runtime "io.containerd.runc.v2" 會被解析成二進位檔案 "containerd-shim-runc-v2"，使用者端在建立容器時可以指定使用哪個 shim，如果不指定，則使用預設的 shim（containerd 中預設的 runtime 為 "io.containerd. runc.v2"）。

2．containerd 支援的 shim

只要是符合 containerd shim API 規範的 shim，containerd 都可以支援對接。當前 containerd 支援的 shim 如表 7.9 所示。

▼ 表 7.9　containerd 支援的 shim

來　　源	shim	對接的 runtime	說明
官方內建	io.containerd. runc.v1	runc	實現的是 v2 版本的 shim，即一個 shim 處理程序對接 pod 內多個 container，僅支援 cgroup v1
	io.containerd. runc.v2	runc	實現的是 v2 版本的 shim，支援 cgroup v1 和 cgroup v2，是當前 containerd 預設支援的 shim（tutime_type）
其他第三方	io.containerd. runhcs.v1	hcs	Windows 上的容器化方案，對接的是 Windows 的 HCS（Host Compute Service）。Windows 容器當前只有微軟在主推，專案位址為 github.com/ microsoft/ hcsshim 引申：Windows 上還有一種基於虛擬化的容器方案，即 hyper-v
	io.containerd. kata.v2	kata	kata runtime 是基於虛擬化實現的 runtime，當前支援 qemu、cloudhypervisor、fire-cracker，實現的是 v2 版本的 shim
	io.containerd. systemd.v1	systemd	基於 systemd 實現的 v2 版本的 shim，參考 github.com/cpuguy83/containerd-shim-systemd-v1

7.3.3　containerd shim 規範

關於 shim 機制，containerd 定義了一套完整的規範來幫助容器執行時期的作者實現自己的 shim。接下來介紹 containerd 中的 shim API。

containerd 與 shim 的互動如圖 7.16 所示。

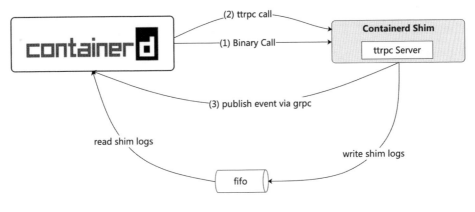

▲ 圖 7.16 containerd 與 shim 的互動

Runtime shim API 定義了兩種呼叫方式。

（1）二進位呼叫方式：透過 shim start 命令直接啟動 shim 二進位，shim 二進位啟動後會啟動對應的 ttrpc Server。啟動命令如 containerd-shim-runc-v2 start -namespace xxx -address /run/containerd/containerd.sock -id xxx。

（2）ttrpc 呼叫方式：shim 處理程序啟動後便充當 ttrpc Server 的角色，之後 containerd 與 shim 的互動都採用 ttrpc 呼叫。

注意：

ttrpc 與 grpc 基本一致，同樣使用 protobuf 生成 GRPC Service 和 client。二者唯一的差別是 ttrpc 移除了 http 堆疊以節省記憶體佔用，從而使得 shim 佔用資源更小。因此在自訂的 shim 中推薦使用 ttrpc，當然 grpc 也是受支援的。

除了二進位呼叫方式和 ttrpc 呼叫方式，containerd Runtime v2 還支援非同步事件機制與日誌機制，用於給上游的呼叫者提供必要的資訊。

1 · shim 二進位呼叫子命令

每個 shim 都要實現特定的子命令，用於二進位呼叫方式直接呼叫。必須要實現的子命令有兩個：start 和 delete。

1）start

每個 shim 必須要實現 start 命令，提供給 containerd 透過二進位方式呼叫，如 containerd- shim-xxx start xxx。

start 指令必須包含以下幾個參數。

- -namespace：指定容器在 containerd 中的 namespace。
- -address：指定 containerd 的 socket 位址，用於 shim 與 containerd 通訊。
- -publish-binary：containerd 二進位所在的路徑，用於透過 containerd 的 publish 指令來發佈事件（containerd publish --topic=xxx）。
- -id：container 的 id。

除了啟動參數，shim 同時應該支援環境變數傳遞參數，需要支援的環境變數如下。

- **TTRPC_ADDRESS**：containerd ttrpc API 的 socket 位址。
- **GRPC_ADDRESS**：containerd grpc API 的 socket 位址（containerd 1.7 及以上版本支援該參數）。
- **MAX_SHIM_VERSION**：containerd 支援的最大 shim 版本。containerd 1.7 之後只支援 shim v2。
- **SCHED_CORE**：是否啟用 linux core scheduling。開啟該開關後，允許同一 CPU 上執行多個執行緒。預設值是 false。
- **NAMESPACE**：同 -namespace，用於告訴 shim 在指定的 namespace 中操作容器（containerd 1.7 及以上版本支援該參數）。

關於 start 指令，有以下幾點需要注意。

- start 指令在 oci bundle path 下執行，即 cwd 為容器的 bundle 路徑。
- start 指令必須傳回 shim Server 的 ttrpc 位址，用於後續的 container 操作。
- start 指令可以建立一個新的 shim 或傳回一個已有的 shim（取決於 shim 自己的邏輯）。

2）delete

每個 shim 必須要實現 delete 命令，用於在 containerd 無法透過 rpc 通訊連接 shim 的情況下，刪除 container 相關的 mount 資源，或啟動的處理程序。

當 containerd 重新啟動之後，重連 shim，如果連接不上 shim（但是 bundle 還在），也會走到呼叫 delete 的邏輯。

delete 指令必須要包含以下幾個參數。

- -namespace：指定容器在 containerd 中的 namespace。
- -address：containerd 的 socket 位址。
- -publish-binary：containerd 二進位所在的路徑，用於 publish event。
- -id：container 的 id。
- -bundle：需要刪除的 OCI bundle 的位址，如果是非 Windows 或非 FreeBSD 的環境，與 cwd 保持一致（即 shim 在 ocibundle 的目錄下執行）。

2 · shim ttrpc API

除了支援二進位呼叫的子命令，shim 還必須要實現 ttrpc API。API 的定義在 github. com/containerd/containerd/blob/main/api/runtime/task/v2/shim.proto，包含的 API 定義如下。

```
service Task {
        rpc State(StateRequest) returns (StateResponse);
        rpc Create(CreateTaskRequest) returns (CreateTaskResponse);
        rpc Start(StartRequest) returns (StartResponse);
        rpc Delete(DeleteRequest) returns (DeleteResponse);
        rpc Pids(PidsRequest) returns (PidsResponse);
        rpc Pause(PauseRequest) returns (google.protobuf.Empty);
        rpc Resume(ResumeRequest) returns (google.protobuf.Empty);
        rpc Checkpoint(CheckpointTaskRequest) returns (google.protobuf.Empty);
        rpc Kill(KillRequest) returns (google.protobuf.Empty);
        rpc Exec(ExecProcessRequest) returns (google.protobuf.Empty);
        rpc ResizePty(ResizePtyRequest) returns (google.protobuf.Empty);
        rpc CloseIO(CloseIORequest) returns (google.protobuf.Empty);
```

```
    rpc Update(UpdateTaskRequest) returns (google.protobuf.Empty);
    rpc Wait(WaitRequest) returns (WaitResponse);
    rpc Stats(StatsRequest) returns (StatsResponse);
    rpc Connect(ConnectRequest) returns (ConnectResponse);
    rpc Shutdown(ShutdownRequest) returns (google.protobuf.Empty);
}
```

Task Service（Shim Server）方法定義如表 7.10 所示。

▼ 表 7.10　Task Service（Shim Server）方法定義

方法名稱	說　明
State	傳回容器處理程序的資訊，如狀態（running、stopped、pasused、pausing）和管道資訊（stdin、stdout、stderr）等

Create	基於底層的 OCI 容器執行時期準備處理程序啟動所需要的設定（如容器 rootfs），以及與子處理程序的訊息通道，此時容器處理程序並未啟動。
	
	容器啟動時的 root 檔案系統是由該方法提供的，shim 負責管理檔案系統掛載的生命週期。
	
	type CreateTaskRequest struct {
	
	Rootfs []*types.Mount
	
	…
	
	}
	
	types.Mount 結構就是本書 6.2.3 節介紹 snapshotter 時提到的 Mount 結構，Mount 資訊由 snapshotter 提供給 containerd。
	
	shim 負責將 Mount 資訊中的檔案系統掛載到 OCI Bundle 中的 rootfs/ 目錄，同樣 rootfs 檔案系統的卸載工作也是由 shim 負責的。執行 delete 二進位呼叫時，shim 必須要確保檔案系統是被卸載成功的

Start	啟動容器處理程序
Delete	刪除容器處理程序對應的資源
Pids	傳回容器中的所有 pid
Pause	暫停容器，如 containerd-shim-runc 透過呼叫 runc pause 實現處理程序的暫停操作

（續表）

方法名稱	說　明
Resume	恢復容器，與 Pause 對應。容器 Pause 後，執行 Resume 才能恢復正常
Checkpoint	儲存容器的狀態資訊到容器鏡像中，即備份操作
Kill	給容器處理程序發送指定的 Kill 訊號。containerd 中停止容器時會先發送 SIGTERM（等於 shell kill），在容器處理程序逾時未結束時再發送 SIGKILL（等於 shell kill -9）
Exec	在容器中執行其他處理程序
ResizePty	調整處理程序的 pty，即顯示視窗的大小
CloseIO	關閉處理程序的 I/O，如 stdin
Update	更新容器的資源，如 cpu、memory、blockio、pids 等限制
Wait	等待處理程序退出
Stats	獲取容器的資源佔用情況，如 cpu、memory、pids 等，主要透過 cgroup 米獲取相關資源資訊
Connect	傳回 shim 的資訊，如 shim 的 pid
Shutdown	用於停止 shim ttrpc Server 並退出 shim

上述介面中的多數方法也可以透過 ctr task 命令來使用。ctr task 命令是包裝了 containerd task service 的命令，ctr task 支援的子命令如下。

```
root@zjz:~# ctr  task
NAME:
   ctr tasks - Manage tasks

USAGE:
   ctr tasks command [command options] [arguments...]

COMMANDS:
   attach              Attach to the IO of a running container
   checkpoint          Checkpoint a container
   delete, del, remove, rm  Delete one or more tasks
   exec                Execute additional processes in an existing container
```

```
    list, ls            List tasks
    kill                Signal a container (default: SIGTERM)
    metrics, metric     Get a single data point of metrics for a task with the
built-in Linux runtime
    pause               Pause an existing container
    ps                   List processes for container
    resume              Resume a paused container
    start               Start a container that has been created

OPTIONS:
    --help, -h   show help
```

3 · 非同步事件機制

　　containerd Runtime v2 定義了一套用於和 shim 互動的非同步事件機制，可以讓呼叫方獲取正確的執行流程。舉例來說，shim 在執行 start 以後，需要先發佈 TaskStartEventTopic 才能發佈 TaskExitEventTopic。

　　為了維護該機制，containerd 定義了 shim 發佈事件的標準，如表 7.11 所示。表中 MUST 為必須實現，SHOULD 為建議實現。

▼ 表 7.11　containerd Runtime v2 與 shim 互動的事件標準

類　型	Topic（事件主題）	標　準	說　明
Tasks	runtime.TaskCreateEventTopic	MUST	Task 被成功建立之後
	runtime.TaskStartEventTopic	MUST （在 TaskCreateEventTopic 之後）	Task 被成功啟動之後
	runtime.TaskExitEventTopic	MUST （在 TaskStartEventTopic 之後）	Task 退出之後
	runtime.TaskDeleteEventTopic	MUST （在 TaskExitEventTopic 之後，或 Task 從來沒有啟動的情況下，在 TaskCreateEventTopic 之後）	當 Task 在 shim 中移除之後

（續表）

類　型	Topic（事件主題）	標　準	說　明
Tasks	runtime. TaskPaused EventTopic	SHOULD	Task 被成功暫停之後
	runtime. TaskResumed EventTopic	SHOULD （在 TaskPausedEventTopic 之後）	Task 被成功恢復之後
	runtime. TaskCheckpointed EventTopic	SHOULD	Task 被成功備份之後
	runtime .TaskOOM EventTopic	SHOULD	當 shim 收到處理程序 OOM 資訊之後
Execs （在容器內執行特定命令）	runtime. TaskExecAdded EventTopic	MUST （在 TaskCreateEventTopic 之後）	在容器內呼叫 exec 執行相關命令，成功呼叫 exec 之後
	runtime. TaskExecStarted EventTopic	MUST （ 在 TaskExecAddedEventTopic 之後）	exec 正常啟動之後，即透過 exec 呼叫容器內的相關命令正常啟動後
	runtime.TaskExit EventTopic	MUST （ 在 TaskExecStartedEventTopic 之後）	當 exec 退出後（正常或異常退出）
	runtime. TaskDelete EventTopic	SHOULD （在 TaskExitEventTopic 之後，或 TaskExecAdd 從來沒有發生的情況下， 在 TaskExecAddedEventTopi 之後）	當 exec 在 shim 中移除之後

4．shim 日誌

對於 shim 本身的日誌，containerd 同樣定義了規範來進行收集。在 UNIX 中透過具名管線（fifo）進行收集，在 Windows 中則是透過管道（pipe）來進行收集。其中管道檔案位於 shim 執行的目前的目錄下，名為 log，即 <bundle path>/log（如 /run/containerd/io.containerd. runtime.v2.task/<namespace>/<taskid>/log）。

containerd 與 shim 的日誌互動邏輯如圖 7.17 所示。

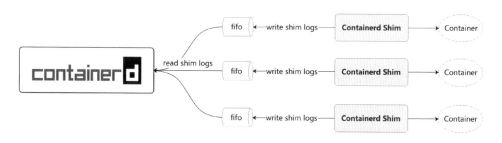

▲ 圖 7.17 containerd 與 shim 的日誌互動邏輯

shim 開發者可以使用 github.com/containerd/containerd/log 函式庫檔案來列印 shim 的偵錯日誌，這樣 containerd 就可以正確讀取對應的 fifo 或 pipe，將日誌輸出在 containerd 守護處理程序列印的日誌裡。

注意：

這裡的日誌只是 shim 本身的日誌，容器的日誌則是由 containerd 的 Client 端來實現的。舉例來說，nerdctl 或 CRI Plugin 透過將處理程序的 STDIO（stdout 和 stderr）重定向到指定檔案來儲存。

7.3.4 shim 工作流程解析

下面透過一個具體的例子說明容器啟動時 shim 與 containerd 互動的流程。

以 ctr 啟動 nginx 容器為例，命令如下。

```
ctr image pull docker.io/library/nginx:latest
ctr run docker.io/library/nginx:latest nginx
```

注意這裡 ctr run 啟動容器時，containerd 預設使用的 runtime 為 io.containerd.runc.v2。

啟動容器時，containerd 與 shim 的互動機制如圖 7.18 所示。

如圖 7.18 所示，透過 ctr 建立容器時的相關呼叫流程如下。

（1）ctr run 命令之後，首先會呼叫 containerd 的 Create container 介面，將 container 資料儲存在 metadb 中。

（2）container 建立成功後，傳回對應的 Container ID。

（3）container 建立之後，ctr 會呼叫 containerd 的 Create task 介面。

（4）containerd 為容器執行準備 OCI bundle，其中 bundle 中的 rootfs 透過呼叫 snapshotter 來準備。

（5）OCI bundle 準備好之後，containerd 根據指定或預設的執行時期名稱解析 shim 二進位檔案，如 io.containerd.runc.v2 解析為 containerd-shim-runc-v2。containerd 透過 start 命令啟動 shim 二進位檔案，並加上一些額外的參數，用於定義命名空間、OCI bundle 路徑、debug 模式、containerd 監聽的 unix socket 位址等。在這一步調用中，當前工作目錄（OCI bundle 路徑）設定為 shim 的工作路徑。

（6）呼叫 shim start 後，shim 啟動 ttrpc server，並監聽特定的 unix socket 位址，該 path 在 <oci bundle path>/address 檔案中的內容即為該 unix socket 的位址，即 unix:///run/ containerd/s/xxxxx。

（7）ttrpc server 正常啟動後，shim start 命令正常傳回，將 shim ttrpc server 監聽的 unix socket 位址透過 stdout 傳回給 containerd。

（8）containerd 為每個 shim 準備 ttrpc 的 client，用於和該 shim ttrpc server 進行通訊。

（9）containerd 呼叫 shim 的 TaskServer.Create 介面，shim 負責將請求參數 CreateTaskRequest 中 Mount 資訊中的檔案系統掛載到 OCI bundle 中的 rootfs/ 目錄。

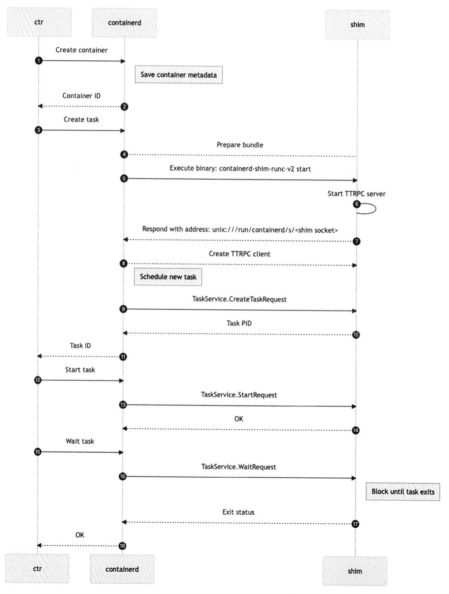

▲ 圖 7.18 透過 ctr 啟動容器時 containerd 與 shim 的互動

（10）對 shim 的 ttrpc 呼叫執行成功後傳回 Task PID。

（11）containerd 傳回給 ctr Task 的 ID。

（12）ctr 透過 Start task 呼叫 containerd 來啟動容器處理程序。

（13）containerd 透過 ttrpc 呼叫 shim 的 TaskServer.StartRequest 方法，這一步是真正啟動容器內的處理程序。

（14）shim 執行 start 成功後傳回給 containerd。

（15）ctr 呼叫 containerd 的 task.Wait API。

（16）觸發 containerd 呼叫 shim 的 TaskService.WaitRequest。該請求會一直阻塞，直到容器退出後才會傳回。

（17）shim 處理程序退出後會將處理程序退出碼傳回給 containerd。

（18）containerd 傳回給 ctr 使用者端處理程序退出狀態。

停止容器的流程如圖 7.19 所示。

圖 7.19 展示的是透過 ctr task kill 刪除容器時的相關呼叫流程，即 ctr task kill nginx。

下面說明 kill 容器過程中的相關呼叫流程。

（1）執行 ctr kill 之後，ctr 呼叫 containerd 的 Kill task API。

（2）觸發 containerd 透過 ttrpc 呼叫 shim 的 TaskService.KillRequest。shim 會透過給處理程序發送 SIGTERM（等於 shell kill）訊號來通知容器處理程序退出，在容器處理程序逾時未結束時再發送 SIGKILL（等於 shell kill -9）。

（3）kill 呼叫執行成功後傳回給 containerd。

（4）containerd 傳回成功給 ctr 使用者端。

（5）ctr 繼續呼叫 containerd 的 Task Delete API，刪除 task 記錄，同時會呼叫 shim 的相關指令來清理 shim 資源。

（6）containerd 呼叫 shim 的 TaskService.DeleteRequest。shim 會刪除容器對應的資源。

（7）shim 傳回 delete 成功訊號給 containerd。

（8）containerd 繼續呼叫 shim 的 TaskService.ShutdownRequest。該呼叫中 shim 會停止 ttrpc Server 並退出 shim 處理程序。

（9）shim 退出成功。

（10）containerd 關閉 shim 對應的 ttrpc Client。

（11）containerd 透過二進位呼叫方式執行 delete，即執行 containerd-shim-runc-v2 delete xxx 操作。

（12）二進位呼叫 delete 會刪除對應的 OCI bundle。

（13）containerd 傳回容器刪除成功訊號給 ctr 使用者端。

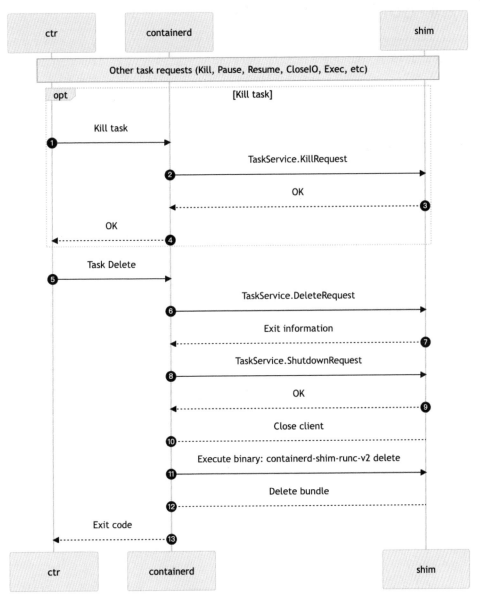

▲ 圖 7.19 透過 ctr 停止容器時 containerd 與 shim 的互動

7.4 containerd 與 NRI

7.3 節介紹了 containerd 的幾種 Backend，相信讀者對 containerd 的擴充外掛程式有了一定的了解。本節會介紹 containerd 中的另外一種可抽換的擴充機制—NRI。

7.4.1 NRI 概述

NRI（node resource interface）即節點資源介面，是 containerd 中位於 CRI 外掛程式中的一種擴充機制。NRI 可以提供容器不同生命週期事件的介面，使用者可以在不修改容器執行時期原始程式碼的情況下增加自訂邏輯。NRI 在 containerd 中的定位如圖 7.20 所示。

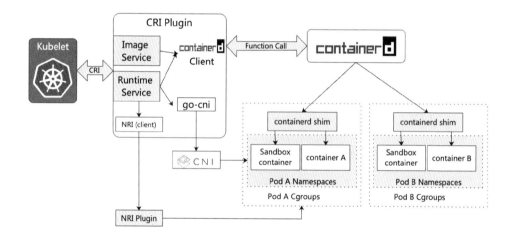

▲ 圖 7.20　containerd 中的 NRI

類似於 CNI 外掛程式機制，NRI 外掛程式機制允許將第三方自訂邏輯插入相容 OCI 的執行時期。舉例來說，可以在容器生命週期時間點執行 OCI 規定範圍之外的操作，分配和管理容器的裝置和其他資源，以及修改原始 OCI 資訊。NRI 本身與任何容器執行時期的內部實現細節無關，containerd 社區的目標是希望在常用的 OCI 執行時期（containerd 和 cri-o）中實現對 NRI 外掛程式的支援。

注意，NRI 外掛程式在 1.7 版本之後進行了重構，新版本（v0.2.0 之後的版本，最新版本為 v0.3.0）的 NRI 外掛程式機制相比原先版本（v0.1.0）增強了介面能力，提高了通訊效率，降低了訊息的消耗，並能直接實現有狀態的 NRI 外掛程式。本節主要基於 containerd 1.7.1 介紹新版本的 NRI 外掛程式，對舊版本的 NRI 機制感興趣的讀者可以參考 NRI v0.1.0 相關文件[1]了解詳情。

7.4.2 NRI 外掛程式原理

1 · NRI 外掛程式的工作流程

下面介紹 NRI 的工作流程。一個正常的 CRI 請求流程如圖 7.21 所示。

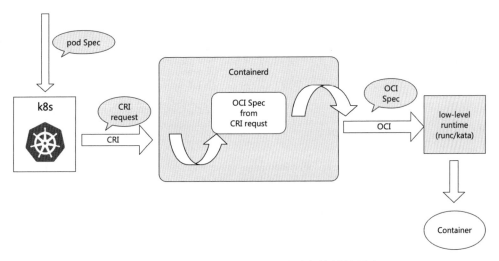

▲ 圖 7.21 容器資訊在 CRI 呼叫中的轉換過程

---

[1] https://github.com/containerd/nri/tree/v0.1.0。

如圖 7.21 所示，透過 k8s 建立 pod 的過程如下。

（1）kubelet 將 pod 資訊轉為 CRI 的請求資訊，呼叫 CRI 容器執行時期，如 containerd 或 cri-o。

（2）CRI 容器執行時期將 CRI 請求資訊轉為 OCI 格式，呼叫低級容器執行時期，如 runc、kata 等。

（3）runc、kata 透過 OCI 格式啟動容器處理程序。

NRI 在 CRI 的請求流程中的工作流程如圖 7.22 所示。

如圖 7.22 所示，NRI 外掛程式工作在透過 OCI 呼叫低級容器執行時期操作容器之前：

（1）CRI 容器執行時期將 CRI 請求轉為 OCI Spec 之後，透過 NRI adaptation 呼叫 NRI 外掛程式（NRI adaptation 的功能包括外掛程式發現、啟動和設定，將 NRI 外掛程式與執行時期 pod 和容器的生命週期事件連結，NRI adaptation 也就是 NRI 外掛程式的 client）。NRI adaptation 將 container 和 pod 的資訊（OCI Spec 的子集）傳遞給 NRI 外掛程式，同時接收 NRI 外掛程式傳回的資訊來更新容器 OCI Spec。

（2）NRI adaptation 透過 ttrpc 呼叫 NRI 外掛程式，NRI adaptation 作為 NRI 的 client，NRI 協定同樣基於 protobuf 的 ttrpc 介面。其中 ttrpc 互動的 socket 為 /var/run/nri/nri.sock。

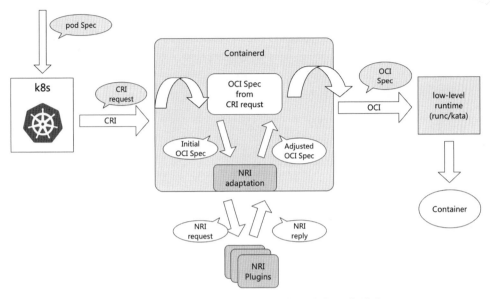

▲ 圖 7.22 NRI 在 CRI 的請求流程中的工作流程

（3）NRI 外掛程式作為 ttrpc 的 Server，接收 NRI adaptation 的請求，處理相關的邏輯，並將相應結果傳回給 NRI adaptation。

（4）containerd 透過 NRI adaptation 得到修改後的 OCI Spec，透過修改後的 OCI Spec 啟動對應的低級容器執行時期，如 kata、runc 等。

2 · NRI 外掛程式協定

NRI 外掛程式協定主要是定義了一套容器執行時期與 NRI 外掛程式互動的 API。API 共有以下兩部分。

（1）TTRPC API：基於 protobuf 定義的容器執行時期對接 NRI 外掛程式的 API。containerd 基於 ttrpc 與 NRI 外掛程式中的 stub 進行通訊。stub 是 NRI 專案實現的程式框架，類似於 k8s scheduler framework 的擴充方式，基於該框架開發自己的 NRI 外掛程式時，與 containerd 的互動將被 stub 元件接管。

（2）Stub Interface：該介面是用於自訂 NRI 外掛程式時實現的介面，是 NRI 外掛程式中的 stub 與自訂邏輯互動的介面。自訂 NRI 外掛程式邏輯可以實現其中的或多個有關 pod 以及容器生命週期的介面。

NRI 外掛程式協定如圖 7.23 所示。

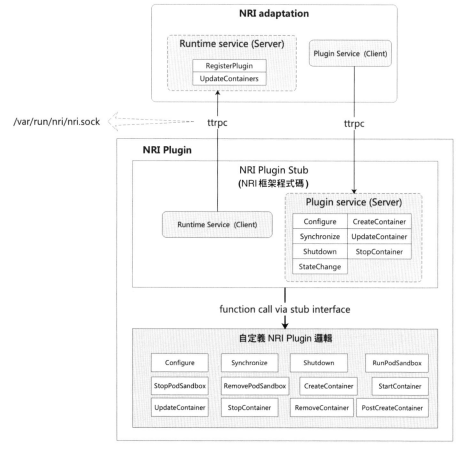

▲ 圖 7.23　NRI 外掛程式協定 [1]

---

[1]　介面參考 https://github.com/containerd/nri/blob/main/pkg/api/api.proto。

1）TTRPC API

TTRPC API 中主要包含兩類 API：Runtime Service 和 Plugin Service。

- Runtime Service：顧名思義，其是在容器執行時期中實現的 Service。NRI 專案抽象了 adaptation 的框架，該框架中封裝整合了 Runtime Service 的 Server 實現，容器執行時期中引用少量程式即可連線，當前 containerd 將 adaptation 框架組成在了 CRI Plugin 中。該介面的 Client 端在 NRI Plugin 中的 stub 中，Server 端位於 CRI Plugin 中的 adaptation 中。Runtime Service 是容器執行時期暴露給 NRI Plugin 的公共介面，所有請求都是由外掛程式發起的。該介面提供以下兩個功能。

  ＊外掛程式註冊。

  ＊容器更新。

- Plugin Service：該介面是在 NRI Plugin 中實現的 Server。同樣，NRI 專案抽象了 stub 框架，該框架封裝了 Plugin Service 的 Server 實現。NRI stub 是用於開發自訂 NRI 外掛程式的框架，使用者開發自訂 NRI 外掛程式時，只需引用並整合 stub，實現自己的 Stub Interface 即可。Plugin Service 是 NRI 外掛程式中暴露給容器執行時期的介面。這個介面上的所有請求都是由 NRI adaptation 發起的。該介面提供以下功能。

  ＊設定外掛程式。

  ＊獲得已經存在的 pod 和容器的初始列表。

  ＊將外掛程式 hook 到 pod/container 的生命週期事件中。

  ＊關閉外掛程式。

注意：

adaptation 是 NRI 專案提供給容器執行時期的調配函式庫，供容器執行時期（如 CRI Plugin）用來整合 NRI 並與 NRI 外掛程式互動。它實現了基本的外掛程式發現、啟動和設定。它還提供了必要的功能：將 NRI 外掛程式與容器執行時期的 pod 和容器的生命週期事件掛鉤。多個 NRI 外掛程式可以同時處理任何一個 pod 或容器的生命週期事件，adaptation 按照一定的順序呼叫外掛程式，並將多個外掛程式的響應合併為一個。在合併回應時,當檢測到多個外掛程式對單一容器所做的任何改變有衝突時,會將該事件對應的錯誤傳回給容器執行時期。

stub 則是 NRI 專案提供給 NRI 外掛程式開發者的另一個函式庫。該函式庫封裝了許多實現 NRI 外掛程式的底層細節。stub 負責和 adaptation 建立連接、外掛程式註冊、設定外掛程式以及相關事件訂閱。使用者開發 NRI 外掛程式都是基於 stub 函式庫來實現的。

2)Stub Interface

Stub Interface 是使用者自行實現 NRI 外掛程式邏輯需要滿足的介面。自訂 NRI 外掛程式採用整合 stub 的方式擴充,stub 透過函式呼叫方式呼叫使用者實現的 Stub Interface,使用者可以實現其中的或多個有關 pod 以及容器生命週期的介面。自訂外掛程式需要實現的 Stub Interface 如表 7.12 所示。

▼ 表 7.12　自訂外掛程式需要實現的 Stub Interface

類型	介面	說　明
外掛程式 相關	Configure	使用外掛程式給定的設定檔來設定外掛程式,設定外掛程式的格式由外掛程式自行決定,設定外掛程式的位址存放在 /etc/nri/conf.d/ 中
	Shutdown	用於通知外掛程式關閉服務
	onClose	關閉外掛程式
	Synchronize	用於同步外掛程式中 PodSandbox 和容器的狀態,用於外掛程式初次啟動時,NRI 向外掛程式發送現有 pod 和容器的列表,外掛程式對現有的 pod 和容器進行必要的更新和修改,同時介面傳回容器更新後的列表,容器可以修改的欄位本節後面會介紹
pod 相關	RunPodSandbox	用於通知外掛程式當前 pod 處於 Start 階段
	StopPodSandbox	用於通知外掛程式當前 pod 處於 Stop 階段
	RemovePodSandbox	用於通知外掛程式當前 pod 處於 Remove 階段

類型	介面	說　明
容器相關	CreateContainer	容器建立前的回呼介面，此時 containerd 中容器還沒建立，允許外掛程式在該階段對容器的 OCI Spec 中的部分設定資訊進行更改。可以更改的欄位本節後續會詳細介紹
	PostCreateContainer	容器建立完成後的回呼介面
	StartContainer	容器啟動前的回呼介面
	PostStartContainer	容器啟動後的回呼介面
	UpdateContainer	容器更新前的回呼介面，此時 containerd 中容器還沒更新，允許外掛程式在該階段對容器的 OCI Spec 中的部分設定資訊進行更改。可以更改的欄位本節後續會詳細介紹
	PostUpdateContainer	容器更新後的介面
	StopContainer	容器停止後的介面，可以在此階段更新任何現存的容器，可以修改的欄位本節後面會介紹
	RemoveContainer	容器移除後的回呼介面

　　由表 7.12 可以看到，自訂外掛程式可以在 pod 和容器的生命週期中插入自訂的邏輯，用於修改容器的 OCI Spec 設定資訊。關於 pod 和容器的生命週期以及各個階段可以修改的欄位接下來介紹。

3 · NRI Pod 生命週期以及支援修改的欄位

NRI Pod 生命週期事件如圖 7.24 所示。

圖 7.24 中，NRI 外掛程式可以訂閱以下的 pod 生命週期事件。

- 建立 pod。
- 停止 pod。
- 移除 pod。

NRI 外掛程式可使用（修改）的 pod 資訊如下。

- ID。

- name。

- UID。

- namespace。

- labels。

- annotations。

- cgroup 父目錄。

- runtime handler 名稱。

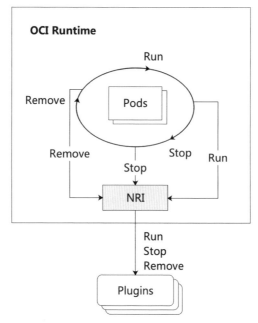

▲ 圖 7.24 NRI pod 生命週期事件

4 · NRI 容器生命週期以及支援修改的欄位

NRI 容器生命週期事件如圖 7.25 所示。

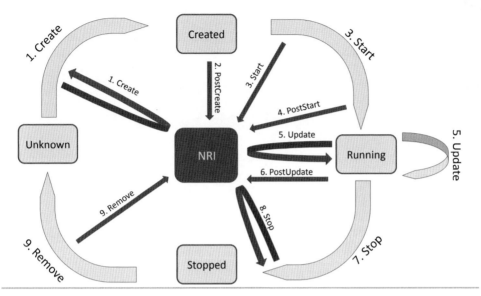

▲ 圖 7.25 NRI 訂閱的容器生命週期事件

圖 7.25 中，NRI 外掛程式可以訂閱以下的容器生命週期事件。

- 建立容器。

- 建立容器後。

- 啟動容器。

- 啟動容器後。

- 更新容器。

- 更新容器後。

- 停止容器。

- 移除容器。

NRI 外掛程式在容器生命週期事件中可以使用的容器中繼資料資訊如下。

```
ID
pod ID
name
state
```

```
labels
annotations
command line arguments
environment variables
mounts
OCI hooks
linux
  namespace IDs
  devices
  resources
    memory
      limit
      reservation
      swap limit
      kernel limit
      kernel TCP limit
      swappiness
      OOM disabled flag
      hierarchical accounting flag
      hugepage limits
    CPU
      shares
      quota
      period
      realtime runtime
      realtime period
      cpuset CPUs
      cpuset memory
    Block I/O class
    RDT class
```

NRI 外掛程式在建立過程中可以更改以下參數。

```
annotations
mounts
environment variables
OCI hooks
linux
  devices
```

```
resources
  memory
    limit
    reservation
    swap limit
    kernel limit
    kernel TCP limit
    swappiness
    OOM disabled flag
    hierarchical accounting flag
    hugepage limits
  CPU
    shares
    quota
    period
    realtime runtime
    realtime period
    cpuset CPUs
    cpuset memory
  Block I/O class
  RDT class
```

　　NRI 外掛程式在更新或刪除過程中可以修改以下參數（刪除階段是對現存的容器進行修改）。

```
resources
  memory
    limit
    reservation
    swap limit
    kernel limit
    kernel TCP limit
    swappiness
    OOM disabled flag
    hierarchical accounting flag
    hugepage limits
  CPU
    shares
    quota
```

```
    period
    realtime runtime
    realtime period
    cpuset CPUs
    cpuset memory
  Block I/O class
  RDT class
```

相比於建立容器階段可調整的參數，容器更新和容器刪除階段可調整的參數少一些，僅支援 Linux Resource（如 cpu、memory 限額）的調整。

注意：

容器被建立成功後，NRI 外掛程式可以在以下階段更新容器的資訊。

- NRI 外掛程式在回應其他容器建立的請求時。
- NRI 外掛程式在回應其他容器更新的請求時。
- NRI 外掛程式在回應任意停止容器的請求時。
- 容器執行時期透過 NRI 外掛程式單獨對某個容器發起更新請求。

7.4.3 containerd 中啟用 NRI 外掛程式

可以在 containerd 設定檔中啟用或禁用 NRI 外掛程式。預設情況下，NRI 外掛程式是被禁用的，可以編輯成功 containerd 設定檔（預設情況下是 /etc/containerd/config.toml）中的 [plugins."io.containerd.nri.v1.nri"] 部分來啟用，並將 disable = true 更改為 disable =false。

啟用後，containerd NRI 的設定檔如下。

```
[plugins."io.containerd.nri.v1.nri"]
    disable = false
    disable_connections = false
    plugin_config_path = "/etc/nri/conf.d"
    plugin_path = "/opt/nri/plugins"
    plugin_registration_timeout = "5s"
    plugin_request_timeout = "2s"
    socket_path = "/var/run/nri/nri.sock"
```

設定檔的相關參數如下。

- disable：是否禁用NRI外掛程式。預設值是true，表示禁用NRI外掛程式。

- disable_connections：是否禁用外部外掛程式的主動連接。預設值是 false，即預設允許外部 NRI 外掛程式的連接。啟用外部連接後，containerd 會主動監聽 socket_path 指定的 socket，允許外部外掛程式進行外掛程式註冊。

- plugin_config_path：該路徑是查詢 NRI 外掛程式設定檔的地方，預設為 /etc/nri/conf.d。NRI 外掛程式的名稱應該與設定檔名稱保持一致，如 NRI 外掛程式名稱為 01-logger，則外掛程式對應的設定檔為 01-logger.conf 或 logger.conf。注意，NRI 外掛程式的設定檔不像 CNI，NRI 外掛程式沒有特定的格式，是由 NRI 外掛程式自行定義的格式。

- plugin_path：NRI 外掛程式存放的路徑，預設路徑為 /opt/nri/plugins。NRI 外掛程式啟用後，containerd 會在該路徑查詢 NRI 外掛程式進行自動註冊。注意，外掛程式的命名要符合一定的規則，要按照 idx-pluginname 的格式，其中 idx 為兩位字元，範圍是 00 ～ 99 的數字對應的字串，如 01-logger。

- plugin_registration_timeout：外掛程式註冊的逾時時間，預設是 5s。

- plugin_request_timeout：外掛程式請求的逾時時間，預設是 2s。

- socket_path：containerd 和 NRI 外掛程式互動的 socket 位址，預設是 /var/run/nri/nri.sock。

NRI 外掛程式的啟動有兩種方式：一種是 containerd 自動啟動，一種是 NRI 外掛程式外部啟動。

（1）containerd 自動啟動：當 containerd 的設定檔中啟用 NRI 外掛程式後，NRI adaptation 實例化時，即會自動啟動 NRI 外掛程式。這種方式需要將 NRI 外掛程式放在 plugin_path 中，預設路徑為 /opt/nri/plugins，並將 NRI 外掛程式所需的設定檔放在 plugin_config_path 中，預設路徑為 /etc/nri/conf.d。當 containerd 啟動時就會自動載入並執行 /opt/nri/plugins 路徑下的 NRI 外掛程式，並獲取 /etc/nri/conf.d 下外掛程式對應的設定檔對外掛程式進行設定。

（2）NRI 外掛程式外部啟動：這種方式下 NRI 外掛程式處理程序可以由 systemd 建立，或執行在 pod 中。只要保證 NRI 外掛程式可以透過 NRI socket 和 containerd 進行通訊即可，預設的 NRI socket 路徑為 /var/run/nri/nri.sock。 NRI 外掛程式啟動後，會透過 NRI socket 向 NRI adaptation 中註冊自己。使用 NRI 外掛程式外部啟動方式時，一定要確保 NRI 設定中的 disable_connections 為 false。

7.4.4　containerd NRI 外掛程式範例

containerd NRI 專案中提供了多個 NRI 外掛程式，詳情請參見 https://github. com/containerd/ nri/tree/main/plugins。本節以 logger 為例進行演示。

首先下載並編譯相關外掛程式二進位，命令如下。

```
git clone https://github.com/containerd/nri
cd nri
make
```

執行成功後會在 build/bin/ 目錄下生成對應的 NRI 外掛程式二進位，如下所示。

```
root@zjz:/code/src/nri/build/bin# ls
device-injector  differ  hook-injector  logger  template  v010-adapter
```

containerd NRI 的設定如 7.4.3 節中所示，此處不再贅述。注意，修改設定檔後要重新啟動 containerd。

接下來分別透過 NRI 外掛程式外部啟動和 containerd 自動啟動兩種方式進行演示。

1 · NRI 外掛程式外部啟動

NRI 外部啟動方式直接啟動二進位檔案即可，命令如下。

```
build/bin/logger -idx 00 -log-file /var/run/containerd/nri/logger.log
```

其中：

- 透過 -idx 指定註冊給 adaptation 的 index，該項為外掛程式的 index 值，adaptation 會按照 index 遞增的順序，依次呼叫多個外掛程式。

- 透過 -log-file 指定日誌輸出的路徑，若不指定，logger 外掛程式將列印到 stdout，此處列印到指定路徑 /var/run/containerd/nri/logger.log。

打開另一個 terminal 視窗，執行以下命令。

```
tail -f /var/run/containerd/nri/logger.log
```

可以看到 logger 外掛程式已經能夠正常列印日誌了，如圖 7.26 所示。

```
root@zjz:~# tail -f /var/run/containerd/nri/logger.log
time="2023-06-10T15:17:52+08:00" level=info msg="Synchronize:        options:"
time="2023-06-10T15:17:52+08:00" level=info msg="Synchronize:        - rbind"
time="2023-06-10T15:17:52+08:00" level=info msg="Synchronize:        - rprivate"
time="2023-06-10T15:17:52+08:00" level=info msg="Synchronize:        - rw"
time="2023-06-10T15:17:52+08:00" level=info msg="Synchronize:        source: /usr/libexec/kubernetes/kubelet-plugins/volume/exec"
time="2023-06-10T15:17:52+08:00" level=info msg="Synchronize:        type: bind"
time="2023-06-10T15:17:52+08:00" level=info msg="Synchronize:      name: kube-controller-manager"
time="2023-06-10T15:17:52+08:00" level=info msg="Synchronize:      pid: 1471038"
time="2023-06-10T15:17:52+08:00" level=info msg="Synchronize:      pod_sandbox_id: a615c805ce891a3cf4c05ee4d2e0c4b74b0fd857bf6c48954e6f7335bbb60f4f"
time="2023-06-10T15:17:52+08:00" level=info msg="Synchronize:      state: 3"
```

▲ 圖 7.26 NRI logger 外掛程式日誌列印結果

2 · containerd 自動啟動

採用自動啟動方式，containerd NRI 的設定同樣採用 7.4.3 節中的設定，不同的是要將 NRI 外掛程式和 NRI 外掛程式的設定檔放在指定的路徑下。

注意：以下命令的操作是在 NRI 外掛程式編譯完成之後進行的。

```
cp build/bin/logger /opt/nri/plugins/01-logger
tee /etc/nri/conf.d/01-logger.conf <<- EOF
logFile: /var/run/containerd/nri/logger.log
EOF
```

透過 systemctl 重新啟動 containerd。

```
systemctl restart containerd
```

注意：需要重新啟動 containerd，因為 containerd 在初次啟動時才會載入 NRI 外掛程式。

查看 logger 日誌，可以看到 NRI logger 外掛程式已經成功註冊。

```
root@zjz:~# tail -f /var/run/containerd/nri/logger.log
time="2023-06-10T15:40:28+08:00" level=info msg="Subscribing plugin
01-01-logger (01-logger) for events RunPodSandbox,StopPodSandbox,
RemovePodSandbox,CreateContainer,PostCreateContainer,StartContainer,
PostStartContainer,UpdateContainer,PostUpdateContainer,StopContainer,
RemoveContainer"
time="2023-06-10T15:40:28+08:00" level=info msg="Started plugin 01-01-
logger..."
```

7.4.5　NRI 外掛程式的應用

NRI 外掛程式的出現彌補了 Kubernetes 對節點層面資源管理功能的不足，如 CPU 編排、記憶體分層、快取管理、IO 管理等。

使用 NRI 外掛程式可以將 kubelet 的 Resource Manager 下沉到 CRI Runtime 層進行管理。kubelet 當前不適合處理多種需求的擴充，在 kubelet 層增加細粒度的資源設定會導致 kubelet 和 CRI 的界限越來越模糊。而 NRI 外掛程式則是在 CRI 生命周期間做呼叫與修改，更適合做資源綁定和節點的拓撲感知，並且在 CRI 內部做外掛程式定義和修改，可以做到在上層 Kubenetes 不感知的情況下做調配。

當前 NRI 專案還處於演進階段，預計在 containerd 2.0 版本中將以正式穩定的 API 發佈。

第**8**章

containerd 生產與實踐

　　至此，containerd 的原理與使用部分已經全部介紹完。本章作為全書的最後一章，主要介紹 containerd 生產與實踐中的一些操作，如如何設定 containerd 的監控、如何基於 containerd 做延伸開發等。

學習摘要：

- containerd 監控實踐

- 基於 containerd 開發自己的容器使用者端

- 開發自己的 NRI 外掛程式

▍ 8.1 containerd 監控實踐

7.2 節中講過，containerd 提供了 Metrics API 用於暴露 containerd 的內部指標。本節介紹如何透過 Prometheus 和 Grafana 實現對 containerd 相關指標的監控。

8.1.1 安裝 Prometheus

Prometheus 是 Google 開發的一款開放原始碼監控軟體，是繼 Kubernetes 之後，第二個從 CNCF 畢業的專案。整套系統由監控服務、告警服務、時序資料庫等幾部分，以及週邊生態的各種指標收集器（Exporter）組成，是當前主流的雲端原生監控告警系統。

containerd 的 Metrics API 暴露的是 Prometheus 可擷取的標準資料介面，因此採用 Prometheus 實現對 containerd 指標的監控擷取。

Prometheus 的安裝部署有多種方式。

- 直接執行二進位檔案啟動。

- 透過 nerdctl 或 Docker 來啟動。

- 在 Kubernetes 叢集中透過 pod 來進行部署。

本文採用雲端原生實踐中最常用的一種方式—透過在 Kubernetes 叢集內部署 kube- prometheus 的方式來啟動。此種方式推薦在「Kubernetes 叢集 +containerd」的環境中部署，如果 containerd 是單機部署（即只安裝了 containerd，沒有安裝 k8s 叢集），則推薦使用二進位方式或透過 nerdctl 或 Docker 來啟動。

注意：

kube-prometheus 是 Prometheus 社區專門為 Kubernetes 叢集提供的整合式安裝部署方案。kube-prometheus 提供了一個基於 Prometheus 和 Prometheus Operator 的完整叢集監控堆疊的範例設定，包括部署多個 Prometheus 和 Alertmanager 實例、Metrics exporter 等，是在 Kubernetes 叢集中部署 Prometheus 的最簡方式。

下面介紹如何透過 Kubernetes 叢集中的 Prometheus 來擷取 containerd 的指標。

1 · 安裝 Prometheus

首先是透過 kube-prometheus 安裝 Prometheus。執行下面的命令下載 kube-prometheus 原始程式碼。

```
git clone https://github.com/prometheus-operator/kube-prometheus.git
cd kube-prometheus
```

透過 kubectl apply 安裝 Prometheus 相關 CRD，命令如下。

```
kubectl apply -f manifests/setup/
```

接下來安裝部署 Promtheus 的相關元件，命令如下。

```
kubectl apply -f manifests/
```

等待 monitoring 中的 pod 能夠正常 Running，其間，可以透過 kubectl get pod 來查看，如下所示。

```
root@zjz:~# kubectl get pod -n monitoring
NAME                                  READY   STATUS     RESTARTS AGE
alertmanager-main-0                   2/2     Running    0        55s
alertmanager-main-1                   2/2     Running    0        55s
alertmanager-main-2                   2/2     Running    0        55s
blackbox-exporter-6fd88dfcf7-gjpjw    3/3     Running    0        3m26s
grafana-74495f655b-ftxh7              1/1     Running    0        2m9s
```

```
kube-state-metrics-6558dbd5b4-zx4wd        3/3      Running        0       2m9s
node-exporter-zbf5h                        2/2      Running        0       2m9s
prometheus-adapter-5dbb4cb95f-lrtx6        1/1      Running        0       2m9s
prometheus-k8s-0                           2/2      Running        1       54s
prometheus-k8s-1                           2/2      Running        1       54s
prometheus-operator-78d4d97f4d-nq8jb       2/2      Running        0       57s
```

2 · 設定 Grafana 的外部存取方式

透過刪除重建的方式修改命名空間 monitoring 下的 service grafana，將 service.spec.Type 改為 NodePort 類型。注意此處一定要刪除重建，Kubernetes 不允許直接修改 service 類型。

修改前 service 的通訊埠編號如下。

```
root@zjz:~# kubectl get svc -n monitoring grafana
NAME         TYPE        CLUSTER-IP      EXTERNAL-IP     PORT(S)        AGE
grafana      ClusterIP   12.0.15.12      <none>          3000/TCP       14m
```

修改後 service 的通訊埠編號如下。

```
root@zjz:~# kubectl get svc -n monitoring  grafana
NAME         TYPE        CLUSTER-IP      EXTERNAL-IP     PORT(S)          AGE
Grafana      NodePort    12.0.12.160     10.37.6.180     8080:30001/TCP   16m
```

可以看到自動分配的 NodePort 為 30001，接下來透過 <Node IP>:<Node Port> 存取 Grafana 的介面。

筆者的環境中 NodePort 為 30001，在瀏覽器網址列中輸入 <Node IP>:<NodePort> 進行存取。Grafana 預設帳號 / 密碼為 admin/admin，登入後便進入了 Grafana 的介面，如圖 8.1 所示。

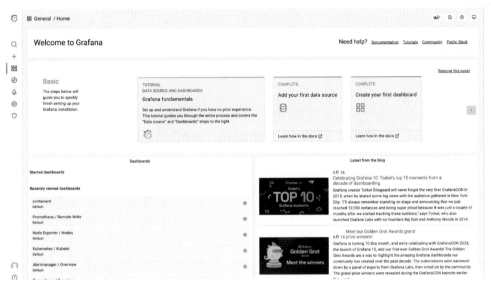

▲ 圖 8.1　Grafana 介面

8.1.2　Prometheus 上 containerd 的指標擷取設定

首先，containerd 需要開啟指標擷取模式。在 containerd 設定檔（/etc/containerd/config. toml）中進行設定，使 containerd Metrics API 監聽在位址 0.0.0.0:1234 上，如下所示。

```
...
[metrics]
  address = "0.0.0.0:1234"
  grpc_histogram = true
...
```

接下來，在 Prometheus 中設定相關的抓取規則。

當前 Prometheus Operator 封裝了 Prometheus 的設定規則，即可以使用 ServiceMonitor 或 PodMonitor 來設定抓取規則。不過 containerd 並不是 pod，也無法設定對應的 service，因此無法直接利用 ServiceMonitor 或 PodMonitors 來設定指標抓取規則。下面介紹兩種為 containerd 設定指標擷取的方式。

（1）透過 Prometheus 的 AdditionalScrapeConfigs 選項設定。

（2）為 containerd 增加一個代理 pod，將 containerd 監聽的宿主機通訊埠透過代理 pod 暴露出來，從而可以使用 PodMonitor 或 ServiceMonitor 連線 Prometheus 中。

1・透過 Prometheus 的 AdditionalScrapeConfigs 選項設定

Prometheus Operator 提供了 AdditionalScrapeConfigs 設定選項，可以在 prometheuses. monitoring.coreos.com 這個 CRD 資源的 additionalScrapeConfigs 欄位中增加包含抓取設定的 Secret。接下來以抓取 containerd 為例，介紹詳細的設定過程，其中筆者的 containerd Metics API 監聽位址為 192.168.1.180。

首先新建檔案 prometheus-additional.yaml，包含以下抓取規則。

```
- job_name: 'containerd'
  honor_timestamps: true
  scrape_interval: 15s
  scrape_timeout: 10s
  metrics_path: /v1/metrics
  scheme: http
  static_configs:
  - targets:
    - 192.168.1.180:1234
    - <node2 ip>:<port>
```

基於該檔案生成 Kubernetes Secret，命令如下。

```
kubectl create secret generic prometheus-additional --from-file=./
prometheus-additional.yaml -n monitoring
```

接下來修改 monitoring namespace 下名為 k8s 的 Prometheus 資源，命令如下。

```
root@zjz:~# kubectl edit prometheus -n monitoring
```

增加 additionalScrapeConfigs 欄位，命令如下。

```
apiVersion: monitoring.coreos.com/v1
kind: Prometheus
```

```
metadata:
  name: k8s
  namespace: monitoring
spec:
  ...
  podMonitorNamespaceSelector: {}
  podMonitorSelector: {}
  // 增加以下 3 行
  additionalScrapeConfigs:
    name: prometheus-additional
    key: prometheus-additional.yaml
```

等待 Prometheus Pod 重新啟動，即可查詢相應指標。

2 · 透過 PodMonitor 將 containerd 的指標連線 Prometheus 中

Prometheus Operator 會透過 PodMonitor 或 ServiceMonitor 篩選相關 pod，可以將 pod Endpoints 增加到 Prometheus 抓取規則中，進行相關的指標擷取。

由於 containerd 並不是 pod 處理程序，因此增加對應的代理 pod，代理 pod 在每個宿主機上執行一個，透過 HostNetwork 方式部署。透過代理 pod 擷取 containerd 指標如圖 8.2 所示。

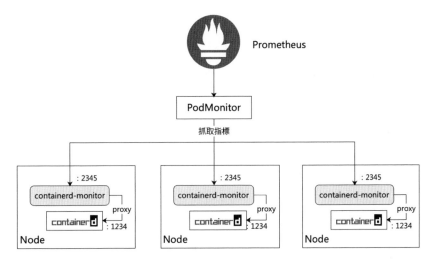

▲ 圖 8.2 透過代理 pod 擷取 containerd 指標

　　在圖 8.2 中，containerd-monitor 為 Kubernetes Daemonset 部署的 pod，確保在每個 Node 上部署一個，透過 HostNetwork 方式部署，打通 containerd-monitor 和 containerd 宿主機監聽通訊埠的鏈路。containerd-monitor 監聽在 2345 通訊埠，將請求代理到 containerd 監聽的 1234 通訊埠上。

　　PodMonitor 透過 LabelSelector 篩選 containerd-monitor 對應的 pod。

　　部署元件的描述檔案如下。

```yaml
kind: PodMonitor
metadata:
  labels:
    k8s-app: containerd-monitor
  name: containerd-monitor
  namespace: monitoring
spec:
  namespaceSelector:
    matchNames:
    - monitoring
  podMetricsEndpoints:
  - interval: 10s
    path: /v1/metrics
    port: http-metrics
  selector:
    matchLabels:
      k8s-app: containerd-monitor
---
apiVersion: apps/v1
kind: DaemonSet
metadata:
  annotations:
  labels:
    k8s-app: containerd-monitor
  name: containerd-monitor
  namespace: monitoring
spec:
  selector:
    matchLabels:
      name: containerd-monitor
```

```yaml
  template:
    metadata:
      creationTimestamp: null
      labels:
        k8s-app: containerd-monitor
        name: containerd-monitor
    spec:
      containers:
      - image: nginx
        imagePullPolicy: Always
        name: nginx
        ports:
        - containerPort: 2345
          hostPort: 2345
          name: http-metrics
          protocol: TCP
        volumeMounts:
        - mountPath: /etc/nginx/conf.d
          name: config-volume
      hostNetwork: true
      restartPolicy: Always
      tolerations:
      - effect: NoSchedule
        key: node-role.Kubernetes.io/control-plane
        operator: Exists
      - effect: NoSchedule
        key: node-role.Kubernetes.io/master
        operator: Exists
      volumes:
      - configMap:
          defaultMode: 420
          name: containerd-monitor-conf
        name: config-volume
---
apiVersion: v1
data:
  default.conf: |-
    server {
        listen       2345;
```

```
        server_name   localhost;

        location / {
            proxy_pass http://127.0.0.1:1234;
            proxy_set_header Host $http_host;
            proxy_set_header X-Real-IP $remote_addr;
            proxy_set_header X-Forwarded-For $proxy_add_x_forwarded_for;
            proxy_connect_timeout 30;
            proxy_send_timeout 60;
            proxy_read_timeout 60;
        }
    }
kind: ConfigMap
metadata:
  name: containerd-monitor-conf
  namespace: monitoring
```

8.1.3　Grafana 監控設定

完成上述設定後，即可擷取到 containerd 的指標資料。登入 Grafana，在 Grafana explore 標籤頁下（位址為 http://<node ip>:<node port>/explore），資料來源選擇 prometheus，指標名稱選擇 containerd_build_info_total，如圖 8.3 所示。

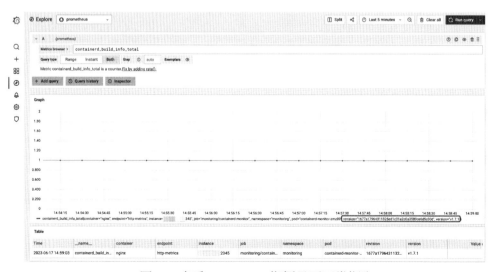

▲ 圖 8.3　查看 containerd 指標是否正常擷取

如果能正常顯示,說明 Prometheus 的擷取設定正確,接下來就可透過 Grafana 的面板將 containerd 的指標展示出來。

8.1.4 設定 containerd 面板

Grafana 可以透過匯入 JSON 格式的 Dashboard 範本來建立指定的監控面板。筆者提供了一份簡單的 containerd 監控面板範本,位址為 https://github.com/zhaojizhuang/containerd- prectice/blob/main/monitoring/containerd-dashboard.json。

首先將範本下載到本地,在 Grafana 介面選擇 Create 下的 Import 進行匯入,將下載好的 JSON 檔案直接上傳或貼上到 Grafana 中,如圖 8.4 所示。

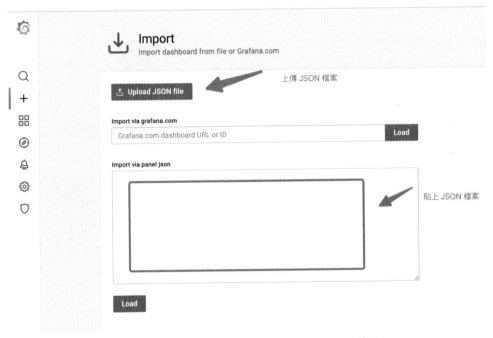

▲ 圖 8.4 在 Grafana 介面匯入 containerd 範本

匯入成功後,可以看到 containerd 的相關指標面板,如圖 8.5 ～圖 8.8 所示。

▲ 圖 8.5 Containerd Build Info 面板

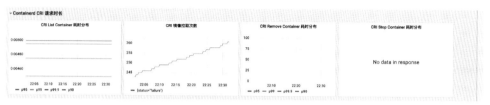

▲ 圖 8.6 Containerd CRI 請求時長面板

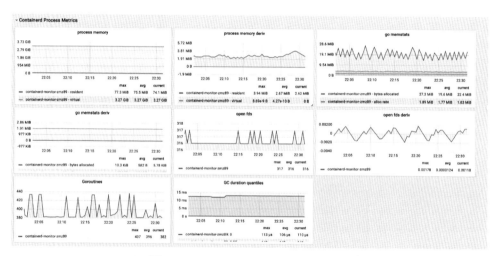

▲ 圖 8.7 Containerd Process Metrics 面板

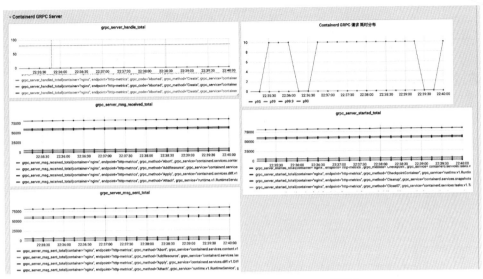

▲ 圖 8.8 Containerd GRPC Server 面板

8.2 基於 containerd 開發自己的容器使用者端

本書前面章節介紹了多種操作 containerd 的 cli 工具，如 ctr、nerdctl、crictl
等，本節主要介紹如何基於 containerd Client SDK 開發自己的容器使用者端，以
及如何在自己的容器平臺中整合 containerd（見圖 8.9）。基於 containerd Client
SDK 開發適用於將 containerd 整合在開發者自己的專案中。

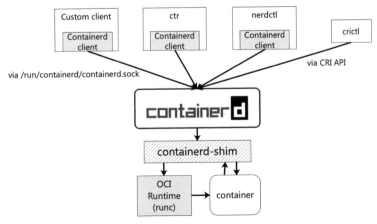

▲ 圖 8.9 使用 containerd 的多種方式

　　下面基於 containerd Client SDK 開發相關 Demo，演示如何透過 containerd Client 來拉取鏡像，建立、啟動和停止 task。

8.2.1　初始化 Client

　　containerd 的 Client SDK 位 於 containerd 根 package 下， 即 github.com/containerd/containerd 中。透過 containerd.New 方法連接 containerd，如下所示。

```
import (
  "github.com/containerd/containerd"
)

func main() {
    client, err := containerd.New("/run/containerd/containerd.sock")
    defer client.Close()
}
```

　　可以在初始化 containerd Client 時，設定預設的 namespace，這樣基於該 Client 的一切操作都在該 namespace 下。設定初始化 namespace 的方式如下。

```
client, err := containerd.New(address, containerd.WithDefaultNamespace
("docker"))
```

8.2.2　拉取鏡像

　　現在 containerd 的 Client 已初始化，接下來透過該 Client 拉取鏡像，範例如下。

```
ctx := namespaces.WithNamespace(context.Background(), "zjz")
image, err := client.Pull(ctx, "docker.io/library/redis:alpine",containerd.
WithPullUnpack)
if err != nil {
    return err
}
```

8.2.3 建立 OCI Spec

鏡像下載完成後，需要基於該鏡像為容器執行準備 OCI 描述檔案（OCI Spec）。containerd 提供了生成預設 OCI Spec 的方式，當然也可以透過 Opt 函式進行修改。

首先為容器建立一個讀寫的 snapshot，便於容器儲存一些臨時持久化資料，再為容器建立相應的 OCI Spec。

範例如下。

```
container, err := client.NewContainer(
        ctx,
        "redis-server",
        containerd.WithNewSnapshot("redis-server-snapshot", image),
        containerd.WithNewSpec(oci.WithImageConfig(image)),
)
if err != nil {
        return err
}
defer container.Delete(ctx, containerd.WithSnapshotCleanup)
```

如果已經存在 snapshot，可以透過 "containerd.WithSpec(spec)" 來指定已有的 OCI Spec。

8.2.4 建立 task

在 7.2 節中講過，在 containerd 中，container 只是容器的中繼資料資訊，並不是真正執行的容器處理程序。而 task 是 containerd 中的處理程序載體，與系統中執行的處理程序是一一對應的。範例中使用 "cio.WithStdio"，可以將容器處理程序的 IO 接管到 main.go 處理程序中。

此時 task 處於 created 狀態，即容器執行所需的 namespace、root 檔案系統、環境變數等都已經初始化好，只是處理程序還沒有啟動。此時可以為容器準備網路介面等一系列操作。containerd 會在此時設定一些監控資訊，如容器的退出碼、監控 cgroup 的監控指標等。

建立 task 的範例如下。

```
task, err := container.NewTask(ctx, cio.NewCreator(cio.WithStdio))
if err != nil {
    return err
}
defer task.Delete(ctx)
```

8.2.5　啟動 task

當前 task 已經處於 created 狀態，在啟動 task 之前，確保呼叫了 task 的 Wait 方法。Wait 方法是一個非同步阻塞方法，直到 task 處理程序退出。使用 Wait 方法確保我們可以監聽到 task 處理程序是否退出，從而進行一系列的清理動作。

啟動 task 範例如下。

```
exitStatusC, err := task.Wait(ctx)
if err != nil {
        return err
}

if err := task.Start(ctx); err != nil {
        return err
}
```

啟動之後就可以透過 main.go 的終端輸出查看到 redis-server 的相關日誌了。

8.2.6 停止 task

　　當處理程序執行一段時間後，停止該處理程序時，透過 kill task 來使處理程序退出。範例中透過 Sleep 模擬處理程序執行 3s，之後透過 SIGTERM 給處理程序發送終止訊號。注意，當處理程序無法回應 SIGTERM 時，可以再次發送 SIGKILL (kill -9) 來終止處理程序，CRI Plugin 中終止容器處理程序就是採用的這種方式。

　　停止 task 範例如下。

```go
time.Sleep(3 * time.Second)

if err := task.Kill(ctx, syscall.SIGTERM); err != nil {
        return err
}

status := <-exitStatusC
code, exitedAt, err := status.Result()
if err != nil {
        return err
}
fmt.Printf("redis-server exited with status: %d\n", code)
```

8.2.7 執行範例

　　下面透過建構並執行該 Demo 程式，演示完整的範例。

```
root@zjz:~# go build main.go
root@zjz:~# ./main
2023/06/20 15:24:04 Successfully pulled docker.io/library/redis:latest image
2023/06/20 15:24:04 Successfully created container with ID redis-server and
snapshot with ID redis-server-snapshot
2023/06/20 15:24:04 Successfully created task: redis-server
2023/06/20 15:24:04 Successfully started task: redis-server
##==== 下面是 redis server 啟動後輸出的日誌 ====
```

```
1:C 20 Jun 2023 07:24:04.629 # oO0oo0O0oO0Oo Redis is starting oO0oo0O0oO0Oo
1:C 20 Jun 2023 07:24:04.629 # Redis version=7.0.11, bits=64, commit=
00000000, modified=0, pid=1, just started
1:C 20 Jun 2023 07:24:04.629 # Warning: no config file specified, using the
default config. In order to specify a config file use redis-server /path/to/redis.conf
1:M 20 Jun 2023 07:24:04.630 # You requested maxclients of 10000 requiring
at least 10032 max file descriptors.
1:M 20 Jun 2023 07:24:04.630 # Server can't set maximum open files to 10032
because of OS error: Operation not permitted.
1:M 20 Jun 2023 07:24:04.630 # Current maximum open files is 1024. maxclients
has been reduced to 992 to compensate for low ulimit. If you need higher
maxclients increase 'ulimit -n'.
1:M 20 Jun 2023 07:24:04.630 * monotonic clock: POSIX clock_gettime
1:M 20 Jun 2023 07:24:04.630 * Running mode=standalone, port=6378.
1:M 20 Jun 2023 07:24:04.630 # Server initialized
1:M 20 Jun 2023 07:24:04.631 * Ready to accept connections

##==== 準備 kill redis 處理程序 ====
2023/06/20 15:24:07 Wait Task:redis-server to run 3 seconds,then kill it.
2023/06/20 15:24:07 Send SIGTERM to task(redis-server)'s process, and
waiting process to exit

##==== redis 處理程序處理 SIGTERM 訊號 ===
1:signal-handler (1687245847) Received SIGTERM scheduling shutdown...
1:M 20 Jun 2023 07:24:07.640 # User requested shutdown...
1:M 20 Jun 2023 07:24:07.640 * Saving the final RDB snapshot before exiting.
1:M 20 Jun 2023 07:24:07.642 * DB saved on disk
1:M 20 Jun 2023 07:24:07.642 # Redis is now ready to exit, bye bye...

##==== 獲取到 redis 處理程序的退出狀態碼 ====
redis-server exited with status: 0redis-server exited with status: 0
```

完整的範例可以參考 https://github.com/zhaojizhuang/containerd-prectice/tree/main/demo。

8.3 開發自己的 NRI 外掛程式

　　7.4 節介紹了 containerd 的 NRI 外掛程式機制，本節將介紹如何基於 containerd NRI 機制開發自己的 NRI 外掛程式。本節 NRI 範例的主要功能是在建立 pod 期間向 pod 中的 container 注入特定的環境變數。

8.3.1 外掛程式定義與介面實現

　　NRI 框架提供了 stub，在第 7 章中講過，stub 函式庫封裝了許多實現 NRI 外掛程式的底層細節，如和 adaptation 建立連接、外掛程式註冊、設定外掛程式以及相關事件訂閱。使用者開發 NRI 外掛程式，都是基於 stub 函式庫來實現的。

　　首先定義外掛程式，程式範例如下。

```
type plugin struct {
    stub stub.Stub
}
```

　　stub 為 NRI 提供了 stub 函式庫，使用時只需要呼叫 stub.New(plugin, opts...) 傳入實現特定介面的 plugin 進行初始化，接著呼叫 stub.Run() 即可。

　　關於 plugin 實現的介面，在 7.4.2 節中的表 7.12 中已經做了介紹，plugin 只要實現其中的或多個介面即可，無須實現全部介面。此處範例是在 pod 建立時修改容器的環境變數，僅需實現 CreateContainer 即可。關於可以實現的介面，開發者可以在 NRI 社區[1] 中查看。

　　CreateContainer 介面實現如下。

```
func (p *plugin) CreateContainer(_ context.Context, pod *api.PodSandbox, ctr
*api.Container) (*api.ContainerAdjustment, []*api.ContainerUpdate, error) {
    log.Infof("Creating container %s/%s/%s...", pod.GetNamespace(), pod.
GetName(), ctr.GetName())
    adjustment := &api.ContainerAdjustment{}
```

---

[1]　https://github.com/containerd/nri/blob/main/pkg/stub/stub.go。

```
    updates := []*api.ContainerUpdate{}
    adjustment.AddEnv("NODE_NAME", cfg.NodeName)
    return adjustment, updates, nil
}
```

範例中 CreateContainer 注入的環境變數 NODE_NAME 是透過設定檔設定的，因此還需要實現一個 Configure 介面，即總共實現兩個介面：Configure 和 CreateContainer。

對 於 Configure 介面，CRI Plugin 中 的 NRI adaptation 會 在 /etc/nri/conf.d/ 中查詢外掛程式對應的設定檔，以字串形式傳入 Configure 介面入參中，plugin 在實現 Configure 時對自身設定檔進行解析。設定檔沒有固定的格式，只要 plugin 能自行解析即可。

範例中的設定檔為 YAML 格式，僅有一個 node_name 字串，如下所示。

```
# /etc/nri/conf.d/02-mynri.conf
node_name: mytestNode
```

設定檔定義如下。

```
type config struct {
    NodeName string `json:"node_name"`
}
```

設定介面實現如下。

```
func (p *plugin) Configure(_ context.Context, config, runtime, version
string) (stub.EventMask, error) {
    log.Infof("Connected to %s/%s...", runtime, version)
    if config == "" {
        return 0, nil
    }
    err := yaml.Unmarshal([]byte(config), &cfg)
    if err != nil {
        return 0, fmt.Errorf("failed to parse configuration: %w", err)
    }
    log.Info("Got configuration data %+v...", cfg)
```

```
    return 0, nil
}
```

其中，Configure 傳回值中的 stub.EventMask 為該外掛程式訂閱的 pod 和容器生命週期事件，從而對外掛程式實現的生命週期介面進行回呼，0 表示全部訂閱。不實現 Configure 介面時，也是訂閱全部生命週期實現。最簡單的方式是傳回 0，也可以透過 github.com/containerd/nri/ pkg/api 中的 ParseEventMask 方法來生成對應的 stub.EventMask，如 ParseEventMask("pod") 表示僅訂閱 pod 相關介面，ParseEventMask("container") 表示僅訂閱容器相關介面。

8.3.2 外掛程式實例化與啟動

外掛程式註冊與啟動均透過 stub 來進行，透過 option 參數傳入外掛程式的 index 和 name。

首先是初始化外掛程式與 stub 初始化，如下所示。

```
p := &plugin{}
opts := []stub.Option{
    stub.WithOnClose(p.onClose),
}
if pluginName != "" {
    opts = append(opts, stub.WithPluginName(pluginName))
}
if pluginIdx != "" {
    opts = append(opts, stub.WithPluginIdx(pluginIdx))
}
opts = append(opts, stub.WithOnClose(p.onClose))
if p.stub, err = stub.New(p, opts...); err != nil {
    log.Fatalf("failed to create plugin stub: %v", err)
}
```

外掛程式啟動時呼叫 stub.Run 方法即可，如下所示。

```
if err = p.stub.Run(context.Background()); err != nil {
    log.Errorf("plugin exited (%v)", err)
```

```
    os.Exit(1)
}
```

8.3.3　外掛程式的執行演示

範例透過 crictl 來啟動容器。注意透過 crictl 啟動時先停掉 kubelet，避免透過 crictl 建立的 pod 被 kubelet 刪除。

首先透過下面的命令停止 kubelet。

```
systemctl restart kubelet
```

準備 pod-config.json 和 container-config.json 檔案，如下所示。

```
$ cat pod-config.json
{
    "metadata": {
        "name": "busybox-sandbox",
        "namespace": "default",
        "attempt": 1,
        "uid": "hdishd83djaidwnduwk28bcsb"
    },
    "log_directory": "/tmp",
    "linux": {
    }
}
$ cat container-config.json
{
  "metadata": {
      "name": "busybox"
  },
  "image":{
      "image": "busybox"
  },
  "command": [
      "top"
  ],
  "log_path":"busybox.0.log",
```

```
  "linux": {
  }
}
```

透過 crictl 啟動容器。

```
crictl run container-config.json pod-config.json
```

透過 crictl ps 觀察容器，等待容器啟動成功。

```
root@zjz:~# crictl ps
CONTAINER        IMAGE        CREATED        STATE        NAME
992d110b3aa9e  busybox     3 minutes ago   Running       busybox
```

透過 crictl exec 查看環境變數是否生效。

```
root@zjz:~# crictl exec -it 992d110b3aa9e env
HOSTNAME=zjz
NODE_NAME=mytestNode
TERM=xterm
HOME=/root
```

可以看到 NODE_NAME 為設定的 mytestNode。關於本範例的完整程式可以參考筆者的專案倉庫 [1]。

---

[1] **https://github.com/zhaojizhuang/containerd-prectice/my-nri**。

MEMO

深智數位
股份有限公司